U0187694

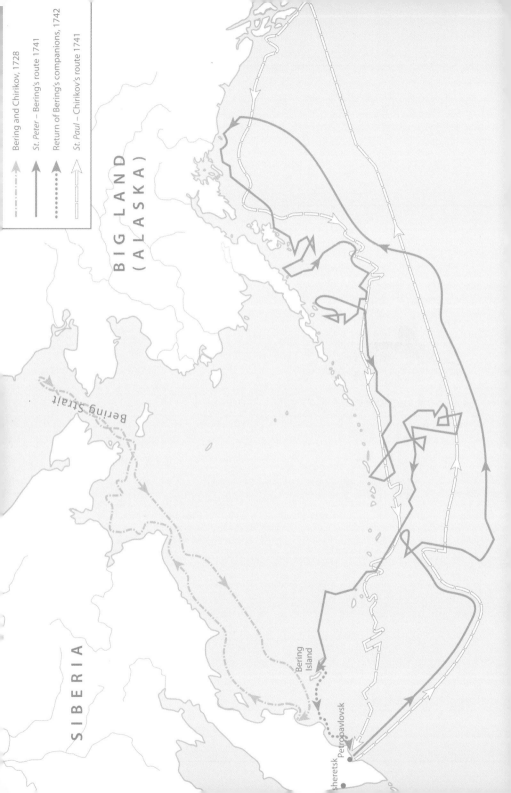

BIG LAND
(ALASKA)

SIBERIA

Bering Strait

Bering Island

Petropavlovsk
sheretsk

Bering and Chirikov, 1728

St. Peter – Bering's route 1741

Return of Bering's companions, 1742

St. Paul – Chirikov's route 1741

ISLAND

DISASTER and TRIUMPH
on the WORLD'S
GREATEST SCIENTIFIC EXPEDITION

BLUE
OF THE
FOXES

蓝狐岛

彼得大帝、
白令探险队与
大北方探险

Stephen R. Bown

〔加〕斯蒂芬·鲍恩——著
龙 威————译

北京大学出版社
PEKING UNIVERSITY PRESS

ISLAND OF THE BLUE FOXES: Disaster and Triumph on the World's Greatest Scientific Expedition by Stephen R. Bown

Copyright @ 2017 by Stephen R. Bown

This edition published by arrangement with Da Capo Press, an imprint of Perseus Books, LLC,

a subsidiary of Hachette Book Group, Inc., New York, New York, USA. All rights reserved.

图1：彼得大帝（来源：Library of Congress）

图2：叶卡捷琳娜一世
（来源：Wikimedia Commons）

图3：女沙皇安娜·伊凡诺芙娜
（来源：Wikimedia Commons）

图4：1698年的克里姆林宫（来源：NYPL）

ISLAND

OF THE

BLUE

FOXES

图5：18世纪初的圣彼得堡（来源：Wikimedia Commons）

ISLAND OF THE

图6：18世纪从雅库茨克到鄂霍茨克的驮马之路（来源：NYPL）

BLUE

FOXES

ISLAND OF THE
BLUE
FOXES

图7：阿瓦查湾（来源：NYPL）

ISLAND OF THE BLUE FOXES

图8：18世纪的雅库特妇女与孩子（来源：NYPL）

ISLAND
OF THE

图9：18世纪堪察加北部的狗拉雪橇（来源：NYPL）

BLUE
FOXES

ISLAND OF THE BLUE FOXES

图10：18世纪90年代的阿拉斯加海岸，当地的特里吉特人驾船出海

（来源：George Vancouver's *Voyage of Discovery*）

ISLAND
OF THI

BLUE
FOXES

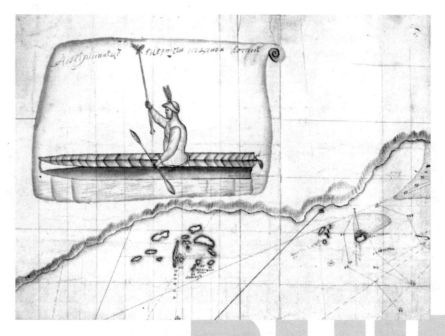

图11："圣彼得"号船员与舒玛巾群岛阿留申人的初次相遇，斯文·瓦克塞尔记下了这一幕（来源：Wikimedia Commons）

ISLAND

OF THE

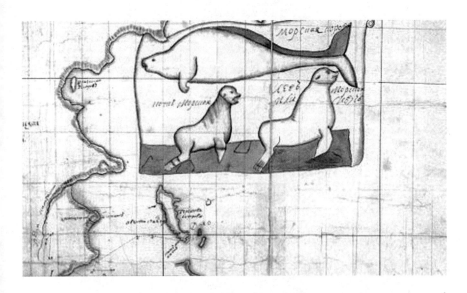

图12：索夫龙·西托罗夫笔下的白令岛，以及船员们遇到的那些陌生的海兽
（来源：Wikimedia Commons）

BLUE

FOXES

图13：格奥尔格·斯特勒著作《海中野兽》记载的海狗（来源：NYPL）

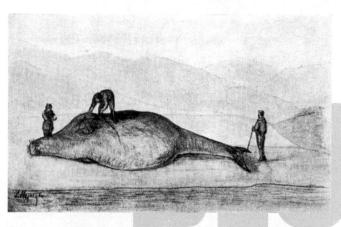

图14：1753年德语版《海中野兽》里的插图，描绘了斯特勒与助手
解剖北极海牛的场景（来源：Wikimedia Commons）

图15：1753年德语版《海中野兽》里的插图（来源：Wikimedia Commons）

ISLAND
OF THE

图16："圣彼得"号搁浅。这幅19世纪的作品戏剧张力十足，但与事实
并不相符（来源：Wikimedia Commons）

BLUE
FOXES

图17：苏联时期纪念白令远航阿拉斯加250周年的邮票，
画面中，白令在"圣彼得"号甲板上远眺圣埃利
亚斯山（来源：Wikimedia Commons）

图18：1741年12月8日，白令撒手人寰。这幅插画（出自19世纪
90年代一部俄国图书）对白令之死的描绘并不完全准确
（来源：Wikimedia Commons）

ISLAND
OF THE

图19：今天的白令岛（来源：Sergey Krasnoshchokov, Shutterstock）

BLUE
FOXES

目　录

第四部分：与世隔绝

年　表

1580 年代，俄国哥萨克开始征服西伯利亚。

1587 年，建立了托博尔斯克。

1632 年，建立了雅库茨克。

1648 年，俄国探险家谢苗·杰日尼奥夫首次穿过白令海峡。

1689 年，彼得大帝与身患残疾的哥哥伊凡五世并立为沙皇，两人同父异母。受制于《尼布楚条约》的规定，俄国无法沿阿穆尔河（黑龙江）到达太平洋。

1696 年，维图斯·白令第一次出海，在船上当服务生，去了一趟印度。

1703 年，建立了圣彼得堡。

1724 年，维图斯·白令晋升为第一次堪察加探险队的指挥官。

1725 年，彼得大帝去世，妻子叶卡捷琳娜一世继位，继续执行他的政策和优先事项，包括探索西伯利亚的计划。

1727 年，叶卡捷琳娜一世去世，彼得二世成为沙皇。维图斯·白令指挥"大天使加百利"号探险船沿堪察加半岛的太平洋海岸向北航行。

1729 年，彼得二世去世，彼得大帝的侄女安娜·伊凡诺芙娜继位，继续实现扩张帝国的抱负。

1730 年，第一次堪察加探险结束，返回圣彼得堡。维图斯·白令呈交了第二次探险的计划。

x

1732 年，女沙皇安娜·伊凡诺芙娜批准了由维图斯·白令领导的第二次探险计划。

1733 年 4 月，第二次堪察加探险的队伍离开圣彼得堡，这次探险也被称为"大北方探险"。

1734 年 10 月，维图斯·白令抵达雅库茨克，这里是这次探险的总部。

1737 年秋季，探险队的先遣队抵达鄂霍次克。

1738—1739 年，马丁·斯潘贝格指挥三艘船航行到了日本北部。

1740 年 6 月，"圣彼得"号探险船和"圣保罗"号探险船在鄂霍次克建造完成，绕堪察加半岛航行至阿瓦查湾。格奥尔格·斯特勒抵达鄂霍次克。安娜·白令和探险队中军官们的妻子及家人西返圣彼得堡。

10 月 28 日，女沙皇安娜·伊凡诺芙娜去世。

1741 年 5 月 4 日，海上委员会的军官们决定向东南航行，寻找新大陆。

6月4日，"圣彼得"号探险船和"圣保罗"号探险船离开堪察加半岛，前往北美洲沿岸。

6月20日，"圣彼得"号探险船和"圣保罗"号探险船在暴风雨中走散了，各自向东驶去。

7月15日，在"圣保罗"号探险船上的阿列克谢·奇里科夫看见了北美洲的海岸。

7月16日，乘坐"圣彼得"号探险船的维图斯·白令和格奥尔格·斯特勒在圣埃利亚斯山附近看见了北美洲的海岸。

7月18日，奇里科夫派十一个人乘一艘大的登陆艇向岸边划去，想要上岸寻找淡水。

7月20日，维图斯·白令指挥"圣彼得"号探险船靠近皮艇岛，派船员上岸寻找淡水。斯特勒在岛上收集动植物。

7月24日，奇里科夫又派四个人乘剩下的一艘小艇向岸边划去，寻找之前派去岸上却失踪的人员。

7月27日，眼见无法获得淡水，奇里科夫下令回返堪察加半岛，不再寻找被派出去的船员，将他们算作已死亡或被土著人掳走了。

8月，坏血病在"圣彼得"号探险船上蔓延，波及全体队员，也包括维图斯·白令，很少见他从船舱里走出来。

8月30日，"圣彼得"号探险船停靠舒玛巾岛，寻找淡水。尼基塔·舒玛巾成为探险队中第一个死于坏血病的人。

9月4日至9日，"圣彼得"号探险船上的船员遇见了阿留申人，这是他们第一次与美洲的土著居民相遇。

9月9日，"圣保罗"号探险船上的船员在埃达克岛遇见了阿留申人，但未能换来淡水。船员中出现了坏血病。

9月下旬和10月，坏血病蔓延开来，又遭遇暴风雨，"圣彼得"号探险船奄奄一息。

10月10日，"圣保罗"号探险船回到了阿瓦查湾。这次远航在阿拉斯加损失了十五个人，其中有六人死于坏血病。

11月6日，"圣彼得"号探险船漂流到了白令岛的司令湾。每天都有人死于坏血病，还遭到野生蓝狐的袭击。

12月8日，维图斯·白令死了。探险队上岸设营，斯文·瓦克塞尔上尉成为岸上营地中新的指挥官。

1742年1月8日，最后一个坏血病的死亡病例。靠捕猎动物和格奥尔格·斯特勒采集的药用植物，白令岛上的状况逐渐改善。

4月25日，通过前一年的一场政变，彼得大帝的女儿伊丽莎白一世加冕成为女沙皇。

5 月 2 日，探险队开始拆除受损的船只，造了一艘新的但小一些的"圣彼得"号探险船。

8 月 13 日，探险队离开白令岛。

8 月 26 日，幸存者们终于回到了阿瓦查湾。

1743 年，俄国元老院正式解散第二次堪察加探险队。

序言　世界的边缘

1741 年的秋天，俄国"圣彼得"号探险船在风雨中飘摇，她看上去更像是一具残骸，而不是一艘船。只见她挂着破烂的风帆，桅杆也断裂了，颠簸着向西驶去，想要穿过暴风雨肆虐的北太平洋。一股寒潮从北而降，雨水变成了雪花。索具和桅杆上都结了冰。然而，甲板上空空荡荡，大多数人都在甲板下方，躺在他们的吊床上，神情沮丧。因为得了坏血病，一个个动弹不得。

波涛逐渐平息，天空也从最近一次的狂飚中苏醒过来，云开雾散。几名船员来到甲板上，眺望远方，看见有陆地露出了轮廓。一位军官向船员们保证，那就是堪察加半岛。夜幕降临时，探险船摸索着漂到了一个锚地，将锚放下。然而，潮水变化莫测。一个巨大的涌浪袭来，攘着船身打起了转，锚索折断了。探险船毫无招架之力，被拽向一块没于水下的礁石。船上的人惊慌失措，乱作一团。然后，船就奄奄一息地躺在了高低不平的礁石上。船员们几近癫狂，大喊大叫。他们都知道，如果船体碎裂，他们就会在冰冷的海水中遭遇灭顶之灾。不过，就在最后一刻，一个巨浪将破损的船身从礁石上抬起，推到了靠近岸边的一个浅水潟湖中。谢天谢地，他们居然逃过一劫。几个身体还算健康的船员开始将病号、死者和物资转移到布满乱石的海滩上。由于时不时地刮起暴风雪，这项工作要耗时许多天才能完成。

眼前的景象颇为惨淡。这是一片风吹过后堆积而成的沙丘，杂草丛生，向远处延伸至一座低矮山峰的底部，山顶上都是积雪。船员们蹒跚而行，刚走到海滩上，就见一群蓝毛狐狸咆哮着冲过来，撕咬他们的裤腿。他们只好用脚踢开，并大声呵斥，将它们赶走。几名尚能行走的船员在岸边巡查了一番，发现他们来到了一个没有树木生长也无人居住的海岛，在地图上找不到。实际上，他们并未回到堪察加半岛，也就是他们的母港，而是在北美洲和亚洲之间的某个地方，位于阿留申群岛岛链的末端。他们后来才明白自己的处境。这些人立即开始寻找遮风挡雨的地方，因为冬天就要到了。他们在沙丘和一条小溪附近发现了一些洞穴，决定把它们挖深一些。他们还用浮木做了一些粗糙的架子，用狐皮和破烂的帆布将它们包了起来。

一群饥肠辘辘的蓝狐在荒芜的山上游荡。它们闻到了食物的香味，于是蜂拥而下，涌进了船员们的临时营地。它们偷走衣服和毛毯，叼走工具和器皿，而且变得越来越具有攻击性。它们扒开埋得不深的坟墓，拖出尸体，就在虚弱不堪的船员面前啃食尸体。对于这些从船上艰难登岸的人来说，情况再糟也不过如此了。在这片布满乱石的海滩上，这些可怜的幸存者们蜷缩在一个个条件极其原始的洞穴里，衣衫褴褛，物资匮乏，靠着偶尔捕到的动物和枯萎的草根活下来。他们忍受着凛冽的北极寒风和没及腰身的大雪，还有坏血病的折磨，以及野生蓝狐的袭扰。虽说黑暗的冬天就要过去，幸存者的人数却在不断减少。

"圣彼得"号探险船是大北方探险（1733—1743年）派出的两艘探险船之一。大北方探险也被称为第二次堪察加探险。这次探险是史上最为雄心勃勃且有充足资金支持的科学之旅，持续时间近十年，跨越三大洲。它在地理、制图和自然历史方面取得的成就堪与詹姆斯·库克（James Cook）的著名航行、亚历山德罗·马拉斯皮纳（Alessandro Malaspina）和路易斯·安托万·德·布干维尔（Louis Antoine de Bougainville）的科学环球航行以及刘易斯（Lewis）和克拉克（Clark）横跨美国大陆的远征相媲美。探险队中有一位博物学家，名叫格奥尔格·斯特勒（Georg Steller），是德国人，他通过观察，第一次给欧洲提供了美洲太平洋沿岸地区动植物的科学记录，包括北海狮、大海牛和暗冠蓝鸦。这项令人惊叹的事业由俄国的彼得大帝在18世纪20年代初期策划，由丹麦水手维图斯·白令（Vitus Bering）领导，花费了约一百五十万卢布，占当时俄国国家年收入的六分之一。然而，尽管资金雄厚，目标远大，大北方探险同时也是帆船时代最为黑暗的历险之一，海难、折磨和求生贯穿了整个探险过程。

大北方探险意在向欧洲展示俄国的壮丽与先进，同时将帝国疆域开拓至亚洲北部并通过太平洋到达美洲。其科学目标固然关系国家利益，而覆盖范围更是惊人。在西欧国家眼中，当时的俄国才刚从一个野蛮的闭塞之地变成一个稍微文明点的国家。在那个时候，俄国政治充满凶险，腐败横生，变化无常。许多探险队员对此皆有体会，无论是在边疆的日子里，还是在之后的岁月里。

　　白令最初的提议是一次规模适中的探险之旅，但女沙皇安娜给他下达的最后指令却使得这次探险的规模空前膨胀。他将率领一支近三千人的队伍，包括科学家、秘书、学生、翻译、艺术家、测量员、海军军官、船员、士兵和技术工人，所有这些人首先要横跨西伯利亚，许多人还要远行至堪察加半岛的东海岸。他们不得不在还没有道路的森林、沼泽、苔原中跋涉，路程长达五千英里，还得携带工具、铁器、帆布、食品、药品、图书资料和科学设备。白令的副手是俄国军官阿列克谢·奇里科夫（Aleksei Chirikov），此人性情急躁，自视颇高。他俩都是前一次大探险的老队员。这次探险的科学目标同样宏大，包括调查西伯利亚的动植物和矿产，破除关于西伯利亚土著居民的古怪传言。但最重要的，这次探险的目的是要巩固俄国对整个地区的政治控制，并以某种方式推进俄国在鄂霍次克和堪察加半岛的定居点范围，如建立学校、畜养牲口、寻找铁矿、经营冶炼厂、修建船坞、建造深水船等。白令率领的疲惫之师抵达鄂霍次克后，他就得建造船只，向南航行，调查日本的北部海岸和千岛群岛。之后，他要再造两艘船，前往堪察加半岛，建立一个前哨基地，然后向东航行至美洲的太平洋沿岸，希望能沿着海岸线继续向南，直至加利福尼亚。

这是一个野心勃勃的计划，只有拥有无限权力的绝对独裁者才有可能完成。而白令却不得不克服有限的供应和顽固的等级制度所带来的种种困难。白令发出的命令随时有可能被来自圣彼得堡的追加指令撤销，令人瞠目结舌。但情况有时就是这样，一般都是他手下那些人干的。他们因为不同意他的决定，就写告状信，送到圣彼得堡去。这次探险是一个奋斗、阴谋和私利的恶性循环。

厄运笼罩着探险队。1741 年 6 月，在历经数年横跨西伯利亚之后，在工人们终于造好并装备了"圣彼得"号探险船和"圣保罗"号探险船之时，一艘为这次探险运送大部分物资的补给船搁浅在一个沙洲上。两艘探险船向美洲进发时，船上的食品只够吃一个夏天，而不是最初计划中够吃两年的量。当陆地渐渐远去，军官们立即开始相互龃龉。两艘船向东驶去，却没有任何明确的指令。船上共约有一百五十人，他们注定要经受航海史及北极探险历史上所有磨难中最为悲惨和可怕的一次煎熬。

5

第一部分

欧 洲

第 1 章　大使团

　　1698 年 9 月 5 日清晨，彼得·阿列克谢耶维奇·罗曼诺夫（Peter Alexeyevich Romanov）躺在卧室里，从睡梦中醒来，暗暗下定了决心。这是一栋木房子，邻近克里姆林宫，是他的私人府邸。他刚回国，之前花了十八个月的时间游历西欧，满脑子都是新思维，想要通过现代化来改造俄国传统，恨不得立即着手实施。不一会儿，一群波维尔贵族（俄国最尊贵的贵族）和高官就聚在街上，欢迎他回家，并公开表忠，因为最近刚刚镇压了一次叛乱。几名最亲近的廷臣向他跪拜行礼，按照传统礼仪在他面前卑躬屈膝。面对"臣子的诚惶诚恐"，他不是安之若素，而是"亲切地将他们扶起，与他们拥抱，还亲吻，只有亲密朋友才会这样"。人群中传来了几声嘀咕。这种反常的做派有点令人不安，但彼得已经下定决心，要采取行动，摒弃旧俄陈规。这一切才刚刚开始。

　　年轻的沙皇当时二十六岁。他在人群中踱步，拥抱他的大臣，向他们点头致意。然后，他把手伸进大衣，拿出了一把剃须刀，忽地揪住了武装部队司令官亚历克西斯·沙因（Alexis Shein）的大胡子。他开始动手，把沙因的浓密胡须剃掉，任由它们落在地上。沙因吓傻了，一动也不敢动。彼得三下五除二，剃掉了他的胡子。接着，彼得又把手伸向离得最近的一个波维尔贵族，毫不客气地剃掉了那人的胡须。就这样一路剃过去，在场的人几乎都未能幸免，全被剃掉了胡子。这些人都是最忠于他的御前重臣。他们站在那儿，默不作声，不敢违抗沙皇的心意，特别是彼得已经名声在外，大家都知道他冷酷无情，而且脾气不可捉摸。

只有三个人免遭羞辱：一位年长者，彼得认为，此人有权蓄须；一位是东正教的大牧首；还有一位是他妻子的私人保镖。他的第一任妻子名叫柳多西亚·卢普金娜（Eudoxia Lopukhina），两人当时已分居，不久之后，他将把妻子送进修道院。令人吃惊和无语的是，这个国家许多位居社会、政治和军队最高层的人见风使舵，开始夸耀他们剃了胡子的新面孔，却往往引来几声干笑。对一些人来说，剃掉胡子是对他们宗教信仰的直接侵犯。但在17世纪晚期，彼得君临天下，不仅是没有胡子的外国商人、工程师和军人大摇大摆地行走在莫斯科的大街上，而且彼得本人也蔑视旧俗，不留胡子。于是，其他人都纷纷效仿。

彼得游历西欧的旅行有时被称作他的"大使团"。这趟旅行使他确信，俄国是一个落后的国家，社会的许多方面都亟须改革。这个国家未能像德国、荷兰和英国那样，在科技进步中受益。让他感到悲哀的是，那些国家都不把俄国算作欧洲的一部分，而是一个半东方的穷乡僻壤。这儿的房屋上都有洋葱头似的穹顶，人们遵行僵化的东正教教义，国家的政治体制具有中世纪的特征。俄国还没有受到启蒙运动的影响。

彼得认为，人们的思想仍被已经过时的社会信仰体系所束缚。他下定决心，无论采取何种方式，他都要把他的国家并入欧洲发展的轨道，走进一个他认为具有现代意识的新时代。传统的华丽长袍虽然做工精良，却有碍行走和从事体力劳动，还有那些被精心梳理的大胡子，都使得俄国成为西欧的笑柄。彼得决心要废除这些落后的象征。

在彼得看来，这些旧俗阻碍了国家实现现代化的进程。他颁布法令，规定在官方仪式或活动中哪些着装是可以接受的，以及所有政府官员在岗时应该穿戴什么——男人有马甲、短裤、绑腿、低筒靴和时髦的帽子，女人则有衬裙、裙子和帽子。他还禁止在腰间佩挂长弯刀。任何穿着旧式服装的人必须缴纳一笔特别费用才能进入城市。后来，彼得命令守城卫兵割开人们的长袍，以此作为进城的条件，而不管他们的身份地位如何。

彼得一面通过立法推动着装和个人仪表方面的改革，一面则严厉惩处叛乱者。在他出国的这段时间里，那些人企图将他同父异母的姐姐索菲亚公主推上王位。近卫军官兵发动了这次叛乱，那是俄国的精英部队，这无疑会给他的剃须和换装改革蒙上阴影。尽管这次叛乱是短命的，被忠于他的人轻而易举地镇压下去，但对彼得来说，年幼时就经历了近卫军和他这位姐姐发动的几次叛乱。这一次，他不再容忍。索菲亚公主被关进了修道院，被迫放弃自己的贵族名号和地位。他整肃了近卫军，把一千七百多名被俘的叛乱分子关进了莫斯科的牢房，这些牢房都经过了特殊改造。他们遭到严刑拷打，逼他们供出叛军首领。彼得有时也会亲自提审，对他们用尽酷刑，还咆哮道："认罪吧，畜生，快认罪!"在这次大清洗中，约有一千两百人被绞死或砍头，尸体被拉出去示众。剩下的数百人已成残废，被流放到西伯利亚或其他偏远的农村地区，他们的孤儿寡母也被赶出莫斯科。这是对企图谋反者发出的明确警告，也包括其他可能想要违抗他的法令的人。彼得最终解散了近卫军，取而代之的是他新组建的帝国卫队。

13

18 世纪充满了血腥暴力。彼得的行动看起来并不是为了满足他的施虐冲动，而是为了他的国家，消弭叛乱，确保政治稳定。一名教会官员来到他跟前，乞求宽大处理那些叛乱者。他斥责道："这是我作为君主的职守，也是我对上帝的责任，使我的人民免遭荼毒，必须要严惩那些危害国家的罪行，否则就会亡国灭种。"大清洗震慑了人心，杀鸡儆猴，巩固了他的权力。现在，再没人敢跳出来反对他为这个国家规划的欧化改革方案。

有一幅著名的油画描绘了他访问英国时的样子。彼得在画中着一身盔甲，锃光瓦亮，还披了一件颇具分量的镀金貂皮披风，看起来光芒万丈。他的站姿却无所顾忌，一只手紧握一根棍子，另一只手则带有挑衅意味地搭在他的屁股上。他身后有一扇窗户，窗外有战舰扬帆驶过。他的眼睛很大，嘴唇厚实，头发卷曲，巧做褶裥。即使身着锦衣铠甲，他的脑袋看起来也较小，与他的身体不成比例。彼得身材高大，异乎常人，特别引人注目。他的身高超过六英尺七英寸，在他那个年代犹如鹤立鸡群。不过他肩膀瘦削，与他的高大身材相比，他的手和脚也显得很小。虽说精力充沛，性格顽强，他却患有轻度的癫痫病，脸部有明显的抽搐。汉诺威选帝侯夫人索菲娅孀居在家，于1697年夏天与彼得见过面。她有一段详细的描述，称他"是这样的一位国君，好是非常好，坏也非常坏，跟他的国家一模一样"。

14

彼得1697年春天向欧洲派出大使团时，还没有一位俄国沙皇曾出国旅行，特别是，还要跑那么远，当然，率军侵入他国的情形除外。但彼得已着手实施计划，要打破这种孤立状态。他开始扩编他的舰队，从根本上改变俄国困在内陆的窘境，那时，他们只在最北边的阿尔汉格尔斯克有一个港口，面朝北冰洋。波罗的海当时被瑞典控制，而伊朗萨非王朝则与奥斯曼帝国在争夺里海和黑海的控制权。彼得袭击了奥斯曼帝国位于顿河河口的要塞，也就是亚速城，于1696年拿下了亚速城。为了保卫他的新领地，他开始组建一支更加强大的海军，派遣几十个年轻人去西欧学习航海技术和海军战略。彼得随后宣布，他将组织二百五十多名俄国高官出访西欧各国的首都。更令人震惊的是，有传言说，他自己也要去，去见世面、拿主意，帮助俄国走上伟大和繁荣的道路。在母后驾崩还不到三年的时间里，这位沙皇就已经大权在握。年轻的独裁者准备乔装同行，对外则宣称是大使团中的一名随从人员。

为了弄懂西方世界胜在何处，以便找到最好的途径，实现他的雄心壮志，彼得打算避开那些虚头巴脑的繁文缛节。各国驻俄国的大使们向国内发回报告，臆测彼得此举最有可能的原因是满足个人的娱乐需求，消遣一下，给自己放个假，看看普通人的柴米油盐，让自己成为一个更好的统治者。彼得心里明白，在与奥斯曼帝国的战争中，他需要盟友。大使团的行程包括访问首都城市如华沙、维也纳、威尼斯、阿姆斯特丹和伦敦。但他不去法国，不去见著名的"太阳王"路易十四，因为法国那时正与奥斯曼帝国结盟。

15　　毫无疑问，彼得自视甚高，他幼年登基，练就帝王之术。不过，他也颇为谦逊，富有洞察力。他认识到，如果要利用这个时代的新技术和新知识，他和他的俄国还有很多东西要学。彼得在晚年时写道，他发现自己：

> 满脑子想的都是组建一支舰队……在沃罗涅日河上找到一处造船的地方……从英国和荷兰雇来造船工人。1696年，俄国开始了一项新的工作，建造大型战舰、帆船和其他

船只……在亲自参与这些工作时，皇帝可能并不介意走在臣民的身后。他本人就曾亲自前往荷兰。在阿姆斯特丹荷属东印度公司的码头，他纡尊降贵，混在其他志愿者当中学习造船技术。他掌握了一个好木匠的基本技能，而且凭借自己的汗水和技术，造了一艘新船，下了水。

他当时化名彼得·米哈伊洛夫（Peter Mikhailov）。他渴望不被蒙蔽，可以亲自去看、去听、去观察这个世界是个什么样子，而不是沉迷于浮华的公务活动。他不愿浪费时间与各国皇室周旋，而是要自由自在地混迹于人群。西欧充满了活力，他们的舰队一直在开拓新大陆并将继续开拓，他想要俄国也加入其中。在17世纪晚期和18世纪早期，世界正在走向全球化，而西欧就是这个进程的技术和思想中心。诸如钟表或精密计时器、指南针、温度计、望远镜、气压计和精密制图仪器等新技术推动了航海和探险。英属东印度公司和荷属西印度公司的海员及资本家们经营有方，将咖啡、茶、糖和肉桂、丁香、肉豆蔻等调味品运到欧洲市场。舶来品进入了人们的日常生活。像笛卡尔、莱布尼茨、列文虎克、牛顿这些科学家在某种程度上摆脱了宗教的禁锢，大胆实验，探索自然，研究统领这个世界的属性和原则。新科学正在改变欧洲的世界观。彼得自己不想错过这个时代，或让俄国落在后面。他也有更加实际的想法。他购买了新的船炮、索具、铁锚、风帆和最新的航海工具，将它们带回俄国，要更好地加以学习和

16

复制，为国内经济注入新的动力。

在 17 世纪和 18 世纪的俄国，大部分人都生活在农村，基本活动就是在田地里吆喝牲畜，辛苦劳作。可借助的动力除了自己的身体，就只有水轮和风车。人们很少出行，因为路况糟糕，而且也没有多余的粮食或时间可以消耗在路上。每天日出而作，日落而息。只能靠烧木头来照明和取暖。新思想和新知识兴起的热浪正在席卷欧洲大陆，但俄国偏居欧洲的边缘，没有成为时代变革的一部分。彼得想要改变，给他的人民带来一种新的生活方式。

对于受访国家的宫廷来说，接待一个俄国的大使团可不是件高兴的事。那时，俄国的驻外大使对其他国家的风俗知之甚少，因此难以与人沟通。在大家看来，他们通常表现得粗鲁野蛮，都是些乡巴佬，不肯遵从西欧普遍认可的礼仪要求。

俄国宫廷也不招人待见。奥地利驻俄大使的秘书约翰·格奥尔格·科布（Johann Georg Korb）曾说，俄国宫廷举行宴会时经常没有时间观念，往往是这样——突然地，有人喊一声"传膳"，于是就开始上菜；仆人们迅速端来一盘盘食物，横七竖八地摆在大桌子上，看起来也没什么讲究；大家抓取食物时，还会拿着长面包相互敲打，以此取乐，或者一边大碗喝酒，一边拌嘴；喝的酒有葡萄酒、蜜酒、啤酒和白兰地；伴随着激烈的争吵、欢快的舞蹈甚至摔跤，这帮人常常喝得酩酊大醉；他们有时还会牵着驯养的狗熊走过宴会厅；众人灌下一杯杯加了胡椒的白兰地，扔掉帽子和假发，极尽嬉闹之能事。在彼得的宫廷里，像这样的胡天胡地，俄国人无疑乐在其中，但欧洲的贵族却不能接受。他们执着于各种规矩，如到达和落座的顺序及时间，相应地，每个人如何称呼，各自长长的头衔是什么，使用哪个杯子，还有上菜的顺序等。彼得特别厌烦官方或正式的社交活动，抱怨那些活动是"粗暴的和不人道的"，阻碍君王去"享受人类社会"。他想与所有阶层的人聊天、吃饭、喝酒、说俏皮话，做第一个与民同乐的帝王。彼得的手上长着老茧，他为此非常得意。他喜欢与船工们一起劳动，与士兵们一同行军，在船上收放缆绳，与工匠们把酒言欢。他渴望结交那些凭本事吃饭的人，而不是那些靠门第出身或祖上荫功的人。

彼得亲自挑选大使团的成员，这支队伍包括各色人等，不仅有他派驻国外的三位主要大使和贵族阶层的重要成员，还有二十位其他贵族成员和三十五名熟练工匠。他们与牧师、音乐家、翻译、厨师、骑手、士兵和其他仆人一同出行。一个叫彼得·米哈伊洛夫的人加入了这支队伍。此人褐发蓝眼，样样精通，除身高之外，没有其他明显特征。皇帝将与大使团一同出访是公开的秘密，却又并未正式通知受访国家，这就给接待工作造成了特殊困难。彼得离开了俄国，把国家交给三位可靠的年长者，他们组成了一个摄政委员会，其中一人是他的叔叔。

18

大使团从陆路出发，途经瑞典控制的地盘，此处与波罗的海东部接壤，包括芬兰、爱沙尼亚和拉脱维亚。彼得在这里特别注意观察里加城内的防御工事。四十年前，他的父皇就未能拿下这个要塞。那是个很好的位置，足以让俄国在波罗的海建立一个港口。他认为当地对他的接待很粗鲁，不友好，没有礼遇沙皇。虽说他是化名出行，但他仍希望对方按照沙皇就在团中的规格给予接待。结果当地将他的随从们晾在一边，无人理睬，支付食宿费用时还被索要高价，这是不可接受的。三年后，彼得将把在里加受到的恶劣待遇作为借口，不管这个所谓的恶劣待遇是明显的或是他自认为的。总之，他要发动一场与瑞典的战争，史称"大北方战争"。这场战争绵延数年，几乎终其一生。里加将最终并入俄罗斯帝国。当然，说他在那里受到了怠慢只是一个方便的借口。对他来说，除了抢夺瑞典控制的地盘，也没有别的办法来扩张俄国，通往波罗的海。大使团之后经陆路到达波兰的米托。彼得变得越来越不耐烦，他登上了一艘私人游艇，驶向德国北部城市哥尼斯堡。勃兰登堡大选帝侯腓特烈三世（Frederick Ⅲ）在那里与他见了面，讨论双方结盟，共同对付瑞典。像彼得一样，腓特烈三世也想扩大地盘，建立一个新的王国即普鲁士王国，他将加冕成为普鲁士国王。

　　未米针对瑞典的联合军事行动有了着落，彼得继续经陆路到达柏林。这时，他隐身团中已是一个公开的秘密，整个欧洲北部都在风传此事。大家早就听说俄国人嗜酒如命，行为野蛮，于是蜂拥而至，想要看看来自神秘东方的沙皇是个什么样子，还有他们那些怪异服装和东方习俗。大使团就好像变成了一个巡回演出的马戏团，被人们细细打量，品头论足。彼得对此感到恼火，仿佛他是个怪人，他也确实是。不过，他是个迷人的怪人，深受德国贵族们的喜欢，因为他非常幽默，为人风趣，易于相处。他证明自己根本不像传说中那样是一头蛮熊。这要归功于给他提前做功课的外国老师。

　　8月中旬，在到达莱茵河之后，彼得和少数几个人乘坐一艘小船，顺流而下，留下大部队继续沿陆路前进。他的船驶过阿姆斯特丹，直奔荷兰西部港口赞丹。凭着一股冲劲，他在那里应募成为一名木匠，学习造船技术，就像一个普通工人那样。他在船坞附近的一栋小木屋里住下，购买了一些木工用具，然后签了劳务合同，参与建造船只。但他的身份很快就被怀疑，到处都在传，说打扮怪异的外国人坐船到了这里。大家盯着他看，因为他们都穿着华丽的俄式服装。而且彼得也显得与众不同，他身材高大，脸部还有明显的抽搐。镇上的主要官员和商人都想与他共进晚餐，几天之内，他就礼貌地拒绝了多次邀请。他的出现很快在整个国家引起轰动。人们从阿姆斯特丹跑过来，看看传言是不是真的，俄国沙皇是不是真的在船上当一名普通工人。围观的人越来越多，工地周边不得不竖起栅栏进行阻拦。第二天，他变得

19

不耐烦了，拨开众人，登上他的小船，驶向阿姆斯特丹。他在那里直接住进了大使团预订好的一家大客栈。

阿姆斯特丹是个更大的地方，更能触摸到世界的脉搏，他希望融入其中。这座城市到处都是运河，他徜徉在河水和成千上万的船只中，这里的船工号子总是响彻云霄。他在荷属东印度公司（英文简称 VOC）的船坞里找到了工作，这儿是个有围墙的地方，里边有不同形状和大小的各类船只。有些船正在建造中，而旧船则被拖到潮水线之上，躺在那儿，就像垂死的海怪，露出根根肋骨，腐烂的木板被拆下，扔在骨架上。绳索、木头、沥青、布匹和铁块被铸造成商业和作战船只。彼得在这里住了几个月，熟悉了与航海有关的所有知识。他不再试图隐瞒身份，相反地，他主动结交市长和城里的权贵们。荷属东印度公司在船坞里给他提供了一栋小房子居住，他可以时时看到湾子里正在进行的工作。他和另外十个俄国人将开始建造一艘长一百英尺的护卫舰，而且是从头参与整个建造过程，包括查验木料和其他材料、监督设计方案等。为表敬意，荷属东印度公司重新命名了这艘船，改为"使徒彼得和保罗"号。

对年轻的沙皇来说，最感震惊的是荷兰共和国的人口密度和财富。在这样的一个小国家里，生活了约两百万人。与其他地方的城市比起来，这个国家的城市很大。荷兰共和国正处于鼎盛时期，荷属东印度公司给这个国家输送了巨额财富。她是当时欧洲最富足、最城市化、最有经验的国家，因其艺术和服装、美食、香料以及思想家而闻名于世。蓬勃发展的造船业服务于当时世界上最大的一个贸易网络，他们的船只开往欧洲船只可以航行到的几乎所有地方，但北太平洋除外。强大的商业企业让这个国家和欧洲都变了样。单是荷属东印度公司雇佣的人数就超过五万，包括水手、技工、劳工、搬运工、职员、木匠和军人。其他荷兰公司也依赖于荷属东印度公司的商业活动，他们共同控制了欧洲北部的大部分贸易。这些贸易产生的巨大财富催生了荷兰的黄金时代。在这个时代，荷兰是欧洲最富有、科学最发达的国家，从绘画、雕塑、建筑、戏剧到哲学、法律、数学和出版业，这些艺术和科学领域都欣欣向荣。彼得之前从未见过如此这般的繁荣景象。在阿姆斯特丹，桅杆林立，船只聚集在港口中，有人看守。小一些的船排列在一眼看不到边的码头旁。运河贯穿整座城市，装满货物的驳船在河上行驶。

　　在这些活动的推动下，信用、保险、借贷、股份制公司等新的金融结构应运而生，以便对这些活动进行控制并获得保障。欧洲各地的人们纷至沓来，学习与新的全球贸易有关的商业方法和其他技能，新贸易已远达太平洋地区。彼得知道，太平洋就位于他的大帝国的尽头，那个东方之地叫作堪察加，人迹罕至，也没有地图可用，当时被认为有可能通往北美洲。

彼得在阿姆斯特丹的船坞里工作了四个月，还去了荷兰共和国的其他城市。1697 年 11 月 16 日，彼得建造的护卫舰下水，为此举行了盛大仪式。然后，荷属东印度公司将其作为礼物送给了彼得。为表示对东道主的谢意，彼得又将船名改为"阿姆斯特丹"号。后来，这艘船满载俄国使团购买的所有欧洲工业样品，驶往俄国在欧洲的唯一港口阿尔汉格尔斯克，就是那个面朝北冰洋的港口。

　　1698 年 1 月，应英国国王威廉三世的邀请，彼得带了几个人随他前往英国。大使团中的大部分人则留在了阿姆斯特丹。英国国王将送他一件礼物，是一艘新的游艇。他也想来英国看看，比较一下英国和荷兰的造船技术。伦敦这座城市亦令他惊讶，这里大约有七十五万居民，与阿姆斯特丹和巴黎相当。泰晤士河上挤满了各种大小的船只。在 17 世纪，英国与荷兰共和国打了三场战争，争夺世界贸易航线上的霸主地位，以便通往印度和香料群岛（印度尼西亚）。就像阿姆斯特丹那样，此时，伦敦的财富也是来自欧洲以外的地方，包括美洲、加勒比地区、印度、印度尼西亚，甚至中国。

　　彼得对英国的税收制度和政府的财政收入来源特别感兴趣，他迫切想知道它们是如何支撑这个国家并建设和维持一支强大的海军，然后将世界各地的财富收入囊中。他在寻找榜样，如

22

何将他那个由农业经济主导的农村国家变成一个现代化国家，拥有更多的城市和技术人口。彼得与他的随从花了数月时间在皇家造船厂工作和参观，却得了个聒噪和粗俗的名声。大家注意到，彼得行事固执己见，好奇心很重，难以满足，而且脾气火爆。他还参观了皇家铸币厂。后来，他依葫芦画瓢，在俄国进行货币改革。在伦敦和阿姆斯特丹，他面谈并招募熟练工匠和工程师、医生和商人，如石匠、锁匠、造船工人以及海员和领航员。他给的薪酬很可观，足以吸引许多人远离家乡，搬到俄国去。

7月中旬，正当他要离开维也纳时，彼得收到了近卫军发动叛乱的急报。在他那位同父异母的姐姐索菲亚公主的支持下，这些人向克里姆林宫进军。他取消了去威尼斯的计划，那是他此次出行的最后一站，而是日夜兼程，经波兰赶回莫斯科，中间只在换马时才停歇。毫无疑问，他路上也在想着剃掉大胡子的事。

回到莫斯科镇压了叛乱后，彼得开始落实他的想法，即一个现代化国家应如何建立和管理。他向往荷兰、德国和英国的相关机制，但他的国家却没有。新的剃须令和征收胡须税只是他的第一步行动，他要将俄国从睡梦中摇醒。接下来，在彼得长达二十五年的统治中，他将全力以赴完成两个优先事项。第一个是针对俄国社会的一系列激进制度变革，仿照欧洲的榜样进行重塑。

结束了大使团的行程，在回来后的数年里，他结交外国友

23

人，紧随他们的衣着打扮、风格品味和生活习惯。他有许多外国朋友和顾问。多年来，他也一直在努力打破东正教的观念束缚，那种观念认为外国人都是异教徒和祸害。他限制了东正教教会的权力，引进了历法改革，扩编和重组军队，规范了货币制度，对法律文书提出了加盖官方印章的要求，并创设了国家奖金。他用烟斗吸烟，这个习惯是从他的德国和荷兰朋友那里学来的，终其一生。因此，彼得也使烟草合法化。在他的皇祖父统治时期，吸烟一度要被处以死刑，后来减轻了一些，改为劓刑。因为没有人胆敢去割掉沙皇的鼻子，对于吸烟免刑的改革，教会也就没怎么反对。他创立了科学院，主要成员都是外国知识分子。彼得还反对严格的包办婚姻，他自己就领教了这个传统的危害，而在荷兰、德国或英国却没有这种事情。在他才十六岁的时候，他的母后依据这个传统给他安排了一桩婚事，而他无法抗拒。彼得决心抛弃他当时的妻子柳多西亚·卢普金娜，一个恭顺却可怜的女人，他很少见她，不搭理她。在他出访欧洲的十八个月里，没有给她写过一封信，回国后，也没想过要去见她。他把她送进了一个修道院，让她从皇宫和公共生活中消失。1703 年，他遇见了来自立陶宛的家庭女佣马尔塔·斯科夫龙斯卡娅（Martha Skavronskaya）。她成为他的情妇，后来是妻子，最后是女沙皇叶卡捷琳娜一世。

除了政治和社会改革，彼得统治期间的第二个主要成就是发动与瑞典的战争，史称"大北方战争"，它包括一系列的征服之战，夺取了波罗的海东部沿岸的土地，使俄国得以西进，走向欧洲。1703年，在这片新的领土上，彼得建立了一座新的城市。这个地方位于芬兰湾的东岸，一度曾是俄国的一部分，但近年来被瑞典控制。这座城市将成为俄国的典范。他将其命名为圣彼得堡。彼得急切地要按照一个新的现代化方案来建设这座城市。他颁布了一条法令，不允许在俄国的其他地方建造石头房子，俄国所有的石匠都必须到他的新城来服务，直至新城建成。他把俄国海军的总部设在这里并继续扩建，大使团招募来的工匠和商人都派上了用场。这座新城成了他的政府和宫廷的中心。1721年9月10日，俄国和瑞典结束了长达二十一年的大北方战争，双方签订了《纳斯塔德条约》。同年，彼得的官方头衔上增加了一个称号，即尊贵的"全俄罗斯皇帝"。战争期间，俄国征服了波罗的海东部和芬兰的大部分地区。彼得同意向瑞典支付一大笔钱，换取将瑞属爱沙尼亚、立窝尼亚、因格里亚和芬兰东南部割让给俄国。

彼得的一生建树颇多，多姿多彩，可与任何一位伟大的帝王相媲美。他的付出比其他任何一位俄国沙皇要多得多。他重建了这个国家，把她送上现代化的道路，而他还有更多宏伟的计划。彼得大帝的称号可不是浪得虚名。但在1724年的夏天，掌权数十年之后，他病倒了，病得很严重，甚至可能撒手而去，尽管他此时还并不算老。他的医生给他开刀动手术，刺穿他的膀胱，放出了四磅尿液，这些尿液堵在体内，令他痛苦不堪。秋天的时候，他的身体恢复了一些。但到了 12 月，他又卧床不起，日夜煎熬。

彼得本可以停下脚步，回首自己一生的空前成就和功业，真是跌宕起伏，开拓进取。他见证了俄国的飞跃，从一个遗落在中世纪的穷乡僻壤变成了欧洲最卓越的国家之一。然而他并不满足，不想吃老本。他心中久久藏匿着一个地理和科学方面的远大抱负。这是最后的华章，将在欧洲国家中和科学界进一步提升俄国的国家声望，并巩固他对庞大帝国最边远地区的控制。他躺在宫中那座豪华的皇家寝殿里，即使被病痛折磨，仍在谋虑新的行动，那将是他一生辉煌帝业中最后一顶金光灿灿的皇冠。他草拟了几条指令，这道谕旨将在今后的几十年间产生影响，带来历史上一次伟大的科学探险和发现一条通往新大陆的海上航线。在他最后的日子里，彼得的一个最大兴趣点在地理方面，要确认帝国最边远地区的范围和资源，以及一个长久以来他所钟爱的兴趣——亚洲与北美洲的关系。这是地理方面的一个大奥秘，在这个时代，在美国独立战争和库克船长的探险航行之前，地球上还剩最后一个未知的地方——北太平洋。

1724 年，沙皇大限将至，彼得在临终前召集身旁近臣。他向他们概述了自己的想法和计划，"自知不豫，时日无多"，他急切地想开展这次探险。他把海军元帅阿普拉克辛伯爵（费奥多尔·马特维耶维奇，Fedor Matveevich）叫到床边，他说：

> 我身体不适，不得不留守宫中。我最近一直在考虑一件事情，此事我已筹谋多年，但杂务缠身，竟不得实现。我很想找到一条穿过北冰洋到达中国和印度的通道。我手中这张地图上标出了这样的一个通道，称为"阿尼安"（Anian）。那一定是有原因的。我最后一次出行时，与饱学之士探讨过这个问题，他们认为，这样的一条通道是可以找到的。如今国家已无外患，我们应在艺术和科学方面为国争光，寻找这样的一条通道。谁知道呢，也许我们会比荷兰人和英国人更成功，他们在美洲的海岸已经尝试过很多次了。

26

1724 年 12 月 23 日，他把自己手写的指令交给伯爵，之后的一个月内，他并没有签署正式的文件，直到 1725 年 1 月 26 日才签署。与它们对世界历史的长远影响相比，彼得的指令显得很简短：

> 1. 在堪察加或其他地方建造一艘或两艘甲板船；
>
> 2. 驾驶这些船沿着海岸向北航行，那个地方似是美洲海岸的一部分（因为它的边界还是未知的）；
>
> 3. 确定它是否与美洲相连。航行到欧洲国家辖下的某个定居点，如果遇见一艘从欧洲来的船，就问问他们那个海岸的名称，用书面形式记下来，然后登陆，获取信息，绘制地

图，再拿到这儿来。

就在拟订完这些计划的一个月后，1725年2月8日，彼得大帝龙驭宾天，享年五十二岁。这将是俄国组织的第一次重要探险，后来被称为第一次堪察加探险。这次探险将填补其他欧洲国家留下的地理空白，成为俄罗斯帝国觉醒的象征。彼得大帝的遗孀叶卡捷琳娜一世成为新的沙皇，继续实现丈夫的梦想。彼得从帝国海军和参加了大北方战争的人当中挑选了一名服役了二十年的老兵来带领这支探险队。这是位来自丹麦的指挥官，名叫维图斯·白令，做事老成，受人尊敬。

第2章　第一次堪察加探险

有一幅肖像画，很久以来被认为是维图斯·乔纳森·白令的
画像。画中的这个人长着双下巴，目光和蔼，行为古怪。遥想那
位著名指挥官的生平事迹，他一生的大部分时间都是在海上漂泊
或是在西伯利亚探险，这个人看起来不大像。现在这幅画被认为
是他的外叔祖父维图斯·佩德森·白令（Vitus Pedersen
Bering），丹麦著名的历史学家和诗人。1991年，一支由丹麦和俄
罗斯联合组织的考古队挖出了白令的遗骸，进行了面部复原，然
后我们可以看到，他肌肉发达，身高约五英尺六英寸，体重有
一百六十八磅。他与众不同，外表粗犷，颧骨突出，头发又长又
卷。他其实一直是个身体健康的英俊男人。

白令是众多的外国人才之一，在彼得扩编海军时应募而
来，为俄国服务。他于1681年8月5日出生在丹麦的霍森斯，这
是波罗的海沿岸的一座港口城市，位于日德兰半岛的东部。17世
纪时，丹麦在与瑞典的战争中接连失利，这座城市也就逐渐衰败。
他的父亲是一名海关官员和教会委员，是受人尊敬的中产阶级。
但对一个有远大志向的年轻人来说，待在这个地方不会有什么前
途。他喜欢船和大海，就在彼得大帝率领大使团出访西欧的前

一年，十五岁的白令与他的兄长一同出海，在船上当服务生。整整八年的时间，白令在荷兰和丹麦的商船上干活，到过印度、印度尼西亚、北美洲和加勒比海地区。他在船上学习航海、制图和指挥，还在阿姆斯特丹的一个海员培训机构学习了一段时间。1704年，年轻的白令遇见了挪威人科尼利厄斯·伊万诺维奇·赛勒斯（Gornelius Ivanovich Cruys），此人于1697年被彼得大帝招募，帮助组建一支新的俄国海军。当时正值俄国（丹麦、萨克森—波兰和普鲁士加入俄方）与瑞典帝国之间的大北方战争开战之际，赛勒斯在俄国海军中给他提供了一个职位。对白令来说，颇感幸运，或许还有些许兴奋，因为瑞典那时也是丹麦的死敌。要想成为一名熟练且聪明的海员，这是个有利时机。白令后来喜欢自得地说："从我年轻的时候起，什么事都是一帆风顺。"他的职业生涯在俄国海军中获得了成功，步步高升。1707年，从少尉晋升为中尉，1710年升为上尉，1715年升为四级上尉，1720年终于升为二级上尉（在俄国海军中，二级上尉即可担任指挥官）。然后，他的仕途停滞了一小段时间。

后来，有一位同事这样描述白令，说他"信仰坚定，是一位正直且虔诚的基督徒，举止有礼，为人善良、安静内敛"，他"得到了所有下属的普遍喜欢，无论职位高低"，他在任何海战中都与大家同甘共苦。他有能力，值得信赖。他最杰出的英勇行为发生在1711年，在袭击土耳其人失败后，他驾驶他的"芒克"号船穿过亚速海，穿过黑海，穿过博斯普鲁斯海峡，进入地中海，再一路向北，到达波罗的海，然后坚守在那里，直至战争结束。这是一趟艰苦而危险的航行，展现了他的领导才能、勇于冒险和主动精神。未来他将指挥历史上两次最长久、最艰苦的陆海探险，这些品质对他来说至关重要。

波罗的海沿岸的居民大多是路德宗的教徒。通过这个社区中互相认识的朋友，他在维堡遇见了安娜·克里斯蒂娜·皮尔斯（Anna Christina Piilse），他们于 1713 年成婚。当时她二十一岁，比白令小十一岁，来自一个富裕的商人家庭，是家中的长女。他们家说德语，住在涅瓦河畔，邻近新城圣彼得堡。他们一共生了九个孩子，只有四个活到了成年。战争期间，因为白令率部出海，他们彼此不常见面，这让安娜·克里斯蒂娜为将来白令带领探险队远赴太平洋做了准备。这对夫妻很有追求，很在意他们的社会地位。因此，白令的职业表现就成为一件很重要的事情。战争期间，这方面可以说是顺风顺水，因为白令不断获得晋升。但当他无法再凭借战功得到提拔的时候，他就落到许多同事的后面了。还有更糟的事。安娜的妹妹尤菲米娅（Eufemia）与一个名叫托马斯·桑德斯（Thomas Saunders）的军官订了婚，那是个英国人，已在俄国海军中荣升少将，不但军衔远高于白令，而且还得到了一个贵族头衔。这样一来，丈夫的军衔低于那位连襟，姐姐的社会地位也将明显低于妹妹。这不利于家庭和谐，对维图斯和安娜来说，也确实是个挫折。他们思忖良久，决定让白令从海军退伍，这是他们维护荣誉和保全面子的唯一办法。白令正式提出了退伍的要求，要赶在尤菲米娅结婚之前办完手续。1724 年 2月，他被授予一级上尉军衔，光荣退伍。他和安娜带着两个孩子从圣彼得堡回到了维堡。然而，由于没有退伍补贴，现在又没有了收入，还得养家，所以，赋闲的日子并没有持续多久。不到六个月，他就要求重返部队。因为尤菲米娅住在圣彼得堡，安娜决定还是留在维堡，免得一不小心碰见做了贵妇人的妹妹，浑身不自在。白令到岗后，在波罗的海舰队中指挥一艘配备了九十支火枪的战舰。但彼得大帝和他的大臣们正在有所谋划，将就此改变白令的一生。

30

1721 年大北方战争正式结束，彼得可以把注意力转到乌拉尔山脉以东的区域。这里幅员辽阔，但外界知之甚少。他担心其他欧洲大国将开始探索西伯利亚，必然动摇俄国对这个区域的控制。1717 年，法国科学院前来谒见，请求获准探索西伯利亚。他对此特别敏感。他拒绝了法国人，对于自己治下这块鲜为人知的区域，他的心情同样急切，想要了解更多。如果把探索本国领土的任务交给外国人，对他和俄国的自尊都是一种无法忍受的打击。

西班牙征服者在中南美洲打败了阿兹特克、玛雅和印加等强大国家，把这些地方并入了一个庞大的全球帝国，最终向东西方同时延伸，从欧洲直到菲律宾。法国人在北美洲的东部建立了殖民地。英国人也在北美洲建立了殖民地，并成为一个全球贸易帝国。荷兰人在现今美国纽约州及其周围建立了新尼德兰，在印度尼西亚赶走了葡萄牙这个海上帝国。荷属东印度公司与英属东印度公司为了控制印度尼西亚和印度洋的贸易打得不可开交。英国人正一步步吞并印度。西班牙的船只沿着北美洲的西海岸向北探索，从墨西哥一直到了今天加拿大的不列颠哥伦比亚省。但北美洲的内陆地区及其太平洋沿岸和北部沿岸，包括亚洲的东北部沿岸，都还是一块巨大的未知地。彼得认为，俄国可以在那个地方扬名立万，也许不仅是获得新的领土或是开通一条财源滚滚的贸易路线并巩固他的帝国，而且是在科学和地理方面有所建树。他寻求为俄国赢得一些国际声望和地位，通过绘制一张精确的西伯利亚地图，丰富世界知识，以获得认可，而自己则不仅是这些知识的使用者，更是贡献者。

在赢得其他国家尊重的同时，彼得希望与中国建立一种有利可图的贸易关系，这也将有助于开发西伯利亚这片广袤之地。彼得多次试图改善俄中贸易关系，但收效甚微。他年轻时出访阿姆斯特丹和伦敦，从中学到的是，财富的关键是经济强大，要想实现这一目标，除了依靠货币改革和法律体系稳定，还要借助贸易和商业。改善贸易也将顺带增加政府的收入。他试图与中国政府展开对话，让俄国的商队得以进入中国，并在一些中国城镇设立

31

俄国的领事馆，但遭到断然拒绝。他的特使列夫·伊斯梅洛夫（Lev Ismailov）上尉来华，送上了精美礼物，但当他提出要求，作为双方贸易协定的一部分，想在北京修建一座俄国教堂时，显然高估了自己。官方的回应显得傲慢自大："大清皇帝柔远至意，岂有交易之理。尔国优厚商贾，视之尤重。商者贱也，天朝弃如敝履。唯穷困仆役之人蝇营狗苟，驱去复还。尔国所谓贸易者，于天朝何利之有？天朝物丰，尔国方物，不货亦足矣。"在彼得统治后期，尽管他费尽气力，俄国与这个东方帝国的贸易额仍在下滑。而且，中国政府拒绝让他穿过中俄边境线上的阿穆尔河（黑龙江）走向太平洋。

面对这种贸易上的障碍和与其相关的政治利益，想要绕开，唯一的办法就是从北边寻找出路。彼得把目光投向了未知的西伯利亚东部地区，这片区域是 16 世纪后期俄国从各个鞑靼部落的酋长那儿抢来的，并做了些初步探索。沿着鄂霍次克海的海岸一直往东去，将是俄国领土的最远端，他们于 1648 年在这里建立了一个前哨基地。此地虽然风暴肆虐，地形崎岖，但不会有人阻止俄国的前进步伐。英国人、法国人、西班牙人或荷兰人染指北太平洋只是个时间问题，他们已然走遍了世界上的其他地方。彼得想要把这份荣耀留给俄国。1724 年岁末，彼得大帝病倒在床，几个月后，他将因罹患尿毒症去世。因此，筹划这次渴望已久的探险就显得愈发迫切。12 月，他谕示海军部的高级官员，准备一份人员名单，列出哪些人可以在这个伟大事业中担任重要岗位，包括测量员、造船工人、制图师和指挥官等。白令在指挥官的名单中是首选，得到了海军中将彼得·冯·西弗斯（Peter von Sievers）和海军少将瑙姆·赛纳温（Naum Senavin）的大力推荐，他们称"白令去过东印度，熟悉情况"。他在俄国海军中服役了二十年，也坐船到过北美洲和印度尼西亚。很显然，他适合指挥一支探险队，前往未知的太平洋海域。这支探险队将与新的族群和文化打交道，而白令起码有一些在国外闯荡的经验。彼得大帝写道："有一个去过北美洲的领航员和助理领航员是非常必要的。"

　　作为指挥官，白令在大北方战争中表现出来的突出能力主要体现在后勤保障方面，即物资的组织和运输，过人的才干可能是他被选中率领第一次堪察加探险队的原因之一。像这样的探险以前从未有过。要到达太平洋，沿着海岸线开始"真正的"探险，白令和他的队员必须先横跨整个西伯利亚。这中间有几个大的流域，河水从中亚山区向北奔腾，汇入北冰洋。这趟行程其实就是在几个水系之间完成一连串的艰苦运输，长达数千英里。虽然此前已经开辟了一条路线，在主要河流的交汇处修建了许多要塞，但也只有小规模的商队行走其间，而从未见过运载大量物资和装备的大规模探险队。在现今人们的心目中，西伯利亚因其寒

33

冬、大风和人口稀少而闻名，差不多是个不毛之地，适合用来关押俄国的政治犯和其他流放人员。在17世纪，人们也是这么认为的，正开始用来服务于同样的政治目的。

当时的俄罗斯帝国共有十个省，从名义上说，西伯利亚只是其中之一，是彼得大帝于1708年设立的。但该省与其他省份大不一样。西伯利亚省的范围从乌拉尔山直至太平洋，包括了蒙古和中国以北属于亚洲范围的绝大部分区域，其面积是俄国其他九个省份面积总和的两倍，占俄国陆地面积的四分之三。该省面积达到了五百一十万平方英里，十分惊人，占地球表面的百分之十。该省不但面积庞大，地形也很复杂，有常年刮风的苔原带、广阔的平原、大片的针叶林（或泰加林），还有多条山脉，包括乌拉尔山、阿尔泰山和上扬斯克山，至今仍是世界上人口最稀少的地区之一。彼得从未去过那里，俄国的上层人物也没谁去过（至少没有人回来过）。整个地区只有区区三十万人居住，到18世纪的时候，绝大部分居民是俄罗斯人。西伯利亚盛产毛皮，这里的财政收入主要就是毛皮税，来自一些珍贵动物，如黑貂和狐狸，它们数量极多，生活在亚北极的气候环境中。这里夏季短暂而炎热，冬季漫长而寒冷。如今，大约有四千万人生活在西伯利亚，仍然只占俄罗斯人口的百分之二十七。

34　　　该地区及各部土著居民（主要是埃内茨人、涅涅茨人、雅库特人、维吾尔人和其他土著）在13世纪初被蒙古人征服，之后则是当地的各个汗王轮番登场。16世纪时，俄国哥萨克开始向乌拉尔山以东进军，一路修建军事要塞，还有木头搭建的小城堡，他们称为奥斯特罗格（也就是"要塞"的意思）。在这些要塞周围，逐渐形成了城镇。虽说这个地区太大，不好管理，但当地原本就有土著居民建立的各个汗国，莫斯科派来的官员于是对其充分加以利用，并进一步探索和扩张。这是一种松散的政治和税收体系，主要就是对毛皮征税（极有价值的矿物和石油后来才被开发）。到18世纪初的时候，俄国的前哨基地已远达堪察加半岛的太平洋沿岸。尽管严格来说，这些土地由俄国政府管理，但在托博尔斯克以西却连道路也没有。托博尔斯克是一座俄国小城，是西伯利亚的行政中心，位于乌拉尔山东麓，在额尔齐斯河的边上。官府和教堂建在一座小山上，是一个用大块石头堆砌而成的城堡。这里是西伯利亚的行政和军事首府，东正教教会派往西伯利亚的最高级神职人员也在此地安家。城堡周围有大约三千栋木头房子，大小和质量参差不齐，它们分布在山下的平原上，易受季节性洪水的冲击。城里约有一万三千多居民。对于横跨西伯利亚的人来说，除托博尔斯克之外，就只剩下另一处补给基地，即雅库茨克。那是一个从事毛皮交易的地方，由一名俄国官员负责管理，人口是托博尔斯克的一半，正好位于横跨西伯利亚路线的中间点。伊尔库茨克也是一座正在蓬勃兴起的城市，几乎与托博尔斯克一样大，靠着与中国的贸易发展起来，但那里远在此次探险路线的南边。其他许多建在西伯利亚的要塞都是小型前哨基地，无法提供任何食品或补给。在鄂霍次克海的西海岸，有一个小的居民点，而这个居民点与雅库茨克之间的地形崎岖不平，山路险峻。1716 年，俄国人开辟了一条海上航线，东起鄂霍次克，西到堪察加半岛的西海岸，毗邻大拉巴河。如果沿着阿穆尔河（黑龙江）前行，显然更容易到达太平洋和向南去，但在《尼布楚条约》签订之后，中国人就封锁了这条路线。

探险队将不得不在占地球表面三分之一的区域内跋涉，还得与恶劣气候搏斗，在荒野中辟出一条路来。越往东走，情况就越糟糕，要面临更多未知的状况，也更难找到与俄国有关并能为帝国事业提供帮助的人。这个地区人口稀少，腐败横生，青壮年劳力终日酗酒，一无所长。因此，难以在当地获取大量食品。白令的小股部队不得不拉着他们的所有装备和物资穿行西伯利亚，包括他们到达鄂霍次克后建造船只所需的全部材料，这些东西包括所有的金属物品，如铁锚、钉子、工具和武器等，当然还有绳索和风帆。探险队的一个主要任务是绘制一张从托博尔斯克到鄂霍次克的路线图，细化从鄂霍次克海到堪察加半岛的海上航线，然后绘制一张从北边的太平洋沿岸到所谓冰海（北冰洋）的海图。有了他们这一路走来的所见所闻，详细、准确且经过了验证，其他人就可以接踵而至，这片领土也将更加牢固地被帝国控制。这项事业极其艰巨，史无前例。彼得的指令虽然面面俱到，却又含糊不清，因为并不知道该如何实现这些目标或可能会出现什么困难。不过，有一点很明显，那就是这项事业将耗费数年的时间。

1725年1月，白令返回维堡"处理自家事务"，例如，在他执行任务期间如何支取他的薪水用来养家，并与妻儿团聚一段时间。等他多年后回到家中时，他们将容颜已改。白令也要安排一些个人的经济事务。这项任务付给他的年薪很可观，共有四百八十卢布。另外，他的职位还给了他一个发财的机会。作为指挥官，他享有一个很大的行李配额，他有权使用探险队的资源来运送他的私人货物。如果他精心挑选并做好计划，在遥远的西伯利亚，在那些前哨基地，他就可以卖掉这些东西，大赚一笔。安娜的父亲是一个成功商人，远近闻名，肯定会帮女婿出谋划策，因为白令是一名职业军人，对贸易或商业几乎一窍不通。尽管此去经年，白令和安娜仍不能放弃这次机会，一来借以致富，二来要推进白令在俄国的职业生涯。财富和地位是这对夫妻的人生目标。

在圣彼得堡，白令与一些军官见了面，他们即将成为他的下属。马丁·斯潘贝格（Martin Spangberg）上尉时年二十七岁，也是丹麦人，比白令小十七岁。他已在俄国海军中服役了好几年，曾驾船去过美洲的殖民地。虽说他没受过什么高等教育，或者说文化水平不高，却有着坚韧、果断和顽强的名声。相比之下，阿列克谢·奇里科夫当时才二十二岁，他被任命为探险队的上尉，之前只在俄国海军中干了一年。他是俄罗斯人，职业生涯起步于莫斯科数学学院，因为成绩优异，他转学去了圣彼得堡的海军学院，毕业一年后又回到莫斯科数学学院任教。他在天文学、制图学及航海方面的技能和素养都倚赖于数学方面的坚实基础，是探险队完成绘图工作的关键人物。探险队中的其他三十四名队员包括水手、熟练工匠、驯兽师、海军军校的学员、木匠、机械师、一名外科医生、一位牧师、一名测量师、一名军需官、一名造船工程师和其他工人。

彼得大帝于 1725 年 2 月去世后，叶卡捷琳娜一世继续执行丈夫留下的大部分计划，包括第一次堪察加探险。奇里科夫已于 1 月 24 日率领一支队伍离开圣彼得堡，他们共有二十六人，配备了二十五辆马拉雪橇，带着那些在乌拉尔山以东不可能获得的装备先行，包括六个重达三百六十磅的铁锚、八门大炮、几十条枪、沙漏、索具、用来制作风帆的帆布、绳索、医药箱和科学仪器等。他们沿着已有的道路行进，一路走到了沃洛格达，然后在那里等着白令和斯潘贝格。他俩先得参加海军部的会议，之后，他们将收到元老院签发的官方命令和文件，命令西伯利亚总督瓦西里·卢基奇·多戈鲁科夫（Vasiliy Lukich Dolgorukov）亲王为他们提供各种形式的协助。元老院发给总督的指令简短明了："我们已派出海军上尉维图斯·白令前往西伯利亚，他将率领一支由必要数量人员组成的探险队。他所肩负的任务另有特别指示。他到了你那

37

儿以后，你要给他提供所有可能的协助，以使他能够执行那些指示。"2月6日，白令和斯潘贝格轻装出发，带了六个人乘雪橇而去。与奇里科夫会合之后，他们一起继续赶路。这段行程笼罩在黑暗的冬日里。他们翻过乌拉尔山被积雪覆盖的低矮山口，前往托博尔斯克。他们于3月16日抵达，走了一千七百六十三英里，算是整个行程中最容易的一段。

在接下来的两个月里，因河水结冰，只能等待冰水融化。白令觐见总督，出示了叶卡捷琳娜一世的谕令，要求给探险队增援五十四个人。在西伯利亚，熟练工人也很稀缺。结果只找到了三十九个人，但也足以让他的队伍人数增加了一倍多。白令需要更多的木匠和铁匠，但找不到。他卖掉了马和雪橇，因为从托博尔斯克往东更没有道路了，这些都用不上。行进方式将是乘坐驳船沿额尔齐斯河到达鄂毕河。所以，他需要木匠建造木筏，需要劳工从雪橇上卸下数千磅重的设备，再重新打包，运到船上。他们造了四艘平底船，每艘长四十英尺，船上竖起了桅杆和风帆。白令派出一支先遣队乘坐小船在前面开路，宣布探险队即将到达的消息，并征用物资和食品。这是他路过每一个要塞或居民点时必做之事，以确保供应。横贯西伯利亚平原的河流及其支流都是北向入海，形成一个水系，这个水系又成为一个商业网络的一部分。虽然交易量不大，但运转良好。通过这个网络，毛皮被卖到欧洲或中国，而中国的商品则流向北方和东方。但像白令率领的这支探险队，如此大的规模，在这个区域以前还从未见过。要穿过西伯利亚到达雅库茨克，他们必须溯鄂毕河而上，登岸后走过一条长四十六英里的陆路，转到叶尼塞河，再顺着勒拿河的小支流漂到雅库茨克。经过每一个水系都需要重新改造船只，也面临它们各自带来的独特困难和挑战。

5月，探险队再次出发，将装满物资的船只推入水流湍急的额尔齐斯河，水中还有尚未融化的小冰坨。他们顶着风雪开始了一段漫长的旅程，向东走，前往与鄂毕河的交汇处。鄂毕河是他们要经过的下一条河流，水量丰富。月黑风高，他们连夜赶路，在湍急的河水中漂流，偶尔也会找个小村庄歇歇脚，暖暖身子，睡个觉。他们花了一周时间在阴冷的大风中顺流而下，于5月25日到达了与鄂毕河的交汇处。他们把物资拉上岸，然后木匠们加紧赶制大船上使用的舵，并加固驳船上的桅杆和桨叶。时不时地，他们还得跳下船，用拉纤的方式让这些大船逆流而上，一个个累得筋疲力尽，而且顶风行走，异常艰难。他们在河边吃力地拉着船，还得不停地驱赶蚊子。蚊子成群飞来，疯狂叮咬。就这样，他们挣扎了将近一个月的时间。进入6月，他们到达了克季河的支流。这里的河水不深，他们沿着这条蜿蜒曲折的水道继续向马科夫斯克的要塞进发。他们要在那里为前往叶尼塞斯克做好准备，那将是一段看似漫长的陆路行程。叶尼塞斯克是叶尼塞河水系的商业中心。叶尼塞河则是他们东行要经过的下一个水系，将于6月20日到达。他们现在已深入西伯利亚腹地，当地对他们的接待也不那么友善了。白令开始注意到一个现象，地方官员似乎有些山高皇帝远的意思，对来自遥远西部的朝廷指令并不怎么放在眼里，因为那些人自己都可能从未去过首都。有一次，当他们要求提供支持时，一位要塞里的指挥官啐了一口，把白令出示的官方信函扔在地上。此人拒绝派手下帮忙卸货，以便探险队转到陆路运输，而是声称："你们都是骗子，都应该被绞死。"

白令也不是吃素的。除了官方信函，他手下还有很多军官和士兵。他很快就拿到了他想要的东西，即陆路运输所需的大量马匹和运货马车。旅途艰辛，他们咬牙坚持，但在叶尼塞斯克，等待他们的还是失望。虽然总督给白令补充了一些劳工，白令却抱怨说，"没有几个能用得上的，都是些跛子、瞎子和害了一身病的"。8月中旬，他们把成吨的设备和物资从运货马车上卸下来，再装到一些新船上，沿着通古斯河出发，驶往伊利姆河，到了那里后，他们又得卸下大量堆积如山的物资，再装到小船上，在险滩急流之间，还得完成许多短途的陆路转运。9月29日，探险队的大部队到达了伊利姆斯克。此时，冬天就要来临，河水也将结冰。下一条陆路转运线长达八十英里，将更为艰苦，目的地是乌斯季库特的要塞，位于勒拿河畔。过冬期间，白令对队伍做了分工，他派斯潘贝格带三十个人先走，赶了几十匹马，驮着物资沿陆路转运线尽快到达勒拿河，然后建造更多的船只，等到了春天，河水解冻，他们就可以做好准备，沿着勒拿河朝东北方向顺流而下，漂过一千二百英里，到达雅库茨克。按照计划，探险队本应在冬季之前到达雅库茨克，如今至少晚了半年。要到达堪察加半岛，他们才走了一半的路程。

过冬期间，白令还通过陆路去了一趟南边的伊尔库茨克，就在贝加尔湖畔。他在那里与总督见了面，了解有关情况。因为再往前走，将是从雅库茨克到鄂霍次克，需要翻越山区。这条路将是整个行程中最具挑战性的部分，没有官路或大道，甚至连小径也没有。山里水浅弯多，险滩纵横。当地人通常是在冬季时拉着雪橇出门，不管往哪个方向走，一趟行程下来都需要八到十周的时间。还从来没有人带着数千磅重的装备经过这个区域，这也是整个行程中白令最大的心病所在。"这里的积雪很深，厚达七英尺，"白令在报告中写道："有些地方甚至更厚。人们在冬天出行时，每晚都必须铲掉积雪，露出地表，以便在夜间保暖。"

1726 年 6 月，从勒拿河顺流而下，探险队的所有小分队和所有物资都到了雅库茨克。雅库茨克是整个地区最大的城镇之一，有三千多居民，至少有三百栋房屋，周边还住有土著居民，人口可能达十倍之多。要在冬季到来之前翻过危险而可怕的山区，就不能在这儿多耽搁，但一切都不顺利。在他们到来之前，雅库茨克这边什么也没准备。白令简直无法相信，他派人走在前面，传达官方命令，要求备齐几百匹马、数吨粮食和几十名劳工，结果居然什么也没准备。白令怒气冲冲地来到总督办公室，大吵了一通，最后威胁总督说，如果整个探险遭到失败，那就是他的责任，沙皇怪罪下来，他的乌纱帽也肯定保不住。总督这才终于退让，找来了劳工和物资，共有六十九个人和六百六十匹马。白令的要求招致当地人的极大不满，因为这里也确实没有多少富余的东西。最让人丧气的是，当劳工还不给报酬。自然地，他们有一肚子的怨气和不满。

白令把队伍分成几组。斯潘贝格带领第一组乘坐驳船出发，搭载了约一百五十吨重的面粉和设备，还有铁锚和大炮。由于地形的限制，这些东西无法通过陆路运输。第一组有两百多个人和十几艘新造的船。白令派出第二组通过陆路从雅库茨克前往鄂霍次克，人数要少一些。他自己带领一组人马紧随其后，这是由上百匹马组成的马队，其中有数十匹马驮的是白令的私人货物。在崎岖不平且陡峭的山路上，四轮或两轮马车都派不上用场。奇里科夫留在雅库茨克，等来年春天时接收最后一批面粉和其他物资。

白令的队伍就像一条负重爬行的蛇，浑身沾满尘土，在噪声、尘土和粪便中艰难移动，沿着险峻的山路蜿蜒而上，翻过大山，下到鄂霍次克。条件极其艰苦。与实际情况相比，白令就未免轻描淡写了。他在报告中说："我无法用语言形容走这条路有多

41

难。"彼得·卓别林（Peter Chaplin）是他手下的一名军官，负责准确记录并保存每天的日志，他在日记中记下了一堆的问题，对濒死的马匹、食品短缺和开小差的人数进行统计，白天经常是"阴沉暗淡"，早上则"冷得出奇"。因为没有草料喂食，马匹纷纷饿毙。队伍行进缓慢，因为需要砍伐低矮的树木，修建木排道，以便马队通过沼泽地。有时候，他们一天之内要涉水过河六次，河水冰冷刺骨。他们还要在狭窄的山谷中来回穿梭。秋意正浓，已是飞雪连天，气温极低，直要人性命。有三个人和几十匹马被冻死，另有四十六个人开了小差，牵了驮着物资的马乘夜逃跑。堆积如山的物资被扔在了路旁，只能等以后回来拿。经过四十五天的艰苦行军，10月1日，白令和他的残余部队抵达鄂霍次克。然后，他惊愕地发现，鄂霍次克比他以为的要小得多，而且对他的到来毫无准备。鄂霍次克是一个很小的行政公国，向中央朝廷进贡。这里没有什么生活设施，只有些当地的马场、几间土著居民的棚屋，还有一支俄罗斯人的小股驻军。他们住在一个小镇上，有大约十一栋小房子。顾不上休息和恢复，白令和他的手下不得不立即开始建造过冬的房屋和仓库，这活干起来可不轻松，因为大部分的马都死了，得靠人力去扛木头。接下来，他们还必须开始建造船只，来年夏天时，需要乘船穿过鄂霍次克海，到达堪察加半岛。他们也忙着在海里打鱼，并晒制海盐，等将来杀了牛可以用来腌制牛肉。最让人不安的是，白令一直没有斯潘贝格的消息。到 12 月的时候，斯潘贝格和两个手下终于踉踉跄跄地来到鄂霍次克，报告了他们的遭遇。

　　白令他们走陆路已够艰苦，斯潘贝格走水路更为糟糕。8 月的时候，冬季提前到来。在当地任何一个人的记忆中，这是最难熬的一个冬天。乘坐驳船从勒拿河顺流而下后，斯潘贝格须再从阿尔丹河和玛迦河逆流而上。河中遍布险滩，这些人不得不下船，靠着岸边走，用绳索拉着船前进，脚下则是杂草丛生的灌木和乱石。干这活儿极其劳累和乏味。有时候，一整天下来，筋疲力尽，才走了不到一英里。到 9 月底的时候，有四十七个人指望不上了，要么是干不动了，要么就是溜了。然后船被冻在河里，也不用拉了。斯潘贝格是个不屈不挠的人，而且足智多谋，马上开始修建过冬的小屋，并赶制雪橇。但底下人却变得闷闷不乐，焦躁不安，不听使唤。斯潘贝格威胁要动真格的，要遵循海军的肃纪惯例，对不听话的人施用鞭刑。斯潘贝格命令他们从船上卸下物资，装到新制的雪橇上，然后在雪地上拉着雪橇向东而去。他在九十个雪橇上载了十八吨重的设备。这时已是 10 月底了，这些人拉着雪橇在齐腰深的积雪中艰难跋涉。他们很快就疲惫不堪，只能减负，开始从雪橇上扔掉一些东西，例如炮弹、一门大炮、火药和航海设备。各种碎屑散落一地。到 12 月的时候，他们饿得不行，只能吃死马、驮包、马具、靴子和皮带。斯

43

潘贝格和两个壮实的手下前进到一个叫尤多马十字架的地方，这是一个高地。这个地方并不起眼，只是有人在一片空地上竖了一个粗制的十字架。从这儿往山下走，即可到达鄂霍次克。白令几个月前走陆路时也经过了此处。他们发现了白令留给他们的面粉，于是立即回头招呼其他人，把他们带到了尤多马十字架。有四个人在路上饿死或者冻死了。斯潘贝格留下一些身体较弱的人，带了大约四十个雪橇和拉雪橇的人动身向鄂霍次克进发。路边有冻死的马，他们就吃了充饥。最后，斯潘贝格和两个同伴走在了最前面。拉着轻便的雪橇，载着最重要的物资，在雪路上日夜兼程。1月6日，他们到达了鄂霍次克。十天后，有六十来个人也到了，个个步履蹒跚。

白令派遣救援队折回去，带上食物，寻找幸存者。一开始他们都不肯去，因为天黑酷寒，又下着大雪，他们担心丢了性命。白令不容许有人抗命。他让人做了一个绞刑架，威胁说，如果有谁违抗命令，就绞死谁。2月14日，斯潘贝格带领救援队极不情愿地出发了，队中有九十个人和七十六只狗。他们咕哝着，满腹怨恨。在尤多马十字架，他们发现四具冻僵了的尸体，救出了七个掉队的人，都已经奄奄一息了。因为任务如此艰苦，到达尤多马十字架后，十二个从西伯利亚招募来的人拿着刀斧溜了。他们说："我们可不想就这么送了命，我们要直接去（雅库茨克），你们谁也别想拦着。"在冬春的剩余日子里，白令派人沿路折返，取回扔在路旁的物资，其他人则参加造船的工作，夏季时就可乘船穿过鄂霍次克海，到达堪察加半岛。然而，春天快要过完的时候，挨饿再次成为他们最大的威胁。这年春天，洄游的鲑鱼比往年少了许多。6月，当奇里科夫带领马队从雅库茨克运来成吨的面粉和其他物资时，这些人都已经饿得不行了。 44

　　整个冬天，木匠们都在忙着造新船。到6月初的时候，新船造好，可以下水了。他们将其命名为"幸运"号，希望后面能有好运降临。木匠们还修好了一艘旧船，名为"东方"号。奇里科夫返回雅库茨克，去取第二批面粉，还有供探险队使用的牲口（总共有一百四十匹马，丢了十七匹，不过，哪有不经历磨难的人呢），斯潘贝格则指挥两艘船航行了六百三十海里，穿过鄂霍次克海，将四十八个人（包括铁匠、木匠和造船工人）送到了一个小镇，叫作博利舍列茨克。镇上有十四栋还不错的房屋，此处位于堪察加半岛西海岸博利沙亚河河口的上游。上岸后，这些人将沿着一条横穿半岛的小道到达太平洋海岸，然后开始造更大的船，以便向北航行。风很小，斯潘贝格指挥两艘船又穿过鄂霍次克海返回，于8月22日接上了白令和其他人，再次航行到博利舍列茨克。他们没有精确的堪察加地图。17世纪时，俄国人都是从北边探寻过来，所以，他们不知道堪察加其实是一个半岛。他们本可以绕着半岛航行，直接把设备运到太平洋海岸，而不是再走一次艰难的陆上行程。

　　这是跋涉到太平洋的最后一段路程。白令又只得将他的设备从大船上转移到较小的船上，沿博利沙亚河溯流而上。按照计划，将在内陆地区通过陆路转到堪察加河的源头，那儿有另一个俄国的前哨基地，叫作"上堪察加哨所"，然后乘坐狗拉雪橇或船再走十五英里，到达下堪察加哨所，位于太平洋海岸更靠北的地方。斯潘贝格再次带队先行，其他人则将设备重新打包，并出猎捕鱼，为翻越山区做准备，冬天拉雪橇，春天坐船。这又是一次能把人累垮的行军，需要拉着所有设备往上游走，中间还要换陆路运输，将设备装上船又卸下船。雨雪交加，狂风呼啸。白令试图在堪察加人当中招募能驾驶狗拉雪橇的人，但除此之外，他与当地人几乎没有什么接触。这次用了八十五个雪橇，花了数周的时间艰苦行军，从鄂霍次克海到太平洋往返五百多英里，来回走了好几趟。

　　堪察加半岛长约七百五十英里，森林茂密，山区地形被一个宽阔的中央峡谷分割。当地的野生动物很多，特别是大棕熊。这里夏季阴凉潮湿，冬季寒冷，每年 10 月到来年 5 月被积雪覆盖。北极寒风从北边吹来，海洋寒流包围了半岛两边的海岸。这个地方比西伯利亚要潮湿得多，最高的山峰上还有冰川，海岸线通常是大雾缭绕。这儿也是欧亚大陆上火山最多的地区，有许多活火山，还有数不清的温泉，冒着热气，而且易发地震和海啸。这里风暴之凶猛是出了名的，一位 19 世纪的英国旅行者写道："这里的暴风雪疯狂肆虐，似有满腔怒火。阵阵雨雪在荒野上翻滚，就像是一股黑烟。我们都快冻僵了，牙齿在脑袋里不停打颤。雨雪如此之大，已将我们的衣服打湿，甚至渗进我们的防风大衣和背包。"在描述自己的经历时，白令说："我们每个晚上要在雪地上搭一个帐篷，将入口处封严……如果有人在外面遭遇暴风雪，又没找到躲避的地方，他将会被风雪吞没，丢掉性命。"

整个堪察加半岛只有大约一百五十个俄罗斯人，绝大部分是军人和税收官员或收受贡品的官员，他们都居住在三个要塞附近。其余的人口组成，南北有所不同，北边的土著居民在文化和语言上与堪察加人相似，南边则住着千岛群岛的土著居民。虽然朝廷要求白令记录生活在西伯利亚不同地区的各类土著居民，但他毕竟不是一位民族志学者。"雅库特人养了许多的马和牛，以此解决吃饭穿衣的问题。那些只有几头牲畜的人就只能靠捕鱼为生。他们是偶像崇拜者，崇拜太阳、月亮和某些鸟类，如天鹅、老鹰和乌鸦。他们对自己的牧师十分尊敬，尊称为萨满。他们雕刻了一些粗糙的小雕像，称之为撒旦（魔鬼）……其他人根本就没有信仰，极为粗俗。"在堪察加半岛，他写道："堪察加人非常迷信。一个人如果病得快要死了，哪怕是自己的父母，也不管是冬天还是夏天，他们都会把这个人带到森林里，只给够吃一周的食物，很多被遗弃的人就这样死了。"

46

从文化上来说，白令所做的这些观察差不多都集中在表面上可看到的一些消极特点，听上去很可怕，但并不全面，部分原因是交流不多造成的。在这次探险中，探险队虽然遇见了非俄罗斯人，或是受俄国影响的人，但与他们几乎没有交流。在白令到来之前，各要塞对当地的管理非常松散，几乎到了无法无天的境地，导致堪察加的土著居民数量大幅下降。以前他们可能有多达两万人，到18世纪晚期，只有数千人幸存下来。许多人与俄罗斯人发生民族融合，形成了一种独特的文化。就像西伯利亚的土著居民那样，堪察加的土著居民也经常被强迫劳动和纳贡，而且高于圣彼得堡的官方要求。虽然层层加码是违法的，但堪察加与俄国相距遥远，没有人监督当地官员。探险队到来后，提出了物资补给方面的要求，这让当地的俄罗斯人和堪察加人压力陡增，不堪重负。

到1727年春天的时候，探险队走完了一段令人震惊的行程。圣彼得堡与堪察加东部的空中直线距离超过四千二百英里，而这次探险走过的路是这个距离的数倍之多。他们行进在不同的河流之间，有时逆流而上，有时顺流而下，横穿没有道路的西伯利亚高原，还得经常走回头路，翻越崎岖不平的山脉。山里也没有路，这些大山主要沿东经六十度线分布。走完这段行程用了将近三年的时间。彼得雄心勃勃，谋划建立一个远达太平洋的俄罗斯帝国，而这个距离和其间的大片荒野是主要障碍。现在，伫立在面朝太平洋的岸边，白令有了一个新的目标，他要造一艘大海船，驶向北冰洋。

斯潘贝格和他的手下在克柳切夫火山下度过了 1727 年的秋冬季节。这座火山高达一万四千五百八十英尺，巍然屹立。他们在一个土著居民的小村庄附近砍伐树木，这个地方离海岸有一百英里。最大的树木都生长在这儿，砍下后通过溪流漂到靠近海岸的地方，造船工人和木匠在那儿忙碌着。其他人则忙着其他的事情，如通过蒸馏的方法用青草来酿酒（当地人给的配方），煮海盐，把鱼油搅拌成黄油，大量捕捞鲑鱼并在木片上晒干。到 4 月下旬，这艘海船的骨架已经成形，球首内肋板和船体肋骨已经安装好，外板也正在顺利制作。她长六十英尺，宽二十英尺，从龙骨到甲板有七英尺高。几个星期之内，两根桅杆、风帆、索具和铁锚将准备就绪，压舱物、三门大炮和食品也将上船。他们将这艘小船命名为"大天使加百利"号，于 7 月 9 日下水，这天天气晴好。船上的食品足够四十四个人吃一年，大部分是远道运来的，包括十五吨面粉、三吨压缩饼干和二十个木桶（用来装淡水），从当地补充的食品有十二吨鱼油和七百六十磅晒干了的鲑鱼。四天后，这些人上了船。船驶离岸边，航行一百二十英里后进入开阔水域，然后沿着堪察加半岛的太平洋海岸向北航行，去完成他们史诗般的使命中最后阶段的任务。

奇里科夫根据航行的经纬度进行计算，画出了一张海岸线的草图。令他惊讶的是，海岸朝着东北方向延伸。几周以来，他们顺着这个航向前进，而在他们的左侧，始终都能看见陆地，就像一个巨大的雾堤。船只停了两次，他们上岸寻找淡水。一眼望去，群山"都很高大，也很陡峭，像一堵墙，风向不定，从山间的峡谷中吹来"。他们看到并记下了陆地的所有突出特征和众多的海洋动物，如鲸鱼、海狮、海象和海豚。天气通常是大雾多雨。到7月底的时候，"大天使加百利"号船驶过了阿纳德尔河的河口。天气仍然很好，利于航行，风不大，也没有暴风雨。8月8日，瞭望台发现有一个大皮筏子向他们靠近，上面坐了八个人，说一种他们不大听得懂的语言（可能是楚科奇因纽特人）。即便有堪察加的当地人充当翻译，白令也未能获知更北或更西边的地理状况是个什么样，"他们不知道陆地向东延伸到多远……但后来他说，从这儿往东走不远，如果天气好的话，在陆地上可以看见有一个岛"。然而，当他们一路向北航行至北纬65度时，面对的却是一片开阔海域，波涛汹涌，直达北冰洋。他们正在通过一个海峡。他们不知道的是，这个海峡将在五十年后被英国航海家詹姆斯·库克船长命名为白令海峡，那是库克船长的第三次探险，广为人知。其实，第一个沿这条海岸线航行的人是一位较早时期的俄国探险家，他是个哥萨克商人，名叫谢苗·杰日尼奥夫（Semyon Dezhnev）。1648年，杰日尼奥夫带领九十个人乘坐七艘小型单桅帆船从科雷马河的河口出发，沿西伯利亚海岸和堪察加海岸向南航行了一千五百海里。其中的一些船失事了，多人遇难，但至少有二十几个人沿堪察加海岸到了南边，还建立了一个小的贸易点。可惜的是，关于他们这次航行的报告很少，也从未送达莫斯科或送给雅库茨克以东的任何俄国官员。他们勇敢却惨痛的航行故事直到 1736 年才为人所知，对这时的白令来说，就没有什么帮助了。

8 月 13 日，白令认为，他们的航行够远了，已经完成了沙皇给他下达的命令。按照俄国传统，他召集军官们到他的住舱开会。在俄国海军中，任何重大决定都必须由一个联合委员会作出，而不能是指挥官单独决定。他问道：他们能不能回答这个问题，即亚洲和美洲是否通过陆地连接起来？大家的意见各不相同。奇里科夫想要航行得更远一些，甚至在这边过冬。斯潘贝格建议再向北航行三天，然后返回，因为他们没有看见能让船只安全停靠然后可以挨过北极冬天的地方。白令指出，从他们向北航行到最远的地方来看，整个海岸基本上都是"崇山峻岭，几乎像墙一样笔直，冬天甚至会被雪覆盖"。他不想让这艘船在这个荒芜且不为人知的海岸边被冻住或撞毁，而且他推测，他们很快就会遭遇海冰。

开会讨论之后，奇里科夫和斯潘贝格也提交了书面意见，白令作出了决定并写下了他的理由：

> 如果我们还继续待在这儿，在这个北方地区，面临的危

险就是，在某个起雾的黑夜，我们的船将在某个海岸边搁浅，而且将无法脱身，因为是逆风。考虑到这艘船的状况，下风板和龙骨板已经断裂的事实，我们很难在这个地区找到合适的地方过冬……根据我的判断，我们最好返回堪察加，找到一个港口，在那里过冬。

身为指挥官，白令做事谨慎，不打无准备之仗，他不是一个大胆的赌徒。彼得大帝甄选人员执行这项任务时，这些品质可能让他脱颖而出，但同样的，在大北方战争期间，这些品质也使得他在海军中的仕途受阻。他这人务实，目标明确，既要完成任务，又要确保安全，而且取得成功的机会得是最好的。在当前情况下，根据他对风险和回报的评估，他的决定可能是正确的。如果他们在这个海岸发生了什么事故，谁也救不了他们，所有已收集的信息都将丢失，今后也可能不再有探险了。很显然，白令对自己肩负的责任看得很明白，要为俄国未来在太平洋的存在铺平道路。再走远一点能发现什么，他没有把握，也不去想还会有更大的收获。他采纳了斯潘贝格的建议，命令这艘船向北又航行了三天。他们什么也没发现，就掉头折返，踏上南归的行程。虽然他们经过了白令海峡，但因为连日阴沉和大雾，船上没有人看见阿拉斯加的海岸线。

历史学家们微词颇多，对白令取得的成绩不甚满意。他们争论白令是否过于胆怯，退堂鼓是否打得太早了，是不是应该再走远一点，是不是应该向东去寻找陆地，是不是应该多听听土著人的意见。但在当时，人们对这个大陆一无所知，而且他可能也没把发现大陆作为这次探险的主要目的。他的首要任务是，为后面那些装备更好的探险队开拓一条横跨西伯利亚的路线，并绘制堪察加海岸线的地图，而不是冒险赌一把，看看能不能发现大陆，或是看看能不能在这里挨过北极的冬天。

在返航途中，他们又遇见了四个大皮筏子，上面坐了大约有四十个楚科奇人。但是，就像之前那样，如果没有翻译帮忙，就几乎无法与他们沟通。在只言片语的交流中，他们隐约感觉到，在东方似有一个大的陆地或是岛屿。虽然语言不通，双方还是做了一些物物交换，他们用一些金属工具和针头换来了肉、鱼、淡水、蓝狐皮和海象牙。

9月2日，经历了几天的恶劣天气后，"大天使加百利"号船驶入堪察加河的河口。队员们已经在海上待了五十多天，回来后不到一个月，河水就冻上了。他们整个冬天都在修船，为返航做准备。白令想要往南走，沿着堪察加半岛航行，看看这块陆地向南延伸到多远，"大天使加百利"号船是否有可能直接航行到鄂霍次克，那样的话，他们也就不必再艰苦翻越堪察加的山区。冬天的时候，白令向那些在堪察加生活了多年的俄罗斯人了解情况，他们却眉飞色舞地给他讲起了神秘东方的荒诞传说，说那里有森林和大河，那里的人也用大皮筏子，与堪察加这边用的差不

51

多。这些描述让他浮想联翩。5月，河水开始解冻，他们准备出发了，不过，白令决定向东航行四天，看看附近是否有陆地存在。尽管暴风雨迫使他回撤，什么也没看到，但他已经非常接近那个偏远的岛了。十二年后，他将重回这个地方，那时的情形已完全不同。

7月24日，他和大部分人都回到了鄂霍次克。他们归心似箭，快马加鞭。因为没有了成吨的设备需要运输，随行的劳工数量也大为减少，走的又是来时的路，所以一路无事。1月11日，他们到达了托博尔斯克，向当地官员做了汇报。白令把他交易得来的货物报了关，付了关税。1730年2月28日，他们回到了圣彼得堡。离家已整整五年多。他与斯潘贝格和奇里科夫都获得了升职及奖励，并与家人团聚。但这次探险也不是皆大欢喜。有十五个人丢了性命，不是冻死就是饿死。探险队征用了大约六百六十匹马，大部分也都死了。这严重破坏了雅库茨克周边地区的经济，马主人遭遇破产。探险队每到一处就要人、要东西，给当地经济造成负担，引发了怨恨和内乱。在堪察加半岛，白令征用劳工和驾驶狗拉雪橇的人，直接引发了18世纪30年代的暴动。土著居民烧毁了下堪察加哨所，之后则是俄国驻军对土著居民的报复。

52　　不过，从堪察加启航之前，白令就已经绘制了该半岛东南海岸的地图，发现了一个海湾，未来非常适合在此建设港口。他称之为阿瓦查湾。他知道，他还想回到这个遥远的地方，解开更多的地理奥秘。

第3章 完美计划

彼得大帝有一个最显著的特点，就是他那颗永不满足的好奇
心。这颗好奇心促使他大力改变俄国的社会结构，打破旧有的僵
化秩序，推动改革，让整个国家脱胎换骨。即使是坐马车或骑马
经过一个看起来很落后的小镇，他也总是问当地人，有什么值得
看一看的，附近有什么不同或不寻常的地方。如果下面的人禀告
说，这儿没什么可看的，他就会说："谁知道呢？如果对你来说没
什么可看的，对我来说可能就值得一看。都让我看看再说。"这样
的态度不仅使他对欧洲的商业、军事战略和技术感兴趣，而且对
艺术和科学也感兴趣。他鼓励俄罗斯人出国，去欧洲的教育机构
里学习，特别是获取在俄国学不到的技术和科学技能。他还资助
数学、火炮、工程和医学等领域的基础学校。

彼得最大的贡献是在圣彼得堡创建了俄国科学院，将近三个
世纪后，它仍是俄国最受推崇的科学院。他希望在俄国设立一个
学术机构，与欧洲其他国家的学术机构水平相当，这样的话，俄
国人就可以在国内学习，从而加快俄国经济发展的现代化步伐。
这个想法最早是德国著名的哲学家和数学家戈特弗里德·莱布尼
茨（Gottfried Leibniz）提出的，在彼得执政初期就跟他提过。莱

布尼茨早年也创办了柏林科学院，但彼得直到1724年1月28日才创建了科学院，也就是他去世的前一年。他的设想是，这个机构的功能更多的是像一所大学。它的第一批教授都是从德国、瑞士和法国聘来的，一面给俄国和德国的学生授课，一面做自己的研究。他们当中包括历史学家、法学家、哲学家、化学家、数学家、天文学家和医学博士。虽然彼得在这些学者到来并开课之前就去世了，但这个机构将发挥巨大作用。就像彼得设想的那样，塑造了俄国的精神生活，包括探索未知的东方腹地。

授权成立科学院的法令最后由彼得的遗孀叶卡捷琳娜一世签署。虽然她在位仅有两年的时间，但在她的督促下，有十六位来自法国、德国和瑞士的学者及其家人前来报到，科学院初具规模。科学院招收的第一批学生有八个人，同样来自其他欧洲国家，但学生队伍很快就扩充了。在俄国宫廷临时搬回莫斯科的那段时间里，科学院没人关照，许多学者离职而去。他们抱怨说，连薪水都没领到。尽管如此，它仍然是一个非常受重视的机构，俄国能让欧洲刮目相看、地位日升，它的作用至关重要。不久之后，它聘用的许多科学家将参与一个全新的任务，这个任务与他们在象牙塔中做研究有很大的不同。

当白令回到圣彼得堡时，已经过去了五年的时间，这里的政治气氛发生了重大变化。他离开的时候，叶卡捷琳娜一世刚刚登

55

基，然后于 1727 年去世，接着是彼得二世继位。彼得二世于 1730 年 1 月 19 日死于天花，年仅十四岁。一个月后，白令回来了。新沙皇是安娜·伊凡诺芙娜，她是彼得大帝的侄女。虽然她将俄国宫廷又搬回圣彼得堡，并继续推进彼得的改革事业和俄国国家体制的西化，以及圣彼得堡的建设发展，还支持艺术和科学的发展，但她的统治时期经常被认为是俄国历史上的"黑暗时代"。她举办奢华的舞会，靡费公帑建造宏伟的宫殿，却无视广大乡村陷于深重苦难之中。俄国又发动了与波兰和土耳其的一系列战争，旷日持久。她的个性古怪而残忍，人尽皆知。她会站在皇宫的窗户边射杀动物，见到她认为的下等人，就满口脏话，粗鲁无礼。她会公开嘲笑和侮辱残疾人。她对臣民的赏罚看起来既极端又专横，弄得人人胆战心惊，只好暗中算计。英国的部长约翰·勒福尔（Johann Lefort）伯爵不看好俄国的前景。他说，在安娜的统治下，俄国宫廷"就像是一艘迎着暴风雨前行的航船，被喝得醉醺醺的领航员和船员们操控着，他们的脑子极不清醒……前途堪忧"。

安娜·伊凡诺芙娜偏爱外国人，赋予他们权力和声望。在她统治的头几个月，她把几个俄国贵族流放到西伯利亚，因为这些人仇外排外。这让俄国人感到愤慨和泄气，但对白令和他的新提议来说，却是个利好消息。白令想要重返西伯利亚和堪察加半岛，建造更大的远洋船只，驶向美洲的西海岸，期待有所发现并进行探索。科学院、宫廷和海军部里有些人则不以为然。他们认为白令不够大胆，跑了一趟仍拿不出亚洲与美洲之间是何种关系的结论性意见，对于长久以来口口相传的那块伟大的土地，也没有发现任何新的东西。白令辩解说，他的装备不够好，没法再做更多的事，而且他是在那么简陋的条件下卖力工作。他强调说，他绘制了西伯利亚的新地图，非常棒，他对当地情况的记录也非常有价值。

白令和他的妻子都是很有追求的人。通过圣彼得堡和莫斯科的家庭及朋友圈，安娜处处维护自己的丈夫。白令荣升贵族，还得到了奖赏。因为获得了荣升，拿了奖金，在西伯利亚出售私人货物又赚了一笔，他们现在已经非常富有了。他们在富人区安了家，与两个儿子共享天伦（其他孩子都夭折了），一个六岁，一个八岁，但他们几乎不记得父亲的样子。一家人住得很舒服，有仆人照顾，尽情享受着新的社会地位带来的一切。安娜也可以在妹妹面前挺起腰杆了。他们感谢上苍眷顾，让他们生活富足。于是，白令就把从父母那里继承来的遗产捐给了家乡霍森斯的穷人。

1730 年 4 月 30 日，回来后才过了两个月的时间，白令就向海军部提交了第一次堪察加探险的详细报告，并提议组织第二次探险。在他看来，第一次探险遭遇了太多未知的情况，对面临的挑战也缺乏了解，因此，当然地，应该接着再组织一次探险，这次要计划得更好，有更多的物资，人员配置也要更好。白令知道，只有在第二次探险中再次任用参加并指挥了第一次探险的人员，这项任务才能获得成功。从政府的角度来看，他显然是不二人选，他的高级副手斯潘贝格和奇里科夫也必定入选。

尽管条件极端艰苦，可能会饿死，又是苦寒之地，航行到一个未知世界也很有可能会丢了性命，但在这个多事之秋，仍有人乐于接受委任，去完成这些任务。在西伯利亚也可以远离是非，获得青史留名的机会，通过贡献新的地理知识，有机会赢取哪怕是有限的声望和尊敬。第二次探险不但对他们的职业发展有好处，也强烈吸引着他们喜爱冒险的灵魂。

白令向女沙皇呈交了他的计划：

1. 据我的观察，堪察加东部的涌浪比其他海域要小，在卡拉金斯基岛，我发现有高大的冷杉树在那儿生长，在堪察加却是没有的。这些迹象表明，美洲，或者这边的其他什么陆地，离堪察加不远，也许在150英里到200英里的范围。要弄清楚这一点很容易，造一艘重约50吨的船，派她出海走一圈就知道了。如果确实不远，帝国就可以与那个地区的居民建立贸易关系。

2. 应在堪察加建造这样的一艘船，因为那儿较易获取造船必需的木材。在食品供应方面也是如此，那儿的鱼和野味特别便宜。再者，从堪察加土著居民那儿可能获得更多帮助，他们比鄂霍次克的那些人要好。还有一个原因不容忽视，堪察加河的河口较深，可以为船只提供更好的避风地。

3. 找到一条从堪察加或奥乔亚河到阿穆尔河（黑龙江）或日本的海上航线并非没有益处，因为我们知道，这些地区是有居民的。与这些居民——特别是日本人——建立贸易关系将是非常有利可图的。因为我们在那边没有船，所以，我们可以跟日本人谈，让他们驾船过来，大家在一个中间点会合，进行交易。探索这段航程需要一艘船，与上面提到的那艘船大小相当就可以，或者略小一些，也能完成这个任务。

4. 这样一次探险的支出大概要花掉一万到一万两千卢布，但不包括人员薪酬，以及两艘船需要的食品和物资，这些东西堪察加那边没有，只能从这儿和西伯利亚供应。

5. 如果有必要绘制西伯利亚北部海岸的地图，从鄂毕河到叶尼塞河，再到勒拿河，可以通过乘船或走陆路来完成，因为这些地区都在俄国的管辖之下。

58　　这是个不用耗费巨资就能实现扩张领土和促进贸易的提议，肯定会引起这个国家的兴趣。而且还有建立海军基地和发现贵金属的可能性。女沙皇安娜想要继续实现彼得大帝扩张帝国的抱负。于是，开始了为期两年的规划。

白令最初的提议很简单——造船，然后从堪察加出航，去发现美洲。虽然不情愿，他也承认，为了说明这次探险的开销是合理的，他不得不把其他几项能引起俄国兴趣的任务包括进来。他计划开辟并绘制一条经千岛群岛到达日本的海上航线，还要尽力绘制一张西伯利亚北部海岸的地图。在这两年的规划中，探险队的任务范围日益扩大，因为有几个起关键作用的策划人对此产生兴趣并表达了意见，他们是：海军部部长尼古拉·戈洛文（Nikolai Golovin）伯爵；元老院高级秘书伊凡·基里洛夫（Ivan Kirilov），他是一位才思敏捷的地理学家；还有外交官安德烈·奥斯特曼（Andrey Osterman）伯爵，他在女沙皇安娜的宫廷里效劳。基里洛夫相信，第二次探险将扩大帝国的领土，虽然要花点钱，最终却能让俄国获得"取之不尽的财富"。他还乐观地认为，西伯利亚可以提供巨大的交通便利，因为它的许多水系不过就是还未开发的运河罢了。这次探险的第二个目的不是地理方面的，而是政治和殖民方面的，意在通过绘制地图、投入基础设施建设、收取贡品或税赋、促进贸易来巩固和扩大俄国的统治地位。根据女沙皇安娜下达的正式指令，元老院"全面考虑了有关事项，这次探险将为陛下和俄罗斯帝国的荣耀带来真正的好处"。

59

　　女沙皇安娜和元老院在1732年年内颁发了一系列的敕令，或称法令，为新的探险队制定任务目标，建立组织架构。1732年4月17日，元老院的一份正式命令宣布，新的探险队由白令担任指挥官。5月2日，探险队的任务大纲获得批准。5月15日，海军部下令，开始相关准备工作，委任维图斯·白令为指挥官，奇里科夫为副指挥官。1732 年 12 月 28 日，女沙皇安娜下发了更为详细的指令，并正式签署命令，授权组织第二次堪察加探险。考虑到这项任务将要面临的困难和艰苦条件，探险队的三位主要指挥官——白令、奇里科夫和斯潘贝格——都得到了晋升，白令升为上校指挥官，另外两位升为上校，还有八位新晋升的上尉。他们的薪酬翻番，还预发了两年的钱。白令还被要求"在这次探险的航程中，应就所有事项与奇里科夫上校达成一致意见"。这个指令没有明确的是，如果双方有分歧，难以达成一致意见，那么，谁说了算？

　　大北方探险，有时又被称为第二次堪察加探险，是有史以来最具雄心的一次探险，它也是一次科学考察。白令最初的提议是一次规模适中的探险，对第一次探险无法确定的结论做进一步探索。但在此基础上，第二次探险却旨在向欧洲展示俄国的实力和先进。随着计划逐步细化，任务范围也越来越大，白令开始担心起来。1732 年 12 月，白令接到了最后的指令，这次探险任务大大扩充，风险远远超出他的预想。他将率领一支几千人的队伍，包括科学家、秘书、学生、翻译、艺术家、测量员、海军军官、水手、士兵和技术工人，要把所有这些人带到亚洲的东海岸，中间要在尚未修路的森林、沼泽、苔原中跋涉长达数千英里，还得再次载运大量无法在西伯利亚采购的装备和物资。此外，还要跟上次一样，运送工具、铁锭、帆布、可保存的干粮、私人携带的书籍和科学仪器等重型物资。第一次堪察加探险前往东西伯利亚时走过了一条崎岖坎坷的路线，他们或多或少还将再走这条路线。

这次探险的目标也有了详细的谕示。现在要多管齐下，揭开西伯利亚的神秘面纱，继而组织一次雄心勃勃的航行，穿越未知而广阔的北太平洋。到达鄂霍次克后，白令要造两艘船，驶往堪察加，然后向东驶往美洲，并绘制海岸线的地图，远达南方。同时，他还要另造三艘船，对千岛群岛、日本和东亚的其他地区进行堪察。对他来说，这些指令算是最合理也最切实际的了。他接到的命令还要求他安排俄国人在鄂霍次克定居，在太平洋海岸引进并蓄养牲畜，在偏远的前哨基地建立小学和航海学校，为深水船只修建一个船坞，在西伯利亚确定天文位置，以便将来绘制地图，开办矿山和铁匠铺，冶炼矿石。通过开展这些活动，使该地区可以实现自给自足，将高昂的运输成本降下来。不难想象，尽管白令付出了巨大努力，但这些任务需要几代人才能完成。白令想象着，他领导的这次探险将为他的职业生涯锦上添花，让他青史留名，但他严重低估了这次任务的范围，以及将要面对的那些看起来没完没了的难题。

具有讽刺意味的是，有一位俄国海员米哈伊尔·S. 格沃兹杰夫（Mikhail S. Gvozdev）刚刚看见了阿拉斯加西边的岛屿。他于

1732年乘坐白令的那艘旧船即"大天使加百利"号参加了一次军事远征，目的是惩罚堪察加的楚科奇人，因为他们袭击并捣毁了俄国的前哨基地，还拒绝纳贡。但他们的叛乱很可能是白令在第一次堪察加探险时向当地索要食品和劳工引起的。8月，格沃兹杰夫看见了阿拉斯加的海岸，在返回堪察加之前，他还遇见了一个乘坐皮划子的人。

虽然是在俄帝国海军的主持下进行组织，但白令领导的这次探险根本不能算是一次标准的海军行动。在漫长的岁月里，探险队的领导者几乎用不上他们的航海技能。因为这次探险的一大半征途将是重走横跨西伯利亚长达六千英里的路程，白令要做的不是去操控和驾驶一艘船，而是需要发挥管理才能，包括组织、招募人才能力以及确保后勤保障方面要用到的马队和驳船等，还要与地方政府打交道。元老院高级秘书基里洛夫有一个梦想，俄国将成为一个新崛起的世界大国。他想派一位新的行政长官赶赴鄂霍次克，为探险队到达当地做好准备，并开始建造船只。但大家对这份工作热情不高，毕竟是要离开文明世界，蹲守在西伯利亚还没有开化的地区。去鄂霍次克当行政长官不是什么香饽饽，在公务员队伍中没多少人感兴趣。话说回来，西伯利亚不是他们流放政治犯的地方吗？也算是矮子里拔将军吧，白令和基里洛夫能找到的最好人选，是一个叫格列高里·斯科尔尼亚科夫·皮萨列夫（Grigory Skornyakov-Pisarev）的人，他当时被流放在雅库茨克北边的一个小村庄里，在勒拿河的边上。

皮萨列夫受过高等教育。在彼得大帝统治时期，他本来前途一片光明，却因为牵连进一桩阴谋，被视为叛徒，流放到了西伯利亚。此人过去确有才华，但此次任命之前，既没有与他谈话，面对面进行考察，也没有咨询那些了解他这十五年流放生活的人。白令和基里洛夫不知道的是，他已经变得放荡不羁，不思进取，懒惰散漫。这倒也不奇怪，因为他的人生跌了跟头，在西伯利亚虚掷光阴。然而，任命已经下达，他将承担新的责任。皮萨列夫要赶去鄂霍次克，成为那里也是整个堪察加地区的高级官员。他要开始扩建鄂霍次克，将其变成一个重要港口，以便在堪察加地区开展常规商业活动。他要开始着手修建新码头、教堂、兵营和房屋的组织工作。他要把俄罗斯人和通古斯人带到鄂霍次克的周边地区，放牧牛羊，耕种田地。为了实现这些目标，朝廷指令皮萨列夫释放雅库茨克监狱中数百名因欠债而身陷囹圄的人，把他们带到鄂霍次克，充当劳工。白令和基里洛夫哪里知道，斯科尔尼亚科夫·皮萨列夫现在很难振作起来，他对政府工作已经没有了丝毫的热情和责任担当。事实证明，他的存在更多来说是个障碍，而不是帮助。他迟至1735年才到达鄂霍次克。没多久，斯潘贝格率领探险队的第一支先遣队也到了，他们原以为这里的基础设施已经就位，能够有所依靠。

第一次探险与第二次探险最大的区别在于，第二次探险的科学目标得到了极大的扩展。1732年6月2日，科学院接到了一道谕旨，为探险队承担的科研任务挑选人员，正如科学家格哈德·弗里德里希·穆勒（Gerhard Friedrich Müller）描述的那样，探险队中的科研人员要研究"可能值得注意的植物、动物和矿物"。科学家的任务是丰富现有关于西伯利亚的知识，编制一份详细目录，列出那里的植物、动物、矿物、贸易路线、土著居民和经济潜力。这是一次规模庞大的科学探索，只不过，这是一次服务于帝国利益的科学探索，而不是纯粹的科学研究。

在做计划的这两三年里，随着任务范围不断扩大，白令开始担心起来，不知道他提议的这次探险会变成什么样子。看起来还要追加新的目标。当然，所有这些目标无疑都具有重要价值，这一点没什么争议。但是，白令如何能把它们组织起来？作为领头羊，在这趟发现之旅中又如何进行有效的指挥？对政府来说，可以凭借其中的科学发现提高声望，对他来说，却意味着任务愈加繁杂。责任重大，后勤保障又极其复杂，虽然给他加了薪，但并不足以补偿要为此付出的心血。斯文·瓦克塞尔（Sven Waxell）上尉是白令手下的一名军官，曾引用他的话说："给这些人分配任务，把他们打发出门可以直截了当，因为那是他们习以为常的，知道该怎么管好自己，但当他们到了要去的地方，还能

63

让他们安然无恙，那就是一件需要慎之又慎、思虑再三的事情。"毫无疑问，这种体悟来自于对西伯利亚的深切感受。那里地域偏远、条件原始、人口稀少、气候恶劣，想要填饱肚子都绝非易事。白令很清楚，一支队伍如果毫无准备的话，将会在西伯利亚遭遇什么。

探险队中的科学家们由科学院的三名杰出成员负责领导，他们是约翰·乔治·格梅林（Jahann Georg Gmelin）、格哈德·弗里德里希·穆勒和路易斯·德利尔·德拉克罗伊尔（Louis Delisle de la Croyère）。格梅林是一位年轻的德国博物学家、化学家和矿物学家，来自符腾堡，他于 1727 年搬到圣彼得堡，教授化学和自然史。他的研究兴趣是发现新的动物和植物。同事们还要求他调查一下西伯利亚男人是否能从乳房中挤出奶来，因为一直以来就有这样的传说；还有，他们是否可以随意转动耳朵。穆勒是一位德国历史学家和地理学家，1725 年就来到了圣彼得堡。他三十岁出头，已经是正教授了，因为对俄国历史有深入研究而受到仰慕。他高不可攀（他对自己的学术地位和荣誉颇为自得），常常与同事交恶，因为他对谁都瞧不上眼。从穆勒的画像来看，他体态丰满，穿着考究，显然还不清楚西伯利亚是个什么情况。"我也能有所效劳，"他写道："可以记述西伯利亚的文明史，以及文物古迹、风土人情，还有这次旅行中的故事。"科学小分队的第三位领导是一位法国的天文学家和地理学家，名叫路易斯·德利尔·德　64

拉克罗伊尔，他衣着时髦，虑事周到，年龄在四十五岁左右，明显比其他人要大许多。他是法国著名的制图师和地理学家约瑟夫·尼古拉斯·德利尔（Joseph-Nicolas Delisle）的兄弟，约瑟夫绘制的地图显示，在堪察加海岸附近有一个巨大的岛屿，但这是错误的。18 世纪 20 年代晚些时候，就在第一次堪察加探险期间，德拉克罗伊尔已经去了一趟西伯利亚。后来有些人抱怨说，他不适合承担地理学家的工作，而且在别的方面也没什么能力。

奇怪的是，科学院的这三名成员直接听命于科学院，所以说，他们并不受白令领导。事实上，后面发生的事情看起来却是反过来的，因为在他们看来，白令应该受他们领导。科学家和他们的助手、随从以及携带的设备大大扩充了探险队的规模，整个行动开始变得更像是一次移民迁徙，要在亚洲北部和西部开始构建一个新的俄国社会，而不是组织一次从事地理发现的探险。探险队的核心成员有五百多人，包括探险队的指挥官、科学助手、艺术家、测量员和学生、船夫、木匠、铁匠、劳工等。另外有大约五百名士兵，他们的职责是维持秩序，确保白令发出的命令得到执行。白令还计划根据需要随时征召两千名西伯利亚劳工来提供服务，要么通过招募的方式，要么就拉壮丁。科学家们提出特别要求，要携带大量行李。而许多科学家、带兵的军官以及探险队的指挥官如白令、奇里科夫、斯潘贝格和瓦克塞尔等人都有妻儿随行，这不仅极大地增加了物资重量，还得横跨欧亚大陆进行运输。当然，除这些之外，还有与第一次探险同类型的装备，包括所有造船的材料和工具、服装，以及大家需要的制成品，毕竟这趟行程走下来估计要好几年。要说起来，正是这些物资使得第一次探险不堪重负，行进缓慢。非同寻常的物品包括二十八门铁炮和测地、天文、测量设备（通常用很重很沉的青铜铸造），以及用来测量气候和温度的其他仪器。还将有几千匹马和几百只狗。还要在关键的转运点建造内河船只。甚至尚在圣彼得堡进行筹划时，这个提议形成的规模就令人震惊。

65

白令反对将科学家包括进来，并非仅仅是因为他不想承担额外的责任，而是由于可以预见得到的食品短缺，住的地方也不够用。探险队人员众多，当地却人口稀少，生活条件已达最低限度。因为有过第一次探险经历，白令了解西伯利亚的现实，极端恶劣的天气、没有任何重要的城市、穷困贫乏的农业、稀少且散居的人口。鄂霍次克是斯科尔尼亚科夫·皮萨列夫应该履职尽责的地方，要为探险队到来做好基础设施的建设工作。这里是个平原地区，狂风肆虐，草木不盛，泥沙淤积，土石混杂，实属荒凉贫瘠之地，只有几间简陋的棚屋。第一次探险的队员曾在那里苦等鲑鱼春天时洄游，结果差点被饿死。这回上哪儿去给这几千个人找吃的？他们又住在哪儿过冬？托博尔斯克是乌拉尔山以东最大的城市，也只有一万三千人，西伯利亚已没有其他地方可与之相比。

到目前为止，雅库茨克只有大约四千人，周边地区有千余人。探险队的官员，尤其是那三位当领导的科学家和他们的助手，对吃住条件很挑剔，要求与他们高人一等的社会地位相符，而且他们还要打包载运大批物品，这些东西对这趟行程或他们的科学探索来说并非是极其必要的，只不过是满足他们的个人喜好，如大量的白兰地和葡萄酒、桌布和餐具、衣服、藏书，等等。祸根已经埋下，矛盾一触即发。现实和期望之间有一道鸿沟，白令却要挑起重担，去实现这些错位的梦想和期望。

有这么多相互冲突的需求、利益和目标，探险队就像是一只可怕的八脚章鱼，怎样确保它能在不挨饿的情况下蜿蜒而行，跨过欧亚大陆？更别说还有更大的问题，那就是拖拽他们的全部设备到了鄂霍次克后该如何生存下来。白令倒也不是没有人脉资源和重要的关系网。他找到了他的那位连襟桑德斯，还有桑德斯在海军部的上级，把这些问题摆到了他们面前。桑德斯的上级也就是部长尼古拉·戈洛文（Nikolai Golovin）伯爵，正是他与另外两位高官追逐梦想，在白令提议的基础上把探险队的规模扩大了。于是，在莫斯科和圣彼得堡召开了多次会议，讨论各种选择，估算数目，还要考虑白令就横跨西伯利亚的运输条件所做的说明。当然，这些人从没去过那里，恐怕也很难理解。戈洛文伯爵之后向女沙皇呈交了一份激进的建议。他表示愿意率领几艘船从圣彼得堡出发，向西进入大西洋，再向南航行，绕过非洲南端的好望角，然后穿过印度洋，再折而向北，经过太平洋和鄂霍次克海，到达鄂霍次克，或是堪察加的阿瓦查湾，把所需物资送过去。他争辩说，这样做可以向世界展示俄国的海上实力和能力，证明他们有本领组织这样一次远航，其持续时间和所经地点都令人刮目相看（几十年后，詹姆斯·库克船长才得以领导他那些著名的航行，在南太平洋或北太平洋有所发现）。组织这样的远航，一是可以培养数百名年轻的俄国海员，为在太平洋地区建立新的殖民地提供强有力的支撑，使俄国脱颖而出，成为一个强大帝国；二是可以帮助建立一个海军基地和要塞，保护俄国将与日本新建立起来的贸易关系；三是可以把牲畜和农业引进到堪察加，这算是可得到的其他好处。纸上谈兵的话，这一切看起来都很有吸引力。还有一个很大的好处就是，俄国可以抢在英国之前经略太平洋。众所周知，当时只有荷兰的船只定期走这条航线，与日本人在长崎开展贸易。

然而，不等戈洛文伯爵心潮澎湃地遥望将来，其他人就表示了反对。他们认为，推动俄国向太平洋扩张的最佳方式是秘密进行，不让其他欧洲列强知道，以免他们察觉到俄国的意图，知道俄国要在国际声望和地理发现方面与他们进行争夺。他们要是知道了，就会企图搞破坏。奇里科夫提出来说，即使运输成吨的食品和设备，横跨西伯利亚应该也很容易，因为那里有很多"天然运河"，只需要做三次转运。他似乎并不相信白令上次探险报告中

67

描述的苦难——几近饿死、在这些运河上和"容易转运"的地方发生的死亡等。无论如何,环球航行的费用实在是太高了,戈洛文伯爵的提议被否决。在一份官方文件中,海军部向元老院保证,对这次探险已做了充分考虑,对可能遇到的问题都做了预案,并采取了行动,要将"所有必需的物资"送到西伯利亚。此外,所有设在托博尔斯克、伊尔库茨克和雅库茨克的西伯利亚地方政府都将收到正式发文,要求他们准备好,给白令提供他需要的所有协助。这样的话,"当白令上校到达时,一切都为他准备好了"。

第二部分

亚 洲

第4章 圣彼得堡至西伯利亚

一支游行队伍或行军队伍（例如，白令于1733年领导的这支 队伍），他们要翻越山区道路，前往托博尔斯克，从旁观者来看，一切看起来都好像井然有序——时间安排恰到好处，探险队各个组成部分的工作和谐高效，一路走过，唯见尘土飞扬，荡漾在地平线上。对一个负责保障的人来说，各项运作如此顺畅，这种情形很罕见。海军部和元老院制订了宏伟而完美的计划，但它将遭遇西伯利亚的现实。白令最终得以掌管这次探险，他将面临一系列的后勤难题、相互争斗和怨声载道。在第二次探险中，白令不得不应对的困难实际上比第一次更大，因为人和行李更多，而完成运输需要用到的资源虽按比例有所增加，却并不相称。

这支探险队阵容臃肿，人员冗杂，各自有不同的利益且相互冲突。大家都希望白令能照顾到自己的舒适和需求，干活时却找不到足够的人手。对于后勤保障来说，这就是个噩梦。而每到一处，地方上的接待也经常充满了敌意，使得情况更加严重。当先遣队策马进入西伯利亚的社区时，很少有人对他们笑脸相迎，张臂拥抱。人们对第一次堪察加探险带来的苦难记忆犹新。 公文下达过来，索要劳工、食品和物资，这严重伤害了当地经济，百姓困苦不堪。一些居住在西伯利亚的俄国人以前是农奴，他们逃到东方来寻找更多的自由；有些是瑞典的战俘；另外一些是罪犯或被流放的政治犯（包括很多来自最高阶层的旧贵族）。但主体是哥萨克人，他们是真正的西伯利亚征服者。哥萨克人从里海和黑海的北部地区蜂拥而来，西伯利亚的人口得以快速增长，代价则是土著人口的消亡。确切地说，哥萨克人的后裔已成为俄国人，他们当然也说俄语，但就像对待当地原先的土著人那样，他们对传统意义上的俄国人也怀有敌意，比如，那些跟随白令跑到西伯利亚来的大批随从。他们不想听从西部这群俄国人的命令，或是为他们提供协助。难道就凭某人出示了远方女沙皇御批的一纸令状，或是因为科学家们在圣彼得堡舒服惯了，就想在边疆地区也有人恭敬地伺候着？这样一来，整个这一大片地区自然就是无法无天，也很少有俄国法院来过问情况。如果觉得可以逃脱惩罚，各个游牧部落会经常发动突袭，偷盗牲畜，而哥萨克人征服了他们，并榨取他们的贡品，通常是交出动物的毛皮。此外，在女沙皇安娜统治时期，又有两万多人因各种反对国家的罪行被放逐到东边的西伯利亚，更增添了这里有如美国"蛮荒西部"的意味。

经过数月的舟车劳顿，探险队翻过了乌拉尔山脉，于 1734 年年初抵达托博尔斯克。这时，后勤保障问题就变得很明显了。这

是整个行程中较容易的一段。斯潘贝格上校带领第一支先遣队已
于 2 月 21 日离开圣彼得堡，行进缓慢。他的任务是看管放置在雪
橇上的大量笨重材料，它们是用来造船的。奇里科夫上校紧接着
于 4 月出发，他的这支队伍超过五百人，包括队里所有军官的家
属。他们骑着马，跟着嘎吱嘎吱作响的马车。很快地，不管情愿
不情愿，他们就只能与一支军队同行，有将近五百名士兵。在横
跨西伯利亚的行程中，后来又有两千名劳工加入进来。瓦克塞尔
上尉称他们是"被放逐的人，过河时，将在我们的船上劳动"。
不久之后，在 4 月 29 日，白令也动身了，妻子安娜和两个最小的
孩子随行，一个两岁，另一个刚满周岁。另外两个大一点的孩
子，一个十岁，一个十二岁，就留在圣彼得堡，托付给朋友和亲
戚照顾，以确保他们的教育不被耽误，他们正在成长的关键阶
段，而边疆地区是无法接受教育的。等到一家人再团聚的时
候，他们将长大成人。所以，即使一切顺利，这次离别之后，团
圆之日也要等待多年。最后一批离开圣彼得堡的是科学家队
伍，他们 8 月才出发，慢腾腾地向东而去。他们就像是移动的微
型科学院。

斯潘伯格与他的队伍埋头前行，指挥七十四名工人使用内河
船只运送约七千磅重的生铁，分别装在一千五百个皮制的驮包里。
这时，其他队伍则开始安排越冬的事情。在走完一趟几乎平静无
事的行程之后，探险队的主要人员于 1734 年 1 月在托博尔斯克重

新汇合。虽然知道他们要来，但是，一个只有大约一万三千人的城镇不可能准备好在冬天接待这么多人。这个时候怨声四起。不仅是因为白令到达时霸占了大部分最好的房屋，分给他的随行人员居住，而且他还拿出上面的命令，说要在当地雇佣几百人，开春的时候与探险队一同上路，如果他们不肯的话，就要强行拉人。

2月底的时候，冬天尚未过去。白令带领一支小分队经陆路跋涉，去了东南方向的伊尔库茨克，那里靠近贝加尔湖。白令想要搞到一些主要来自中国的外贸商品，如绿茶、丝绸和瓷器等。未来的几年里，探险队将呈扇形横跨西伯利亚，这些东西可以用来作为礼物。随后，白令和少数几个人向雅库茨克前进，于1734年10月到达。距离离开圣彼得堡，刚刚过了一年半的时间。

一旦冰雪融化，奇里科夫上校就要带领探险队的主力继续向东行进。这个任务困难更多，很不轻松。直到5月中旬，奇里科夫才让探险队的主要成员做好准备，大约有两千人。他们乘内河船只离开了托博尔斯克，按照第一次堪察加探险的路线前行。当地人就像送走瘟神一样，长舒了一口气。他们计划沿着额尔齐斯河航行到鄂毕河，然后上岸，沿通常走的那条转运线，把船只拖到叶尼塞河，再顺着叶尼塞河漂流到伊利姆河和通古斯河，最后到达勒拿河。像上次探险那样，途经每一个水系都会面临新的挑战和障碍，需要建造不同样式的船只或马车，要卸运和装运成吨的设备，要拖着物资走过条件恶劣的转运线。路上不是寒风刺骨就是天气闷热，还有蚊虫的疯狂叮咬。队伍中有上千匹马和各个年龄段的人，喂食、就餐和管理是件大事。他们一步步向雅库茨克挺进，那里的总人口并不比探险队的总人数多出多少。

在圣彼得堡制订的完美计划处处落空，要说这也没什么可惊讶的。应该提前去造船的工人没有去，提前准备了食品并等着探险队取走的好事从未有过，马车和雪橇没能及时制作，答应要供给的马匹没有备好，保证将协助或加入探险队的许多工人神秘失踪了。在这之前，地方上拍着胸脯保证，探险队将会得到所有的支持，还答应要提供资源，结果只是敷衍一下而已。这么庞大的一支队伍，带着成吨的笨重装备向东横跨西伯利亚，要确保大家不被淹死或饿死一直是个顾此失彼的问题。中途有很多人逃跑了，用工荒有时会使得探险队几乎无法前进，大量物资被扔下。如果有这么多人冒险逃离，那可以肯定，探险队的工作和生活条件真的是糟糕透顶，因为在西伯利亚是无处可逃的。这里的人敌视你，食物又极其匮乏，定居点也很少，还要挨过一个冷得要命的冬天。留在探险队中固然束缚多、活儿重，但逃走的话，却生死难料。

斯文·瓦克塞尔上尉回忆道："我们力图通过严肃纪律来防止人员的进一步流失，我们沿勒拿河每隔二十俄里就竖起一个绞刑架，这收到了特别好的效果，因为在那之后，就没几个人敢逃跑了。"瓦克塞尔是瑞典人，当时三十多岁，曾在英国和俄国海军中

76

第 4 章　圣彼得堡至西伯利亚　077

效力。他为人谦逊，重感情，这次也带着自己的妻儿同行。他的儿子名叫劳伦茨，于1730年出生。在这次探险中，许多事情千回百转，瓦克塞尔和他儿子起到的作用可不小，出乎他们的想象。探险队的主力成员于1735年6月到达雅库茨克，与上校指挥官白令会合。

对于白令夫妇来说，这趟旅程倒并非全都是艰苦。他们现在荣升贵族，地位显赫，即使是在西伯利亚，也能享受特权。这支探险队的规模如此庞大，之前未曾有过，而且这么多人从俄国来到西伯利亚，也是最具颠覆性的一次迁徙，因为它带来了最直接的变化，同时预示着未来的变革，政府将加强对该地区的管理。作为这支探险队的头领，白令是权力在握和平步青云的象征。他必须发挥自己的作用。安娜·白令也是一门心思要光耀门楣。她想要的是，自己的社会地位和头衔继续上升，要人前显贵，至少在表面上如此。白令之所以同意接受这么一个充满挑战性且极其费力的职位，主要原因之一就是想出人头地。安娜显然要成全丈夫，愿意跟着他远赴边陲，把两个孩子留在家中。在西伯利亚，虽然条件很原始，但维图斯和安娜就像是老爷和夫人，在众人面前高高在上，是帝国皇权活生生的象征。

华丽的礼服代表着来自西欧的特权，虽说少数几个西伯利亚的高级官员也拿得出来，如雅库茨克、伊尔库茨克和托博尔斯克的总督或副总督，一些从事毛皮贸易发了财的商人手里也有，但在安娜和维图斯·白令看来，大部分人是不会有的。所以，他们随身带了要穿戴的礼服。由于西伯利亚缺乏物质享受的条件，白令夫妇又雇来许多一直参与大北方探险的工人，还有上百匹驮马，好让自己少受些罪。他们很少睡在帐篷里，身边有仆人照顾。一路走来，大家都认为白令做事乱七八糟，还喜欢摆谱。乘坐驳船顺河而下时，大家不分上下，都得忍受成群的苍蝇和蚊子。但是，到达城镇后，夫妻俩就霸占了最好的房子供自己使用，仆人们每天拿出来使用的餐具都是银盘。另外，他们还有三十六套精美的陶瓷餐具，用于举办各种宴席。白令夫妇总是盛装出场，主持各种活动，亦令他们显得与众不同。安娜的行李中有大量的丝绸、天鹅绒、饰以貂皮和锦缎的棉袍。白令衣着光鲜，脖子上系着假领，头上戴着涂粉假发，下身穿着缎纹长裤。夫妻俩都穿了亚麻衬衫。脚上的皮鞋擦得锃亮，十分精致，里边则套着丝袜。这身打扮更适合出现在圣彼得堡的宫廷。天冷出门时，他们就会裹上精美时髦的皮草。他们的屋内到处摆着烛台，以及码放整齐的漆箱，用来归置物件。里边藏着精心挑选的珠宝，还有彰显高贵和奢华的其他礼服。所有这些都意在凸显他们人上人的地位，高于西伯利亚当地的统治集团。

马队还得给白令夫妇拉一架古钢琴。这是类似于现代钢琴的一种乐器，是他们最为招摇的奢侈品之一。这东西绑在马背 78

上，死沉死沉的，可怜那些牲畜被压得喘不过气来。不过，对安娜来说，这几年待在西伯利亚，虽然这里又冷又脏，但白天她给孩子们上上课，晚上无聊时还可以与其他军官的妻子们和西伯利亚的政要们一起谈笑风生，想必也是一种惬意的消遣。

白令于 1734 年 10 月到达雅库茨克，发现这里的情况无法令他满意。奇里科夫已经离开此地，大部分的笨重物资却留在了当地，他本应把这些东西拉到鄂霍次克去，但当地答应要造好的船没造好，也就无法运送这些重物。所有成吨的装备都留在了雅库茨克。斯科尔尼亚科夫·皮萨列夫这时才刚要动身离开雅库茨克，去往鄂霍次克，开始执行他的任务。这位从前的贵族，如今的流放犯，之前受命组织建造内河船只的工作，并为探险队到达鄂霍次克做好准备，却什么也没干。他与白令一见面就彼此厌恶。斯科尔尼亚科夫·皮萨列夫辩解说，他一直在等一个人，来帮他完成任务，那人却未曾现身。对于自己的工作没有进展，他就这么轻描淡写地遮掩过去，然后把责任都推给白令，让白令来解决各种问题。但白令既没有时间也没有资源来亲自解决每一个问题，他原本还指望斯科尔尼亚科夫·皮萨列夫呢。在没有船的情况下，他怎么运送探险队的装备翻越山区？如果要他去组织造船的工作，又将耽误一年的时间。每天有几千人等着要吃饭，要有地方住，一个问题接着一个问题，白令应接不暇，四处"灭火"，安抚不满情绪，疲于应付各种鸡毛蒜皮的小事情，而更大的问题，如探险队的执行计划，他却根本就没有时间去思考。

朝廷给他下达了诸多命令，其中的一项主要任务是勘查所有流入贝加尔湖的河流并绘制成图，并沿西伯利亚的三条主要河流即鄂毕河、叶尼塞河和勒拿河向北到达北冰洋，再沿北极海岸航行。通过这次探险，俄国希望确定北极海岸是否可以成为欧洲商人前往亚洲市场的海上通道。几个世纪以来，英国和荷兰的商业冒险家就曾多次尝试走北极的东北航道，但都以失败或遇难告终。这项任务几乎是在这次大北方探险组队后才下令添加的，其复杂程度与太平洋那边的航行任务几乎不相上下，也应该是整个探险的最终目标。

白令组织了多支探险队，其中之一由德米特里·奥夫辛（Dmitry Ovtsin）领导。他是一位年轻的上尉，负责指挥一支小分队，大约有五十六个人。他们于1733年的下半年造了一艘单桅帆船，名为"托博尔"号，并于1734年从托博尔斯克沿鄂毕河向北航行，另有四艘平底船和大约八十名士兵随行。士兵们要护送探险队上岸，沿靠近岸边的陆路前行，如果北边的土著居民有敌对行为，他们就要进行护卫。探险队的目标是沿鄂毕湾向北到达北极海岸，然后沿通往叶尼塞河的海岸线向东航行。这次航行很不可思议，是一次壮举，奥夫辛奇迹般地完成了任务。经过几年的英勇拼搏，他们冲破鄂毕湾的海冰，沿着北极海岸航行，然后于

1737 年沿叶尼塞河上溯或称南下。

倒霉的是，在这次探险的过程中，奥夫辛遇见了一位流放到西伯利亚的名人并与之交好，这人就是伊万·阿列克塞耶维奇·多尔戈鲁基（Ivan Alekseevich Dolgoruky）亲王。秘密警察逮捕了奥夫辛，将有关情况报回了圣彼得堡。尽管奥夫辛得到了表扬，因为他接受任务完成了勘查并绘制河流和海岸的工作，但他的案子仍被交由军事法庭审判，他被剥夺了军衔，还被罚作劳工，加入白令的队伍，前往美洲。在女沙皇安娜统治俄国期间，个人命运就这样被专横的判决改变。他因为遭到撤职，加上个人意志的消沉，将在从美洲回来的行程中造成一些紧张局面。那时，探险队的指挥系统出现了问题。

80　　　　1735 年，白令另派了两支小分队从雅库茨克沿勒拿河向北进发，执行相似任务。第一支小分队要沿北极海岸往东航行并绘制地图，一直要走到亚洲的最东端，也就是白令几年前第一次探险时到过的地方。第二支小分队要往西走，到达叶尼塞河，也许可以在那儿与奥夫辛的小分队会合。瓦西里·普隆奇谢夫（V. M. Pronchishchev）上尉于 1735 年 6 月底带领第二支小分队出发了。但他和部下被海冰困住。他们在靠近北极海岸的地方越冬，许多人死于坏血病，包括他自己和他的妻子。他的继任者哈尔拉姆·拉普捷夫（Kharlam Laptev）直到 1741 才完成了对叶尼塞河沿岸的勘测。由彼得·拉塞纽斯（Peter Lassenius）指挥的第一支小分队也在勒拿河的河口附近遭遇坏血病和物质匮乏的折磨。两支小分队中侥幸活下来的人遵照命令继续对海岸进行测绘，最后向政府呈交了一份粗略的海岸图。"听到这些可怜的人不得不忍受种种危险和痛苦，颇感悲切。"瓦克塞尔写道，因为他们许多人"竟遭横死"。对于进一步沿北极海岸探索的可行性，瓦克塞尔也提出了他的意见："对全体队员来说，补给肯定不够，而且那里霜气凛冽，严寒也将损害他们的健康。更不用说，那个地方可不是欧洲人住惯了的安乐窝。事实上，完全可以料得到，他们中的大多数人将会被压垮，是的，纷纷倒下。"

白令在雅库茨克驻扎了几年，组织了两支探险队，一支是乘船勘测西伯利亚北部的探险队，另一支是向东考察直达鄂霍次克的探险队。这对安娜和他们的孩子来说是一个机会，可以过一段时间的稳定生活。但对白令来说，日子却并不好过。很多事情与他的探险之旅并无关联，他却不得不为了那些事疲于奔命，还屡遭挫折。当初在圣彼得堡的宫廷里，在那些宽敞的议事厅里，大家拟定那么多的任务时，似乎是那么得容易，那么得轻松，现在才发现，要在西伯利亚办成这些事，得有多么得难，因为这里没有基础设施或物资供应，也指挥不动当地的劳工。这些任务中包括了许多要做的事情，但又没有说得很清楚，例如，从伊尔库茨克引进大麻，开办一个制绳厂、一个焦油蒸馏厂和一个钢铁厂。

81

当奇里科夫带领探险队的主力队伍于1735年6月到达雅库茨克时，他的探险任务中有些属于乘船考察，为了规划和组织好，白令已花了将近一年的时间。也只有到了那时，相关工作才能取得进展，如修建房屋和储藏室，还要造船。这些船将用来翻越沿岸的山脉，到达鄂霍次克。

下达给白令的还有另一项主要任务，开辟一条新的、更好的路线，通往鄂霍次克，而不是几年前走过的那条路线，也就是要途经尤多马十字架的那条路线，那条路线被证明是灾难性的。他派出了两支人数较多的探险队，去寻找一条新的路线，但都没有成功。西伯利亚东海岸的山脉森立峭拔，有如城墙，绵延不断。除了上一次探险走过的老路，没有其他可行的选择。要想把所有的物资运过山区，需要再花两年的时间，还得往返好几趟。走水路的物资更多些，走陆路的物资就可以更少些，毕竟陆路条件非常糟糕，全靠马队驮运。瓦克塞尔一踏上陆路征程就惊呆了，他写道："尤多马十字架与鄂霍次克之间的区域完全是一片荒地。"探险队的另一位成员是年轻的博物学家史蒂芬·彼得罗维奇·克拉舍宁尼科夫（Stephen Petrovich Krasheninnikov），他发现地形十分陡峭，马车根本上不去，而且"就像大家能够想象到的那样，这一路很惨、很难……河滩上遍布大石块和圆石。马儿居然能在上面行走，也真是令人称奇了"。许多人因此崴了脚，或丢了性命。"越往山上走，地上就越是泥泞。山顶上有一片很大的沼泽地，到处都有流沙。如果马匹陷进去，就没得救了。"

白令下令，在这条路线上，每隔两英里就修建暖房，有沼泽的地方则派人过去铺路，试图借此改善这条路线的行进条件。暖房里有人员驻守，负责供暖，过冬期间确保里边温暖如春。这样的话，当队伍经过时，人和马就可以有休憩的地方。为了把物资运到鄂霍次克，将有四五百人在这条路线上持续往返。这次探险，白令要做的不只是带领队伍到达鄂霍次克就行了，他想要彰显俄国在当地的实际存在，并让未来的探险队经过这里时更加容易。他的目标是要修建一条官道，将其在地图上标记出来，让大家心中有数，虽然条件艰苦，道路崎岖，总归是实实在在的参考。不过，尽管白令做了改善，途经尤多马十字架的那条路线依然危险且行进缓慢。有一次，安娜·白令和她的孩子们差点迷了路，因为他们的马跑丢了，队里也没人知道他们已经到了哪儿。

1735 年夏天，鄂霍次克显然没有准备好接待几千个新来的人。这里只是一个村庄，有俄罗斯人，还有几百个通古斯人和拉姆特土著居民，他们都住在兽皮帐篷里。当斯潘贝格率领先遣队到达时，他以为已经建好了一批新的住宅和仓库，可以安置他的手下和设备，从周边乡村也调集了新的粮食，人们则搬到附近地区开始养牛养羊。他以为码头已经建好了，船只正在建造。但什么也没有。斯科尔尼亚科夫·皮萨列夫受命执行这些任务，这个

82

被流放的人却几乎什么也没做。虽然命令他要在 1731 年抵达鄂霍次克，但他 1734 年才到。据说他只派了一小部分人赶到鄂霍次克去，但他们在途中要么死了，要么跑了。受命要做的事，斯科尔尼亚科夫·皮萨列夫什么也没做。也许这些命令要求太高，他根本不可能完成。所以，他觉得可以置之不理。这里没有新房子，没有道路，没有农场，没有牧场，没有学校，也没有与堪察加进行重要的物资交换。鄂霍次克仍是一个边陲小镇，尘土飞扬，到处是杂草和鹅卵石。当地居民颇感震惊，因为看到有这么多人来到这儿，个个疲惫不堪，还以为当地人会款待他们。

瓦克塞尔对当地没有好印象。"这个地方可不行，"他写道："找不到任何吃的，除非是到了春天，有大量的鱼从海里游到河里来。"他在那儿待的时间越长，负面印象就越深刻。"这里地势低洼，非常低，等到海水涨潮，潮水特别大特别高的时候，经常是全都被潮水淹没……整个区域到处是小卵石，海水将它们冲积到一起，随着时间的推移，遍布在杂草丛中。"要在这里建立一座城镇，很难说是鼓舞人心的主意。不过呢，至少当地的鲑鱼"味道特别好"，要是就着野蒜吃，尤其好吃。

由于斯科尔尼亚科夫·皮萨列夫什么也没准备好，斯潘贝格首先得盖仓库，放置他运来的补给和设备，然后，要给大家修建营房。没有地方住的话，冬天到来时，他们都会冻死。这些工作虽然枯燥乏味，却事关生存，只有完成之后，他才能开始建造码头和船坞的工作，那才是他的首要任务。没有船坞，他就无法造船。他需要造两艘船，计划航行到日本。但即使做了这些工作，瓦克塞尔仍能挑出鄂霍次克的种种缺点。"除此之外，春天的时候也有危险，冰冻有可能造成破坏。简而言之，这是个用来应急的港口，而不是一个你可以放心使用的港口。"尽管如此，白令仍在安排物资和设备缓慢行进，翻过险峻的山口，给斯潘贝格和他的木匠及造船工人运来他们所需的物资。

要将鄂霍次克用来作深水港，既没有准备好，可能也不适合，但这还不是白令面临的唯一重大挑战。尽管花了好几年时间做计划，也配备了数量惊人的资源，但第一次探险时遇到的另一个关键问题还是没有得到解决——迫使东边的西伯利亚人服膺圣彼得堡的权力。皇权习惯于人们无条件服从他们的法令和命令，他们以为，只要拟出一道诏令，就等于是被贯彻执行。但是，老爷们慢慢就会明白，虽然严格来说，这里是俄罗斯帝国的一部分，在沙皇或女沙皇的统治之下，但生活在这片遥远国土的臣民有如异类，他们目不识丁，穷苦贫困，听到命令时不会俯首帖耳地立即执行。已有人就此提醒过白令，这里是另一个世界。如果白令想要做成什么，他将不得不强迫当地人去做。

然而，在鄂霍次克遭遇的最大问题是斯科尔尼亚科夫·皮萨列夫。他粗鲁无礼，给自己修建了城堡，与白令他们刻意保持一段距离，以便针锋相对。他滥用帝国赋予的权力，把白令他们

第 4 章 圣彼得堡至西伯利亚 087

雇佣的工人挖过来给自己干活，常常妨碍了白令和斯潘贝格的工作。他生性傲慢，自以为是，从一开始就不喜欢不苟言笑的斯潘贝格，并与白令发生了冲突。他认为他们社会地位低下，不是真正的俄国人，是"外国人"。虽然斯科尔尼亚科夫·皮萨列夫已年过七旬，却因"长久和堕落的流放生活而变得恶毒……成为白令的噩梦……他就像个年轻人，言语和行动中充满狂乱、焦躁和暴怒，放荡不羁，见钱眼开，造谣中伤，是一个满嘴谎言和心怀恶意的长舌妇"，白令这样写道。单是要回应斯科尔尼亚科夫·皮萨列夫冲着他来的那些批评，三个秘书都忙不过来。

第5章　派系斗争

博物学家格奥尔格·威廉·斯特勒（Georg Wilhelm Steller）似乎高深莫测。他做了很多精细观察，提出了很多精妙理论，这些都是大北方探险的诸多伟大遗产之一。但他又是一个执拗和孤僻的人。他的性格复杂且矛盾，这使得他在晚年时，身边的人既不喜欢他，也不尊重他。在参加探险队的日子里，他会傲慢地提出自己的主张，语气尖锐，优越感十足，态度生硬。所以，尽管他很多时候是正确的，却总是没人搭理他。在船上，他与一个俄国人同住一个房间。那人认为他是一个难以相处的外国佬，盛气凌人，无礼好斗，最好就由得他一人耍单去。虽然斯特勒以这种方式对待别人，且罔顾别人的感受，但对于别人怎么对待他，任何轻微的不满，真实存在的或他认为存在的不屑态度，他却高度敏感。他不能容忍与自己的观点相左的意见，不够圆滑，不知退让。虽然并没有经过航海训练，他却对海军事务指手画脚，十分放肆。如果出现了什么错误，他就会立刻跳出来批一通，还总是话里有话地说，要是交给他来负责，一切都会做得很妥当。

斯特勒多能对形势作出正确判断，至少能与他出错的次数打个平手，但在横跨西伯利亚的旅途中，在前往美洲的航行中，这并未得到大家的肯定。他的固执己见最终惹毛了队里的军官们。于是，只要他建议该怎么做，他们就故意反着来做。这样一来，谁也无需承认说，他们听从了他的建议。如果斯特勒在场，大家常常不是用冷静和明智的方式作出决定，而全都是针对他的尖酸刻薄，这变成了一种下意识的反应。斯特勒越来越憎恨他的俄国队友。同样的，他们也恨他。

不过，一旦进入研究自然世界的领域，斯特勒就几乎是一个工作狂。他思维敏捷，才华横溢，对所见所闻、所思所想，他都会记下来。他在工作中不知疲倦，不惧将自身置于极大的危险中，甘愿忍受物资匮乏、寒冷和饥饿的折磨，孜孜以求，一心想要采集和研究新发现的物种。他对西伯利亚东北太平洋沿岸和北美洲西北太平洋沿岸的动植物做了研究，在差不多一个世纪后，它们仍是最可靠和最有见地的参考资料。而斯特勒是在最恶劣的条件下完成这些工作的。情况最糟糕的一次是在 1742 年的冬天，在一个无人居住的荒岛上，他蜷缩在一个用帆布遮蔽的简陋小屋里，四面透风。虽然瑟瑟发抖，他仍在用拉丁语记录他的发现，字迹当然潦草。在他的身边，船员们因患坏血病正在死去，蓝狐则扒开埋得不深的坟墓，啃食尸体。

斯特勒出生于 1709 年 3 月 10 日，家乡是一个德国小镇，叫温茨海姆。家中有八个孩子，他是次子。这是一个中产阶级家庭，衣食无忧。他的父亲是镇上的领唱员，也是一位风琴手。所谓领唱员，就是在教堂的唱诗班里领唱，虽然报酬不多，却有相当高的社会声望，其身份标志就是享有在镇上佩剑外出的特权。巴赫和亨德尔都曾是领唱员。在学校里，斯特勒在班上一直名列前茅，并在 1729 年拿到了维腾贝格大学的奖学金，学习音乐和神学。据他兄弟说，作为一个年轻人，他对"研究自然事物表现出很大的兴趣"。他缩短了在虔诚派路德教会的服务期限，因为他渴望了解世界，而不是去宣扬教义。最终，斯特勒转学去了哈勒大学，学习解剖学和医学，短短两年的时间，他就能举办植物学方面的讲座，而且座无虚席。这让拿工资的教授们心怀嫉妒，再加上他自己的臭脾气，在这里已无法容身。1734 年，他被赶到柏林去了，有可能是去政府中碰碰运气，谋个差事。

　　1734 年，在柏林当一名自由投稿的植物学家没什么前途。这位身材矮小、眼睛湛蓝、志向远大的年轻人把目光投向了圣彼得堡和俄国。彼得大帝在前些年发起了渐进改革，他的遗孀叶卡捷琳娜一世和他的侄女（即女沙皇安娜）则继续推动改革，其中一项内容就是支持在圣彼得堡建立科学院，主要吸收来自外国的知识分子。

　　丹麦水手维图斯·白令向俄国政府提议，在太平洋地区开展第二次探险之旅。这消息传到了欧洲的科学界，如此规模的科学探索征程在欧洲前所未闻。对于一个二十五岁的年轻人来说，这就是一个行动信号。因为传来的是大北方探险计划，雄心勃勃，要行走很长的距离，去探索广阔的土地，还有可能以某种方式穿过太平洋到达美洲。他后来承认，自己"有一种永不满足的渴望，要踏上陌生的土地"。斯特勒动身前往波兰的但泽，那年早春，这个地方被俄军围困。他向俄国人毛遂自荐，自称是一名外科医生，并最终接受了一项任务，负责护送一名受伤的俄国士兵返回圣彼得堡。然后他得到一份工作，给诺夫哥罗德的大主教当医生。

通过持续不懈的努力，找各种关系，斯特勒在二十八岁的时候设法得到了科学院的工作。在科学院里，德国人的小圈子和其他外国人都对俄国人不屑一顾。这种氛围显然感染了这个当助手的年轻人，他原本就是个容易受影响的人。那样的环境大概让他自大成狂到了极致，也在去美洲的行程中给他招来了许多麻烦。他希望作为植物学家参加大北方探险，并在 1737 年接受了任务。他在圣彼得堡的时间并不长，在这期间，他遇见并迎娶了布丽吉特·梅塞施密特（Brigitte Messerschmidt）。她颇有魅力，寡居在家，前夫是斯特勒的一位同事。她答应结婚后就跟他去西伯利亚。然而，当出发的时间临近时，她开始重新考虑她的决定，是不是有些不切实际？经过一个冬天的艰难旅行，当他们到达莫斯科时，她心意已决。她与前夫有一个女儿，这一趟冬天出行走下来，她明白了，西伯利亚不是一个适合抚养孩子的地方。她将留在莫斯科，斯特勒则继续东行。

斯特勒美梦破碎，伤心不已，只能独自出发，去西伯利亚寻找自己的前途。他受命与格梅林和穆勒会合，可能的话，还要加入斯潘贝格的队伍，航行到日本。情场受挫似乎进一步恶化了斯特勒的行为举止。虽然他在给格梅林的一封信中宣称"我已经把她全忘了，我爱上了大自然"，但斯特勒明显变得爱发脾气，性情暴躁，更喜欢自以为是、与人抬杠，而且行为粗鲁。横跨西伯利亚的行程花了整整两年的时间，这期间他很少与人交往，全身心地投入对当地动植物的研究。他的旅行风格展示了一种与其他科学家非常不同的个性。斯特勒适合在原始条件下工作。格梅林颇感震惊地写道，斯特勒"把他的随从人员数量减到了最少。他喝啤酒的杯子也拿来喝蜜酒和威士忌。他喝酒就是一口干。他只用一个盘子吃饭，所有的饭菜都盛在这个盘子里。所以，他也不需要厨师，自己做饭。如果他能完成一些有益于科学的工作，即使挨上一天的饿，口干舌燥的，对他来说也算不得什么"。对于斯特勒有哪些权责，格梅林与斯特勒发生了冲突。格梅林想要对斯特勒发号施令，就好像他是个跟班的。斯特勒则予以抗拒，并向圣彼得堡发去了许多正式的投诉。格梅林认为自己的级别要高于斯特勒，而斯特勒却认为他可以独立行事，特别是因为，他们俩年龄相同，学历和文凭也一样。除与格梅林发生冲突外，斯特勒对

89

西伯利亚还带有一种令人担忧的愤怒，久久挥之不去。这种愤怒针对的是税收官员，他们盘剥土著居民的行为随处可见，由来已久。这帮人索要毛皮，腐败又残忍，恶名昭彰。

大北方探险的科学目标包括收集西伯利亚的基本信息——冬天有多冷？每个季节日照时间有多长？当地是干燥还是潮湿？有多少湖泊和河流可以通航？还有，有哪些有价值的矿物？他们还要记录各种非俄罗斯人的风俗习惯，以及所有常用地名、每个城镇或地区的地方通史。艺术家们要素描建筑、风景和人物。观察和编录当地的动植物信息也是主要的目标，这与时代精神相一致。对自然界进行编目是这个时代最卓越的科学目标之一。在狂热的科学探索中，今天已知的那些最常见的动植物就是在那个时候被采集、分类和命名的。在 1859 年达尔文出版《物种起源》之前，人们相信，地球上的物种数量是固定的，通过辛勤努力，自然界万物都可以被采集并研究。将所有生物编辑成一张巨大的图表被看作一个起点，可以弄懂这个眼花缭乱的自然世界。随着海上贸易的蓬勃发展，英国、荷兰、法国和西班牙等海上强国的船只环游世界。水手们远航归来，带回了许多新的动物、植物和自然奇珍的标本，它们在任何古代文献中都是找不到的。新的、不曾知晓的生命形式如此之多，可以作为证据，说明人们关于动植物的知识都陈旧过时了。在许多旧的记载中，都有所谓常见动植物的介绍，如某个地区有什么动物，以及关于它们的图画和文字

90

描述，还都是些神奇的生物，如美人鱼、独角兽和海怪，据说它们就生活在地图上的那些空白区域里，优哉游哉。

差不多就在大北方探险进行的同时，瑞典生物学家卡尔·冯·林奈（Carolus Linnaeus，1707—1778 年）正在构想他那个著名的植物分类系统。相关成果首先在他 1735 年发表的著作《自然系统》中作了概述。根据他的分类法，每个物种需要有两个拉丁文名称，被称为"双名制"命名法。任何给定的标本都有不同的属名和种名，以便加以识别。他决定根据植物的性器官和繁殖方法对它们进行分类。虽说这种方法很实用，却在某些谈性色变的知识分子当中激起了愤怒。英国植物学家塞缪尔·古德诺夫（Samuel Goodenough）主教大人就曾评论道："将林奈植物学的第一条原理逐字翻译过来就足以羞煞女性。"尽管有这些非议，林奈的分类法还是很快被大家接受，成为植物学家们用来互相交流的标准。当然，在斯特勒踏上横跨西伯利亚并前往美洲太平洋地区的征程时，林奈的分类法还没有完全建立起来。所以，斯特勒一直使用他自己的方法来进行描述。"自然王国"分为三大类即动物、矿物和植物，每一类又细分为纲、目、属，最后是种。例如，在动物王国里，就包括哺乳动物、鸟类、两栖动物、鱼类、昆虫和蠕虫。林奈猜想，每一种生物都是一个大的生物链的一部分，从最低级到最高级排列，而人类位于这个生物链的顶端。以前从未有受过训练的博物学家去过西伯利亚和堪察加半岛，那儿有许多欧洲人不知道的植物和动物，或是已知动植物的变种。因此，需要花费数十年才能将所有的动植物定位、鉴别和记录。这项任务十分艰巨，需要有逻辑推理能力，要敏捷熟练，要有好奇心，而这些正是斯特勒完全具备的特质。

　　1740年8月，白令在鄂霍次克见到了斯特勒。这位年轻的博物学家立即给他留下了深刻印象，他开始把此人纳入未来的计划。

　　斯特勒的个性在科学队伍中引燃了一触即发的派系斗争。对白令来说，情形也是一样，从探险一开始，队里的科学家们就让他头疼不已。1736年9月，穆勒、格梅林和德拉克罗伊尔带着他们的助手和劳工乘坐十几艘船一路漂到了雅库茨克，这是他们第一次来到这里，发现镇上已经人满为患，都是白令和斯潘贝格的手下。他们整装待发，要把物资运过山区，运抵鄂霍次克，为前往日本的航行做准备。在所有新到来的探险队队员中，已有四千人挤进了这里，可能又新增了八百多人，而当地只有二百五十栋房屋。虽然探险队霸占了当地居民的住房供自己使用，但也不是每个人都感到满足。穆勒和格梅林自认为高人一等，对白令给他们准备的住处颇为不满，其实这些地方虽简陋却很实用。他们眼红那些有钱的毛皮商人，因为商人们居住的房屋十分宽敞，他们不免垂涎三尺。他们当然就抱怨说，给他们的住处与他们的头衔和尊贵身份不相称。白令也不客气，不再理睬他们。但他们继续向各级官员投诉。事实证明，对他们来说，来西伯利亚可谓是大开眼界，因为这里条件艰苦，缺乏现代设施，而且当地官员野蛮粗鲁，不懂得或欣赏不来他们的科学追求，还拒绝帮助他们，现在到了雅库茨克，连住的地方都不够。蚊子和其他昆虫让他们心神不宁，食品中也滋生了大量的寄生虫。这里夏天酷热，满地尘土，冬天则漆黑一团，狂风呼啸，寒冷彻骨。不过，值得称赞的是，科学家们并没有停止工作。格梅林为他的著作《西伯利亚植物志》采集植物，穆勒则为他的历史研究到处走访、面谈，并查阅当地档案。他与许多俄罗斯人交谈，那些人游历过很多地方，路途虽然艰险，却引人入胜。在托博尔斯克、雅库茨克和伊尔库茨克等地，穆勒在散乱的档案中发现了大批原始文件。

92

科学院的院士们不喜欢西伯利亚人，因为西伯利亚人无视他们的尊贵地位，或对他们没有表现出应有的尊重。总体来说，他们最感苦恼的问题是劳工逃跑，这同样也是瓦克塞尔描述过的问题。格梅林写道，工人们，或者，瓦克塞尔对他们的描述更准确，也就是"流放犯"，他们是被迫来卖苦力的，永远也不会去承担任何责任。"仁慈，宽厚，和颜悦色都是没用的，"格梅林写道："要想让他们乖乖听话，就绝不能心慈手软。可对我们来说，最糟糕的是，我们只能从经验中学到所有这些东西，因为没有人告诉我们。"格梅林也被西伯利亚人的酗酒恶习吓到了。有一次，他看见复活节的庆祝从一大早就开始了，就好像后面接着是酒神节，要为酒宴拉开序幕，"这种豪饮要持续四到五天，一刻不停，没有什么办法来阻止如此的疯狂"。一些这样的不满直指白令这位指挥官。他们认为，他应该照顾到他们的利益。格梅林和穆勒把告状信寄回了圣彼得堡。他们在信中批评这位领导者的能力和决定，声称所有工作都进展得太慢，白令在该严厉的时候却宽厚，在该宽厚的时候又严厉，许多其他的批评则暗示，这次探险遇到这么多问题，不完全是西伯利亚的恶劣条件造成的，而是因为有了白令，才使得情况更加恶化。

事实上，如果没有白令的权威和亲自到场支持，格梅林和穆勒在西伯利亚走不了多远。但他们认不清这一点，反倒认为，他们遇到的挫折，至少有一些是他造成的。海军官兵是探险队中的主体，但他们与海军人员没有多少共同点，他们也不认为大家都是在追寻相同的目标。这是个难以理顺的权力结构，白令要为他们负责，保障他们的需求，但严格来说，又不能对他们发号施令。他们埋头自己的工作，要利用白令队伍的官方地位，从当地人那里满足他们的需求，以便巩固自己的尊荣；同时又感到恼怒，因为他们被置于白令的统一指挥之下。他们的物资要从雅库茨克运到鄂霍次克。白令拒绝向他们保证运送的速度或安全。至于到了那个面向太平洋的小镇上，白令也没答应说，要给他们准备好完善的食宿条件，因为除了斯潘贝格正在匆忙建造的房屋，那里基本上没有什么基础设施。他们还要求在鄂霍次克驶往堪察加的船上给他们安排宽敞的住舱，白令同样无法满足他们。

因为有这些后勤保障方面的困难，还有白令的无能为力或是不情愿，他们要求的旅途舒适得不到保证。格梅林和穆勒于是决定，推迟或取消他们从雅库茨克往东走的行程。替代方案是，他们派一名年轻的俄国助手史蒂芬·克拉舍宁尼科夫（Stephen Krasheninnikov）陪同德拉克罗伊尔和博物学家斯特勒东行。斯特勒此时刚刚到达，他也在西伯利亚采集植物。1739 年 1 月，斯特勒在叶尼塞斯克见过格梅林，那时他离开圣彼得堡已经一年了。格梅林建议，由斯特勒接替他担任堪察加探险的首席科学家。斯特勒满心欢喜地应承下来，因为这对他来说是个机会，可以出人头地，作为开拓者去做一些全新的、值得投入的工作。而且这也能让他摆脱格梅林，不再受制于人。

探险队中的各个派系互不买账，纷纷通过信使向圣彼得堡发去各种控诉和反诉。每一方都指责另一方行为不端，玩忽职守或整日酗酒，以及从事其他违法活动。除了科学家们相互争吵，斯潘贝格和奇里科夫也是互相看不惯。斯潘贝格不是土生土长的俄国人，他是瑞典人。他发现奇里科夫对大家的出身非常看重，对装备则过于挑剔。虽说斯潘贝格是一名能干可靠的军官，但他做事常常只凭自己的喜好，为了把事情办成，还经常牵出他的大狼狗来进行恐吓威胁。奇里科夫对需要听命于白令这件事很恼火，感觉自己就像是一只雄鹰，被缚住了翅膀。他叫嚷着应采取

94

更多行动，少一些老牛拉破车似的呆板。他认为斯潘贝格是他的"死敌"，两人的性格完全不同。他不停地向白令提议，组织新的小规模探险队，这样就有机会获得新发现，白令却一再拒绝他。作为指挥官，白令需要处理各种事务，已然疲惫不堪。他要考虑的不是去寻找什么令人兴奋的、新的可能性，而是要遵行朝廷的指令。奇里科夫声称，他已"沦为事实上的废材，因为他（白令）不接受我的建议……由于这些建议，他对我只有恶意"。不过，在一件事情上，奇里科夫和斯潘贝格倒是想到了一处，就是向圣彼得堡发回报告，诋毁白令的领导工作。

斯科尔尼亚科夫·皮萨列夫也在继续阻挠探险队的工作。他办事拖拉，还打小报告，贬损白令采取的行动和取得的进展——说他丢下工作，跟老婆孩子驾雪橇出去玩；说他偷偷酿酒，拿去跟当地人交换毛皮；说他们绑架当地人，强迫这些人到自己家里为奴为仆。一位研究俄国向太平洋扩张历史的杰出史学家弗·阿·戈尔德（F. A. Golder）写道："这些指控有多少是实情，有多少是诬陷，并不容易确定。"白令当然要为自己辩护，既反驳自己的手下，也控诉西伯利亚官员蓄意阻挠或自私自利的行为。不过，为了不辱使命，顾全大局，他为自己辩解的主要内容还是非常克制的。他知道，在这么短的时间内，西伯利亚的土地和人民无法支撑大北方探险的雄心壮志，他只能负重前行，在地方当局充满敌意或是漠不关心的情况下竭尽全力。既然自己肩负了使命，就要坚持下去，他不想发生任何偏离。所以，他力图避免有人因为这些派系斗争而遭到随意处罚，不要落个像奥夫辛那样的下场，因为跟某个流放犯说了话，而对方身份特殊，不该跟他说话，于是就被革职查办了。

白令被弄得精疲力竭。因为这几年不仅要面对官僚主义的羁 绊，数百名参与这次任务的代表、军官和科学家也是个个傲慢自大，互不相让，还要在他们之间进行调解，求得妥协，压力也很大。在他出发之前，俄国政府空口许诺，告诉他，什么都会有的。等他到了西伯利亚，美梦就被现实击得粉碎。到现在，辛苦工作了这几年，克服了种种不利条件，他却因为行动迟缓而遭到批评。他在俄国政府中原有两位坚定的捍卫者，即托马斯·桑德斯和伊凡·基里洛夫，他们也是这个探险计划最初的拥护者，这时都已经去世了。探险队进度落后，支出却在快速增加。到1737年，探险队已经花掉了三十万卢布，是白令最初提议时所预估数目的十倍。俄国政府不得不为此找个替罪羊，而白令身为探险队的领导，被追责也是顺理成章。"由于未能发回必要的信息，指令要完成的工作也耽搁了"，从1738年开始，他的薪酬被砍了一半，还被警告，要遭到降级。考虑到没完没了的杂务和他所忍受的艰辛，这显然不是鼓舞士气的做法。直到1737年夏天，白令才得以离开雅库茨克，前往鄂霍次克。俄国元老院开始讨论是否要取消这次探险计划，或让奇里科夫接替白令来当指挥官，但另一份报告则建议，应任命斯潘贝格来指挥队伍。随着时间的推移，奇里科夫与斯潘贝格之间的对峙愈加紧张，因为两人都害怕让对方占了上风。

白令在海军部的上级戈洛文伯爵设法说服了元老院，决定继续资助探险队，尽管他们没有取得进展，或者说，至少看起来没有取得进展。元老院又给奇里科夫发去一纸函令，授权他可以撤销白令的命令，如果他觉得那些命令并不妥当的话。要说起来，确实可以这么来看，白令最大的弱点就是思虑太过周全，他不是急于去做探险任务中最能表功的事情，而是想要为整个探险行动建立基础设施，希望可以被重复使用，今后的探险队就将不再面临同样的后勤保障困难。但俄国政府想要看到的却是远航成功的消息，要让人兴奋，这样才能得到连续的支持，即使政府要为此花更多的钱。白令没有政治头脑是他最大的失败。他致力于他的任务中那些枯燥乏味的基础建设，而不是激动人心的细节。到目前为止，他还没有拿出令人振奋的事迹和引人注目的发现来赢得支持。随着对他的抱怨越来越多，他也深感不安，更不敢偏离他的使命，以免有人揪住他不放，要他为任何失败负责。这种态度，在女沙皇安娜统治下的俄国不失为明智之举，却惹恼了像斯潘贝格和奇里科夫这样的年轻军官，他们一心想要冒险，要干大事。

毫无疑问，西伯利亚的地方长官除了害怕遭到报复，几乎没有什么动机要去帮助白令，毕竟这里天高皇帝远。如果他们想要在当地保得一方安宁，白令和探险队向他们提出的要求就几乎不可能办到。资源有限，而来的人却太多，他们狮子大开口，要粮食、铁、皮革、马匹，还有劳工，可当地社会本就收入微薄，人口稀少。被征召的农民陷入"极端困境"，无法照料他们赖以生存的农场，收割庄稼，或是照看他们的家人。

　　探险队向当地民众索要物资带来了一些直接后果，一位被流放到西伯利亚的政治犯海因里希·冯·富克（Heinrich Von Fuch）对此作了描述："为了这支探险队，俄国农民每年都被要求行走两千到三千俄里的路程，把粮食运到雅库茨克……因此，许多农民一次离家就要长达三年之久。等到他们回来的时候，他们就只能依靠救济过活，或是出去打工。"过游牧生活的雅库特人也未能幸免，他们被"要求在春天的时候把几百匹装备齐全的马送到雅库茨克，还要再派出人手，每个人负责看管五匹马。这些马匹要用来把粮食和补给从陆路运到鄂霍次克。因为雅库茨克和鄂霍次克之间的区域都是沼泽地和荒芜的干草原，这些马匹大多有去无回。派去征用这些马匹的官员挖空心思榨取雅库特人，好让自己中饱私囊"。冯·富克报告说，如果索要贡品的过分要求没有得到满足，或是某位亲属死了或逃跑了，官员就可以没收那个人的牲畜作为补偿，如果牲畜的数量也不够多，他们就把他的老婆孩子抓去为奴，这个时候，自杀就很普遍了。"如果新近开始的堪察加探险继续给当地人民带来负担，那么，显然有必要采取措施，防止探险队将当地人民彻底毁灭。"

白令向戈洛文伯爵发回了报告，也揭示了这几年遭遇到的普遍困难："我的仆人没有衣服和鞋子……因为地方政府没有从伊尔库茨克送来工钱……在运送食品的时候，他们变得非常憔悴，到冬天的时候，因为严寒，一些人的手脚被冻僵了。由于存在这些困难，加上其他食物也很匮乏，许多人几乎不能行走。整个6月份，有二十二个人病得很严重，都瘦得不成样了。"食品总是不够吃，又缺乏适当的供应，导致工作干不下去，士气低落。直到1740年的夏末，探险队的主力和所有的物资装备才翻过山区，来到了鄂霍次克。到这个时候，所用时间正是当初预计的整个探险所需的总时间。所有这些耽搁，至少有部分原因归于雅库茨克和鄂霍次克之间崎岖不平的地理条件。白令本人在他的报告中也建议，尽管他已花了几年的气力来确保和改善现有的这条路线，仍需找到一条更快、更便利、更安全的路线。"很有必要找到一条路，可以把粮食和所有其他补给运到鄂霍次克去，而不是像以前那么困难。"虽说这条路线异常艰辛且危险，但白令在雅库茨克和鄂霍次克之间开辟的这条小径一直是通往太平洋的主要路线，直到19世纪50年代，俄国从中国手里强占了阿穆尔河（黑龙江）。

一方面，成吨的设备和物资正在缓慢地从雅库茨克运往鄂霍次克，这个任务要花两年多的时间才能完成；另一方面，白令派斯潘贝格先期到达鄂霍次克，监督船只的建造工作，包括斯潘贝格将用来驶往日本和千岛群岛的船只，还有最后要用来穿越太平洋的其他船只。船员们被派到奥乔亚河的上游去砍伐木材，造一艘船就需要砍掉三百多棵树。像以往那样，由于食品短缺，工人们不肯卖力，这个任务也被拖延了。1738年6月29日，总共可搭乘一百五十一人的三艘船终于下水了，比原计划晚了一年，他们把在鄂霍次克储存的所有食品都带上了船。这支小型船队的三艘船分别是：第一次堪察加探险时用过的旧船"大天使加百利"号，对她进行了改造；另外两艘是新船，名为"天使长米迦勒"号和"娜杰日达"号。他们先是穿过鄂霍次克海的浮冰区，到达堪察加半岛西海岸的博利舍列茨克，这段距离有六百八十多英里。然后，他们掉头向南，进入日本北部千岛群岛周边的水域。这里多雾，也还没有人绘制过地图。他们很快就在暴风雨中走散了。三艘船各自发现和绘制了约三十个岛屿。到9月的时候，他们都安全回到了博利舍列茨克，没有在任何地方登陆。第二年夏天，斯潘贝格组织了第二次探险。他早早地就从博利舍列茨克出发，计划在秋天的暴风雨来临之前往南走得更远一些。对俄国政府来说，他的任务就是要在堪察加与日本之间建立联系，目的是促进贸易往来。两国间的贸易将有助于巩固俄国对帝国东部的管辖。只要当地的人口数量增长起来，东部地区就可以少一些对西部的依赖，不再像现在这样耗费国家财政收入。

第二次探险航行于 1739 年 5 月启程，这次取得的成果非常有价值，也很有趣。船队很快就被"浓重"的天气吞没了。其中的一艘船迷了路，只能折返。剩下的两艘船继续往南走，一艘由斯潘贝格指挥，另一艘由威廉·沃顿（William Walton）上尉指挥。他们于 6 月下旬到达了日本北部的本州岛。他们在这里的浅水湾里发现了许多小船。岸边有村庄，村民在村边的地里干活，耕种谷物，种类很多，都是他们没见过的，村后的内陆地区可见重峦叠嶂，树木参天。有几次，村民们看见他们，就驾船迎了上来，登上了他们的船，用新鲜的鱼、淡水、大片的烟叶、大米、水果、腌咸菜和其他食物来换他们的俄国布料和衣服。这些当地人身材矮小，进入船舱时都会鞠个躬，"极为守礼"。斯潘贝格不允许他的队员上岸，也不允许太多的日本人上他的船，"因为日本的历史中有大量攻击基督徒的记录"。他发现，"日本人在每艘船上都放了一堆石头，每块石头重约两到三磅。这些石头可能是用来压舱的，但考虑到它们的大小，如果情形有什么不对的话，也可以当炮弹用"。他是这样来形容日本人的：

> 大多数人身材矮小，很少有人能真正与我们齐平。他们褐色皮肤，黑眼睛。他们头发乌黑，有一半被剪掉，剩下的一半向后梳得很平整。他们在头发上抹了胶水或是油脂，然后用白纸包起来……日本人的鼻子小而扁平，但也不像卡尔梅克人的鼻子那么平，尖鼻子的人是非常罕见的。他们的衣

服是白色的，用一根带子系紧在身上。他们的衣袖很宽，就像欧洲人穿的睡袍上的袖子。没看见他们有谁穿裤子，而且他们全都光着脚。

他们看得懂海图，并向斯潘贝格清楚地说明，他们这个地方是日本，但发音是 Nippon，而不是欧洲人通常说的 Japan。

当斯潘贝格确信自己已经到了日本，他就赶紧带着这些新信息返回北方。中途停靠了千岛群岛中一个较大的岛，补充淡水。他在这里遇见了八个人，他们自称阿伊努人。他报告说，这些人全身上下毛发浓密，但很友好。阿伊努人喝了杜松子酒后"兴高采烈"，他们跪下来，向甲板鞠躬。"他们的头发是黑的，年纪大的就全白了。他们中的一些人还挂了银耳环。"斯潘贝格造访日本的记录与无数其他旅行者的见闻相类似。自有文字记录以来，就有关于外国人的记载，还有他们的奇风异俗，之前从未有人质疑，所以，一探究竟的兴趣由来已久。他于 1739 年 9 月 9 日回到了鄂霍次克，并向白令详细报告了他的航程。白令当时正在督促完成两艘船的建造，将用于前往美洲的探险队，他希望在第二年春天完成这项工作。斯潘贝格想要再去千岛群岛，将那个地方划入俄罗斯帝国，但白令拒绝批准这项行动，而是允许他返回圣彼得堡，去呈报他的想法。

斯科尔尼亚科夫·皮萨列夫看了一眼斯潘贝格日本之行后绘制的海图，然后就宣称，它们画得很差劲，而且有错误，因为图上没有展示出一系列大的岛屿。在当时，大家相信，这些大岛屿就位于那片水域中。他急忙给圣彼得堡发去官方信件，抨击斯潘贝格是个无能的人。斯潘贝格决定，在提议组织另一次航行之前，他必须亲自去为自己的发现辩护。西返途中，在西伯利亚走了数周后，他遇到了一位从圣彼得堡往东来的信使，信使向他出示了命令，命他返回鄂霍次克，然后组织第三次去日本的航行，这一次就是要去寻找传说中的岛屿。在返回鄂霍次克的路上，斯潘贝格碰见了斯特勒，他也正往东去。两人结伴，于1740年8月来到了鄂霍次克。虽然斯潘贝格的航行被耽搁了，但白令见斯特勒来到了堪察加，还可能跟着去美洲，感到很高兴。斯特勒当时三十一岁，说话不过脑子，自以为是，但对新的冒险充满热情，而且无牵无挂。白令这时已经五十九岁了，意志坚定，行事谨慎，七年来为探险队操碎了心，重压之下，他开始担心自己的老婆孩子，还有未来的职业生涯。

101

几年下来，白令尚没有穿过鄂霍次克海到达堪察加，更遑论去美洲了。圣彼得堡的官员们为此坐立不安。海军部意识到，他们发出的所有指令并没有加快进度。他们派军官赶赴西伯利亚，要求当地官员服从命令，如果他们的态度还没有转变，就威胁他们要施以酷刑。1739年，两位名叫托尔布津（Tolbuchin）和拉里诺夫（Larinof）的军官受命前来调查针对白令的指控以及他的诸多反诉。帝国内阁要求他们"对堪察加探险队进行调查，看看局面是否到了不可收拾的地步，从现在起，政府的钱不能再被白白浪费"。最后，斯科尔尼亚科夫·皮萨列夫被撤换，一位更能干且不那么唱反调和故意阻挠的官员接替了他，这也是一位政治流放犯，名叫安东·马努伊洛维奇·德维尔（Anton Manuilovitch Devier）。中央政府派这些带着特别任务的军官亲临西伯利亚，实在是非同小可，光这一点就加快了探险工作的进度，更何况，如果不尽心尽力帮助探险队，现在面临的惩罚就可能是酷刑。于是，人们更卖力了，船只可以下水了，物资和马匹也备齐了。到1740 年，远航美洲所需的东西差不多都从雅库茨克经由新开辟的简易道路运到了鄂霍次克。鄂霍次克兴起了许多新的建筑、工业和农场。不过，帝国新施加的压力却产生了一个令人意想不到的后果——探险队的军官们，尤其是白令，他已成为众矢之的，更加不敢偏离中央下达给他们的命令，即使情形的变化已经表明，需要重新制订计划。就这样，一切就照着在圣彼得堡时设想和安排的那样做下去，而做出如此设想和安排的官员却从未到过西伯利亚或美洲。

第6章 虚幻的岛屿

102   两艘远航美洲的新船"圣彼得"号和"圣保罗"号在鄂霍次克的船坞里慢慢成形，看上去就像是一头巨鲸的肋骨，工人们在骨架上走来走去，用西伯利亚的木材给它上板，再装上金属部件，这些金属制品大部分都是从俄国一路拉过来的。到1740年6月的时候，两艘船已经准备好，可以下水了。船体推入水中后，就可以开始装上压舱物，挂起风帆，配备索具，物资和食品也可以装上船了。这两艘船的外观一模一样，都是长九十英尺，宽二十三英尺，甲板高九英尺半，各有两根桅杆，排水量为二百一十一吨。这两艘船的建造基于荷兰的一种船型设计，那是一种中等大小客货两用的轻型船只，往来于波罗的海和北海。俄国人对设计做了调整，在船上安装了十四门小型加农炮，两到三门大炮，还有三门隼炮。相对于船的大小来说，船长的住舱很大，很宽敞，可以容纳十几个军官舒舒服服地坐在里边开会。每艘船的住舱可以住进去七十七个人。每艘船将携带约一百零六吨食品、一百桶淡水、木柴和弹药。船上有备用的铁锚和泵，一个

103   拖拽重绳的绞盘，还有一个起锚机。甲板上有三个舱口，和一个更大的货物舱口。两艘船各配备了两艘小一点的登陆艇，一艘是

大艇，约二十英尺长，有十个桨，另一艘是小艇，有六个桨，每艘登陆艇都有一根小桅杆，配备了简单的索具和风帆。没完没了的耽搁终于要结束了。

从 1737 年抵达鄂霍次克开始，白令就一直忙于组织建造船坞和一系列的船只。先是为了斯潘贝格去日本的航行，然后是自己横渡太平洋的远航，远航需要两艘船。为各个航次建造船只当然要耗费时日，但主要的困难还是需要翻过最后一个山脉，把物资从雅库茨克运过来。瓦克塞尔写道："我们被迫把（二十个木匠中的）大多数派到乌拉克的仓库，派到尤多马十字架去，协助把我们的补给从这两个地方运过来。"即使是熟练的工匠也被征召，从事一般劳动。两年来，为了斯潘贝格去日本的航行，舾装工作和食品供应已经占用了很多资源，影响到了去美洲的远航。但到了 1739 年的秋天，"圣彼得"号探险船和"圣保罗"号探险船的建造工作就只剩下最后的部分，进度大大加快了。那年春天，用来制作风帆的帆布刚从圣彼得堡运过来，路上花了一年的时间。直到 1740 年年初，白令才补足了在船上工作的人手，包括大约八十个木匠，还有数十个铁匠、金属加工工人和制帆工。

1740 年 8 月 19 日，物资最后装运上船的工作就快要完成。白令与安娜和两个最小的孩子道别，他们已经一个九岁，一个十岁了。仆人们把家里所有的行李和物品都打好了包，踏上了西返圣彼得堡的漫漫长路，同行的还有数百名工人、船工、木匠和士兵，他们不跟着去堪察加半岛或美洲。其他军官的家属也都回去了。虽说经过多年的建设，鄂霍次克已经发展成为一个小城镇，但要守在这儿，等着"圣彼得"号探险船和"圣保罗"号探险船归来，却没人愿意。这次远航可能需要两年的时间，家属们决定，还是回到俄国西部，重返他们的正常生活，那样更保险一些。对白令来说，想必离情正苦，因为他和安娜是一对恩爱夫妻。她跟随他来到天涯海角，把两个最大的孩子留给亲友照顾。在1740年分别之前，从他们之间往来的私人信件中可以看出，夫妻俩竭尽全力，要把天各一方的家庭成员凝聚在一起，共同面对生活的挑战。特别是对安娜来说，实属不易，一家人彼此相距遥远，发出的信件需要六个月的时间才能送达。安娜在信中称呼自己的丈夫为"我的白令"。这些信件提及的内容包括如何为他们不在身边的孩子选择职业、安娜父母的健康等问题。他们的儿子乔纳斯已满十九岁，决定参军入伍，去当步兵，这让他们感到震惊，担心他交友不慎，希望他没有"花天酒地"。除了白令在海军中的职业前途，安娜还要担心他们的儿子"少年鲁莽，四处闯祸"。父母远在天边，无法为那两个长大成人的儿子多做点什么，只能给他们写信，出出主意，然后交给信使带回去。白令还给海军部写了一封正式信函，请求完成这次任务回来后就退役，"我服役已经有三十七年了，竟没能让自己和家人在某个地方共享天伦。我活得就像是个游牧民"。

　　数十名工人和军官家属离开后刚过了一周，探险船也正准备起航。这时，一位不速之客骑马来到了鄂霍次克，看上去筋疲力尽，一定是在路上累坏了。此人是圣彼得堡皇家卫队的信使。他交给白令一封信。这是女沙皇的谕令，要求详细报告探险队目前的进展，要具体说明他是如何严格遵旨行事的，而且要全体军官在报告上签字。呈上这样一份记录需要花费数天甚至是几周的时间来准备，因为他们需要准确描述这几年来的活动，才能保住他们的乌纱帽，免受惩处。但他们又不能再耽搁了，需要在秋季的暴风雨和海面结冰之前到达堪察加半岛，否则航行就会有危险。如果错过 1740 年的时间窗口，探险队就得再等一年。白令召集军官们开会商议，他们一致认为，再耽搁是不行的。白令给信使写了一个东西，解释说，斯潘贝格将留在鄂霍次克，准备船只，等候去日本的第三次航行，所以，他可以先写他知道的所有情况。白令将在堪察加过冬时写好一份更详细的报告，然后发回去。白令还得回答一个质问，他受命完成另一项任务，即在西伯利亚建立邮局，但还没有完成，现在情况怎样了？实事求是地说，这是一项几乎不可能完成的任务。他怎么可能去建立这些邮局，然后里边还要有工作人员，特别是沿雅库茨克到鄂霍次克之间的这条路线以及整个堪察加半岛？堪察加和鄂霍次克之间的邮政服务要求是每隔一个月就得有一次，但穿过鄂霍次克海的安全航行季节仅在每年的5月至9月之间。然而，没能建立邮局，又可以被看作白令干不好工作的一个例子。

8月30日，"圣彼得"号探险船和"圣保罗"号探险船起锚，扬帆东去，将这些难题留在了身后。只不过，他们又将面临新的难题。他们的第一个目的地是博利舍列茨克，位于博尔萨亚河边上，靠近内陆几英里的地方，四周都是低洼的沙丘和潟湖。船只顶风而行，船长们则焦躁不安。各船还没驶出奥乔亚河，回头一看，他们的心就沉了下去，脊背发凉，因为他们的一艘补给船"娜杰日达"号在一个沙洲上搁浅了。这个沙洲隐没在水下，不易发现。这艘船由索夫龙·西托罗夫（Sofron Khitrov）上尉指挥。接下来就是八天的耽搁，因为先要把物资从船上卸下来，让船脱离困境，然后进行修理，再装运。麻烦的是，"娜杰日达"号船上装载了大部分的压缩饼干，是为来年春天远航美洲的人员准备的。现在这些饼干遭到海水浸泡，都不能吃了。白令最初的计划是在1741年的春天从堪察加半岛往东走，穿过太平洋，去探索美洲太平洋地区，再找到一处安全港口越冬，然后在1742年的夏天返回堪察加半岛。现在每个人的心里都起了疑问：如果没有足够的食物，这怎么能做得到？

斯特勒和德拉克罗伊尔乘坐一艘小一点的船于四天后出发，这艘船主要运载科学家和他们的行李及仆人。整个船队于9月20日到达了博尔萨亚河。院士们在这里下船，其余的船只继续向南行驶，绕过堪察加半岛的南端，再向北航行到阿瓦查湾。由于路上耽搁了时日，白令认为，其中的一艘补给船无法抵挡秋季的暴风雨。因此，只有"圣彼得"号探险船、"圣保罗"号探险船和"娜杰日达"号补给船准备出海。此时正值月初，堪察加半岛南端洛帕特卡海角周边的洋流和潮汐搅动着海水上下翻腾，白浪滔天，到处是凶险的漩涡。与千岛群岛的第一个岛屿之间相距只有四英里，海峡中央露出了一块巨大的岩礁，就像是一只拦路虎。波涛汹涌，拍打着礁石。这天，一股强劲的东风裹挟着他们往前走，而西涌的潮水却摇晃着把他们推回来。

白令指挥"圣彼得"号探险船在狂风和高高涌起的潮水中艰难前行，闯进了那片漩涡区域，"圣保罗"号探险船和"娜杰日达"号补给船在后面停船观望。瓦克塞尔上尉后来写道："我一生中还从未遇到过如此巨大的危险。"一个多小时过去了，他们没走出去多远，被狂风和潮水来回拉拽。只见船头扎进浪谷，海水涌入了船两边的甲板。"我们用一根四十英寻长的绳子在后面拖着船载小艇，它被海浪托起，抛向船尾。"好在绳子没有断，但它的船板开裂了，上面的人也都七仰八翻的。狂风呼啸，拉扯着风帆。波涛汹涌，他们艰难地驾船前行。重压之下，主桅杆几乎断裂。"在这些汹涌的波涛中，如果我们的船横了过来，那我们就没救了。"当西涌的潮水开始减弱时，"圣彼得"号探险船才得以慢慢向前行进，绕过洛帕特卡海角。奇里科夫等了大约一个小

107

时，然后指挥"圣保罗"号探险船通过了这片区域，没有遇到太大困难。他们都穿过了鄂霍次克海，进入了太平洋。

两艘船随后停下来等候，但"娜杰日达"号补给船却一直没有现身。这艘船仍由西托罗夫上尉指挥，竟然没有跟过来。他们后来才知道，西托罗夫因为看见"圣彼得"号探险船在风浪中摇摆，令人心惊肉跳，就下令他的船返回博利舍列茨克，而不是勇闯这个海峡。对白令来说，这又一次证明了西托罗夫这个人缺乏航海技能。这件事将导致指挥官与下级军官之间互相憎恶。经过如此这般的艰难，他们知道，从现在起，他们将进入变化无常的茫茫大海。

"圣彼得"号探险船和"圣保罗"号探险船到达阿瓦查湾的新港口后，他们把这里称为"彼得罗巴甫洛夫斯克"（以他们的船名命名，意为彼得和保罗的港口）。他们看到，有人已在岸边砍掉了一部分树木，大致辟出了一块地方来建定居点，也已盖好了一些营房和仓库。这些工作都是伊凡·叶拉金（Ivan Yelagin）和他的队员完成的，他们是一年前被派过来的。这里是一个理想的避风港，当地都是沙质海岸。在那个时候，"圣彼得"号探险船和"圣保罗"号探险船是最早驶入这个美丽港口的船只。他们发现，即使不下锚，港湾里也能轻松容纳二十艘船，这里可以躲避大风和涌浪。阿瓦查湾的直径为十一英里，四周矗立着很多锥形火山，白雪盖顶，颇为壮观。它们都是活火山。1737年，其中的一座火山爆发，火山灰吞噬了陆地，还引发了海啸，浪潮冲击着海岸。

　　当他们在彼得罗巴甫洛夫斯克过冬的时候，欧洲那边的形势风云变幻，将改变俄国的政治面貌。1740 年，女沙皇安娜去世。她像她的叔叔彼得大帝那样，喜爱西欧文化。在王位争夺战中，彼得大帝的女儿伊丽莎白获得了胜利，通过 1741 年 11 月的一场政变掌握了权力，并于 1742 年 4 月 25 日加冕。伊丽莎白和 108 她的宫廷对外国人及外来思想持更加怀疑的态度。德国势力开始被清除，解除了他们在政府中的要职，他们也不再得到青睐。对政府的任何批评，不管是无意的还是按照惯例提出的，现在都会惹得龙颜不悦。触怒统治集团的出版物遭到了压制。科学院享受的自由被剥夺，经费也减少了。然而，在探险船离开之前，这些让人心情沉重的消息一点都没有传到堪察加半岛这边。

　　斯特勒和德拉克罗伊尔发现，博利舍列茨克的状况很糟糕。指挥官雅库茨基恩·科列索夫（Yakutskian Kolesov）是个酒鬼。当地商业萧条，因为政治腐败而得不到发展。士兵们行为放荡，缺乏训练。居住在周边的民众深感前途无望，皆有反叛之心。官员们强迫土著居民用毛皮交税，给西伯利亚的高官送去规定的数额后，剩下的就中饱私囊了。这个小镇坐落在河的上游，两岸树木茂密，阴郁晦暗。岸边的要塞和一座教堂用栅栏围了起来。

当地约有三十栋民居，分布在河中的一系列小岛上。最显眼的建筑是一家威士忌酿酒厂和一个酒吧。斯特勒和德拉克罗伊尔在要塞外找到了住处，开始为漫长的冬季做准备。这里的冬天多雾，雪很大。斯特勒见到了更年轻的自然历史学家克拉舍宁尼科夫，他已经对半岛的大部分地区做了一番全面考察。他俩一起工作，采集和研究动植物，并记录天气变化。

斯特勒也开始思考当时最令人费解的医学谜团之一，即坏血病是怎么发生的。白令派了多支小分队前往北冰洋，为什么那些队员深受这种可怕的病痛折磨，包括牙龈发黑出血、心情郁闷、旧伤复发等，而当地人似乎就从未遭受过这种痛苦？他的结论是，这一定与饮食有某种关联。这是个敏锐的观察，比最终的定论早了几十年，也有很重要的启发性。斯特勒还与许多哥萨克人和堪察加半岛的土著居民交谈，问他们对于往东走然后发现陆地的可能性有什么看法，如果有必要让他们畅所欲言，就给他们灌下白兰地。他开始确信，在堪察加半岛和东北方向其他陆地之间存在零星贸易。后来，当斯特勒告诉白令这些信息时，白令却说，"大家都说了很多了"和"谁会相信哥萨克人呢?"。白令有太多的事情需要处理，他没有多余时间去考虑探险队员的健康或是土著居民做了些什么的传闻和谣言。他有一长串无法掌控的烦心事，这只是其中的又一桩。在西伯利亚构建一个文明社会要面对各种错综复杂的问题，如果把它们一一列举出来，甚至会让白令感到厌恶。去调查更靠北的地方可能存在的贸易网络将又是一个罪过，又会有人说他没有遵旨行事。

不过，当前最要命的问题是，西托罗夫带着物资临阵退缩。这给队伍过冬造成了巨大的压力，耽误了工作，加重了困难，几乎毁了整支探险队。他们不得不在博利舍列茨克卸下物资，重新打包，再走过一百四十英里的路程，横穿堪察加半岛，把它们运到阿瓦查湾。这段路需要从半岛的山区直穿过去，山里没有道路，也没有河流。因为没有马，也没有小路，方圆几百英里的土著居民都被征召过来。他们被要求带着雪橇和狗过来，总共有四千多只狗。他们开始在雪地上把数十吨的物资运到阿瓦查湾去，完成这个任务需要数月时间。瓦克塞尔对土著居民的遭遇感到震惊：

> 有些堪察加人之前从未有过驾驶狗拉雪橇的经验，他们甚至从未听说过这种运输方式。他们中的大多数人一直在出生地生活，从未去过五英里以外的地方。现在，他们被迫与我们同行，在他们看来，就是要去往世界的尽头。而且，他们还得哄着自己的狗去干活，那可是他们最爱的伙伴。他们基本上不在乎钱，也没处花，实际上，他们中的大多数人就不知道钱是什么。

被征召而来的堪察加人遭受了巨大的苦难、压力和虐待。他们拼命反抗，拒绝干活。一群土著居民因为心怀不满而遭到虐待，就在自己的棚屋里烧死了七个俄国人，然后逃进了山里。报复行动迅速展开，而且残忍。一支由五十名士兵组成的部队顺着雪地上的脚印一路追到了他们的过冬小屋，令他们大吃一惊。这些小屋位于奥克拉维姆河河口一些偏僻的岩石上，在一座山的山底。士兵们爬上屋顶，从烟囱往屋里扔手榴弹。他们不知道手榴弹是什么，跑过来查看，手榴弹爆炸了，造成多人死伤，包括妇女和儿童。没被炸死的人被抓了起来，押到了阿瓦查湾，"遭受了严厉的鞭刑，要他们供出罪犯"。根据斯特勒和瓦克塞尔的描述，惩罚是残酷无情的。除了通过狗拉雪橇将物资运过半岛需要时间，追捕和惩罚堪察加人也耗费了数周的宝贵时间，而时间对探险队来说已经很紧张了。

指挥官已然疲倦，日渐苍老，这些接踵而来的挑战让他又多了一份压力。白令对扬帆远航都不抱希望了。多年来，他已经承受了无休止的压力，可似乎还在没完没了地走背运。如今，妻子也不在身边了。每一次走背运都增加了再一次走背运的可能性，随着探险工作的推进，倒霉的事越来越多。

111　　1740 年至 1741 年的冬天，白令正在为去美洲的航行确定最后的人员名单。他解除了西托罗夫对"娜杰日达"号补给船的指挥权，命令这个年轻人到"圣彼得"号探险船上来当二副，接受白令的监督。白令还决定，他希望斯特勒加入去美洲的探险队。斯特勒与西托罗夫相互敌对，但他们将不得不共乘一艘船航行数月。白令的医生最近生病了，要求返回圣彼得堡，白令也没有可以接替他的人。不过，斯特勒受过医学训练，而且他是一位有路德宗背景的神学家，这一点令人欣慰，因为白令和几个军官都是路德宗的教徒。指挥官让一个返回的雪橇队给斯特勒捎去一张纸条，要求斯特勒跨过堪察加半岛，过来跟他讨论"某些事情"。斯特勒于2月17日在博利舍列茨克收到了这个消息，略略猜到了是什么意思。他非常兴奋，带着对未来的憧憬结束了这边的工作，仅在一人的陪同下花了十天时间乘坐狗拉雪橇穿过了半岛，于3月初到达。"等我到了后，"他写道："（白令）就来找我，谈了很多，说我能提供重要而有用的服务，如果我同意跟他一起去的话，我的工作成绩将会在政府高层那儿得到认可。"

他们很快就谈妥了细节。白令承诺，确保斯特勒不会违反之前他在圣彼得堡接受的命令。白令"消除了我的所有顾虑，由他自己对一切后果负责"。据斯特勒说，白令还承诺，给他所有机会继续研究自然历史，等他到了美洲以后，将给他提供协助，这样他就"有可能完成一些有价值的工作"。斯特勒将与白令共用一个住舱，并担任指挥官的私人医生。斯特勒也有担心，经历了"一次痛苦且危险的海上航行"后，回来却没有什么可展现给大家的。但这次航行不仅仅是一次发现之旅，那只是科学目标的一个方面，它还有非常实际和攫取土地方面的野心。白令相

112

信，斯特勒有技术、有知识，能够定位并辨别金属和矿物。

彼得罗巴甫洛夫斯克很快就发展成为一个面积不大但干净宜人的小镇，周围还有壮丽的自然风光。然而，对于探险家们来说，冬天的剩余日子却并不令人愉快，因为他们的工作负担过重，土著居民叛乱也造成了恶劣的后果。斯特勒无法容忍哥萨克人的愚昧、残忍、腐败、放荡和暴虐。他天性使然，不免大声控诉，谴责这些行为。他在博利舍列茨克参与建立了一所学校，但糟糕的是，他不懂得如何与人相处，搞得他身边的人就算不仇视他，也会不喜欢他。当他试图改革那些在他看来是非基督徒和不道德的虐待行为时，斯特勒是认真的。但他鄙视哥萨克人的生活方式，态度上毫不留情，也过于露骨。他写了一份报告和请愿书，发回圣彼得堡，敦促要善待堪察加人，并指出，他们也享有权利。他还主动提出自己的建议，应如何更好地管理这个偏远的地方。斯特勒表达了对社会正义的强烈拥护，但他身旁的人充耳不闻，或至少是因为过度劳累而厌烦听他叨叨。

到现在，白令和军官们已经耽搁了很多年，他们对即将开始的远航和自己的职业前途感到焦虑。如果用一种无礼的方式责怪他们不耐烦、不和蔼，只会再一次刺激他们。白令越来越专注于赶紧完成任务，然后与家人团聚。毫无疑问，其他军官也只关心这个。另一方面，相对来说，斯特勒仍充满了新鲜感，并没有背上探险队的历史包袱。他不曾像他们那样经历过那些事——被寄予厚望、重压之下的操劳等，所以，他仍然感到兴奋和好奇。对他来说，这是一次冒险，而不是一个负债或障碍，需要尽快解决，好让生活继续下去。出发前，在过冬的时候，斯特勒写道："我的提议，甚至是最微不足道的那些，都被认为是不可接受的，因为那些掌权的人太过自以为是，等到灾难降临，善恶有报，就会暴露他们那点可怜的、过于赤裸裸的虚荣心。"斯特勒开始与白令也有了冲突，就像白令与奇里科夫发生冲突一样。奇里科夫心里窝着火，多年以来，每每他想做点什么，却屡屡受阻，他认为都是白令胆小怕事造成的。到这个时候，已经没有多少人对上校指挥官白令还存有好感，但他似乎也无所谓了。

1741 年 5 月，探险船终于要准备起航了。5 月是驾船穿过太平洋的黄金时间，但他们推迟到了 6 月，因为要等着物资从博利舍列茨克运过来。等到物资全部到位，一个显而易见的问题是，这些物资只够他们过一个夏天，并不足以越冬，而越冬是一开始就计划好了的。他们将穿过广阔的太平洋，航行到不为人知的地方，然后在这一年秋天赶回来。必须要抢在凛冽的冬季风暴刮到堪察加海岸之前回来，这个大家都知道。他们在西伯利亚已经待得太久了，如果还要多待一年，想想都会让人发狂。他们的家人都已返回俄国西部，而远航东方的兴奋感也早已磨灭了。

探险队还需要作出最后一个重大决定，即决定他们应该走哪条路线穿过大洋到达新大陆。5月4日，白令召集海上委员会的军官们开会。他大声宣读了圣彼得堡下达的命令，以便他们可以讨论各种不同的选择，并确定这些选择是否严格遵从了他们接到的命令。俄罗斯帝国海军的惯例是，在作出重大决定之前，所有的高级军官要进行投票。白令不是一个独裁者，而更多的是一名领衔者（类似于英国首相，与其他内阁成员地位平等，但权力和责任略大一些）。斯特勒没有被邀请参加会议。如果他在场，他可能会劝说委员会选择一条不同的路线，而不是最终决定的那条路线。因为他听哥萨克人说，在更北的地方有陆地，离亚洲更近。整个冬天，军官们一直在讨论各种可能性，权衡利弊，评估现有的地理证据，当然，资料很少。女沙皇安娜给白令下发的谕令要求他召开一次会议，"关于前往美洲的不同路线，要听听科学院派来的教授们有什么建议"。探险进行到现在，他是不会偏离这些官方指令的。大家都害怕因为没有听从命令而受到惩罚。如果要另搞一套，又得吵翻天，他也觉得厌烦了。因为斯特勒未被邀请，德拉克罗伊尔就在这些会议上代表科学院发言。他把地图拿给大家看，极力主张先去寻找那些从理论上来说位于亚洲和美洲之间的陆地及岛屿。在法国地理学家约瑟夫·尼古拉斯·德利尔绘制的海图上，这些陆地和岛屿被特别标注出来，而他是德拉克罗伊尔的哥哥，也受雇于圣彼得堡的科学院。德利尔绘制了一张北太平洋地区的海图，帮助白令航行到美洲。

德利尔在圣彼得堡受人尊敬。他绘制的海图显示，有些大岛屿尚未被任何欧洲强国主张为领土。因为探险队耽搁了这么久，又被认为干不成什么事情，白令更不敢违背下达给他的命令。如果这些岛屿确实存在，他却没有为俄国主张对它们的领土主权，后果会怎样？可悲的是，德利尔实际上是在他的海图上填了几个想象中的岛屿。据说这些岛屿就在这次探险的路线上，最引人注目的是所谓的虾夷地和伽马地，其实根本不存在。在十年前第一次探险快结束时，白令曾找过，但没有找到。据传这些地方可能有丰富的资源，所以，找到它们被添加到白令的官方指令中。

斯潘贝格几乎完全否定了所谓虾夷地的存在，或至少是指出来说它不过是千岛群岛中的一个岛，事实被夸大了。但没人相信他。瓦克塞尔是白令在"圣彼得"号探险船上的副指挥官，他却表示同意斯潘贝格的意见。他说："斯潘贝格的地图是基于实践经验，而不是去听别人的声明或猜测……斯潘贝格不会人云亦云地说，这些岛屿就是所谓的虾夷地……就我个人而言，我现在坚信，如果这个地区有一个所谓的虾夷地，那就只能是这些岛屿了。如果还有其他的虾夷地，肯定会被发现的。"德拉克罗伊尔态度强硬，声称白令和斯潘贝格没有见过这些岛屿，因为他们偏向东边去了，不该往东走那么远。他善于言辞，又有圣彼得堡的科学院给他撑腰，而且，白令接到的命令也是要跟他商量。

尽管有斯潘贝格的实践经验，奇里科夫和瓦克塞尔也表示反

115

对，他们认为，这些所谓的岛屿都是虚幻的，但白令还是决定，给"圣彼得"号探险船和"圣保罗"号探险船下达的第一道命令就是南下，去寻找这些传说中的岛屿，这样就没人可以指责他不遵从命令。会上的其他军官勉强在文件上签了名，同意了这条航行路线，即先向东南走，再向东走，而不是朝东北方向走。奇里科夫后来报告说，他们认为自己是被迫同意向南走的，因为海图上显示，伽马地"是美洲的一部分，因为在通用的海图上显示有陆地从加利福尼亚一直延伸到胡安·德·伽玛（原文如此）地，在德利尔·德拉克罗伊尔（原文如此）绘制的地图上也是这么显示的"。

这个决定导致探险队在太平洋广阔的未知区域里绕了个大圈，白白浪费时间。走这条路线被证明是灾难性的，尤其是，他们已经晚了一个月才出发，又缺少补给。十年后，瓦克塞尔在述说这段往事时仍对德利尔和他在科学院的同事们感到极为恼火，说他们"在起草这些计划时，所有的信息都来自于幻想，或是轻信他人，被别人骗得团团转。每当我想起我们成了这个可耻骗局的受害者，我仍然火冒三丈"。

116　　海上委员会也正式作出决定，两艘探险船将于 9 月底返回彼得罗巴甫洛夫斯克，但这个决定并未通知船员。由于前一年的秋天损失了很多补给，他们没有办法在阿拉斯加过冬了。现在，考虑到他们已经耽误了时间，还得先往东南方向走，去寻找传说中的岛屿，因此，即使是开展一个季节的航行，也几乎是个不可能完成的任务。

5月的剩余日子都在忙着做最后的准备工作，如结绳、修补船壳的漏缝、测试索具、制作沥青用于填补裂缝、擦洗、刮削、做木工、搬运和贮藏物资、修理损坏的物品等。他们对两艘探险船进行测试和装配，确保她们状况完好，并在最后分派了船员。斯特勒好像无视这些为航行做最后准备的忙乱景象，也意识不到这样的探险在后勤保障方面有多复杂。他在阿瓦查湾发现了一种新的鱼类，不同寻常，他正忙于采集标本和记录。除了十四门加农炮、炮弹和为几十支轻武器配备的火药，他们还在船上储备了可供每个船员吃大约六个月的食品，包括四吨燕麦、三吨桶装的腌牛肉、三吨桶装的黄油、一吨多桶装的咸肉、六百五十磅的食盐、一百零二桶水（可供约两个月的饮用）、三吨半的饼干，另外还有十七桶其他东西，如火药、木柴、铁、备用帆、绳索、焦油等。

5月22日，船员们带着他们的私人物品乘小艇过去，上了两艘探险船，挤进了他们的住舱。"圣彼得"号探险船上有七十六个人和一个小男孩，小男孩是瓦克塞尔十四岁的儿子劳伦茨；"圣保罗"号探险船上有七十六个人。船上的住舱很拥挤。"圣彼得"号探险船由白令指挥，副指挥官是斯文·瓦克塞尔上尉，后面依次是安德烈扬·赫塞尔伯格（Andreyan Hesselberg）上尉、船长索夫龙·西托罗夫（Sofron Khitrov）和二副哈尔拉姆·乌辛（Kharlam Yushin）。格奥尔格·斯特勒的岗位是外科医生和博物学家。阿列克谢·奇里科夫指挥"圣保罗"号探险船，还有两个上尉，名为奇哈乔夫（Chikhachev）和普劳京（Plautin），以及天文学家和地理学家路易斯·德利尔·德拉克罗伊尔。在垂直指挥的架构之外，还有十九名海军陆战队员和他们的军官，以及其他的专业技工，包括管事、一位外科助理医师、制桶工人、敛缝工人、一个制帆工、一个铁匠、四个木匠和普通的水手。还有一位艺术家，名叫弗里德里希·普莱尼斯纳（Friedrich Plenisner），他是斯特勒能与之友好相处的队友之一。另有三名"翻译"，是堪察加的土著居民，被强迫或劝说来参加这次远航，穿过大洋后，在陌生的土地上可能会遇见土著人，需要他们帮助沟通。

5月24日，星期天，白令在"圣彼得"号探险船上升起了船旗。他对两艘船做了最后的检查。她们将一同出航，以便互相帮助，应对意外情况。众人万分激动，但在要踏上征程的那一刻，风忽然停了，两艘船无法动弹，因为风帆鼓不起来，没有了动力。直到5月29日，才又刮起风来。两艘探险船被拖到了港口外。不料，风向多变，好几天都风向不对。"整整二十四个小时，在南风和东风之间来回变换。"两艘船在风中摇摆，又被拖回阿瓦查湾。直到6月4日，星期四，一阵西北风轻轻吹来，风帆终于鼓了起来，船只有了动力，慢慢通过了连接外海的水道，驶出了港口。他们挂起满帆，悄无声息地离开了阿瓦查湾，朝着东南方，驶向传说中的伽马地。此时天气晴朗，海上一望无际。

到6月9日上午，他们已经朝着东南方向航行了五天，天气一直不错。两艘船已经到达了北纬49度的地方。他们开始测量水深，因为根据海图上显示的位置，这个不易寻找的伽马地，应该就在附近。他们密切注意任何不寻常的情况。"就在我们的前方，"瓦克塞尔写道：

> 有相当一段距离，我们看见水中有一个黑色的东西。上面密密麻麻地站立着各种各样的海鸟，特别得多。我们看不出它是什么，就测了一下水深，但探不到海底。于是，我们稍微改变了一下航向，不是很大，以免我们离得太远，看不清这个黑色的东西是什么。最后，我们知道了，这肯定是一头死了的鲸鱼，所以就径直驶过去，到近前看一看。刚开始的时候，我们感到很害怕，以为那是一块礁石，我们应该要小心的。如果你不得不在一无所知的水域中航行，你永远也不会感到安全。

在接下来的三天里，他们继续在大洋中缓慢航行，到达了北纬46度的地方，但没有找到水深九十英寻的位置，也没有看见陆地。6月12日，奇里科夫在他的日记中写道："已经相当明显了，它是不存在的，因为我们已经驶过了它本应存在的那个区域。"从斯特勒与海军军官们第一次有记录的争吵内容来看，他不同意这个判断。他声称，在船尾看到"我们的南边或东南边出现了有陆地的明显迹象，这是第一次。海面非常平静，我们发现，大量各种各样的海藻突然漂浮在船的周围，特别是，其中有海橡树，它们通常不会出现在离海岸很远的地方，因为潮水会把它们带往陆地"。他还声称看见了海鸥、燕鸥和丑鸭。在他看来，这肯定是陆地就在附近的迹象。他无所顾忌地向海军军官们提出了自己的观点，但他在海军的等级体系中没有位置，所以，在船上的决策过程中，他几乎没有说话的份。他们出身海军，大多数是俄国人，或者是像瓦克塞尔这样的瑞典人，言语温和。斯特勒是德国人，教育和文化背景与俄国人十分不同。他习惯与同事进行公开的辩论，但说话要有条理，这也是练习修辞学的一种方式，而军官们则习惯于在被点名时才发表意见，否则的话，就要服从上级的命令。

斯特勒与军官们注定要成为冤家，互不相容，彼此冲突，随着时间一天天过去，相互的憎恶与日俱增。斯特勒越来越遭到船员们的排斥和嘲弄，只能躲进他的日记，把愤怒和怨恨发泄在纸上。"就在最需要运用理性以便实现既定目标的时候，"他怒气冲冲地写道："海军军官们的古怪行为开始了。只要提出某个观点的人不是船员（在'圣彼得'号探险船上，斯特勒便是这样的角色，他不是船员），他们就加以嘲笑或是不加理睬。好像知道了航

119

海规则，他们就获得了所有其他的科学知识和逻辑能力。"斯特勒认为，这次远航能否成功，要靠他所做的科学观测和提出的意见，把他的话当耳旁风，说明他们都是白痴。这是在浪费他的专业知识，"在这个时候，某一天如何行动，对整个任务来说就可能具有决定性意义，做不好的话，之后耗费那么多天也将是徒劳的"。当然，事实上，两艘船并不在任何陆地的附近。但斯特勒觉得受了委屈，因为没人搭理他，而他习惯于自己的观点总是得到重视。对船员们来说，他是个爱管闲事的人，出言不逊，不切实际，自以为能在海军官兵面前指手画脚。他们可是在海上风里来雨里去的，当然知道那个方向上有没有陆地。

当斯特勒认为自己正确的时候，他不会轻易放弃。所以，在航行的大部分时间里，他不停地提出自己的意见。船员们则故意挑逗他，拿他取乐，权当是让船上的单调生活变得丰富些。斯特勒成了大家的消遣，有时他还懵然不知。有时候，船员们会故意跟他争辩，看他如何反应，只是为了好玩。一个人说，根本就没有洋流这种东西。另一个人指着一张世界地图，言之凿凿地说，他们正在大西洋，靠近加拿大的东部。一名船员则很肯定地告诉他，马尔代夫实际上是位于地中海，而不是在印度洋。斯特勒一身学究气，优越感十足，他真以为俄国人和那帮船员都是大老粗，什么也不懂。他相信那些人都是认真的，于是就大声地与他们争论。他脾气暴躁，这也许是酗酒造成的。从其他的文献中不大能看出来，但在 120

1741 年 5 月，航行开始后不久，"圣彼得"号探险船的日志就有记载，"英塞恩·拉古诺夫（Ensign Lagunov）从船上的酒柜里拿出一小桶伏特加，递给旁边的斯特勒"。

6 月 13 日，两艘船靠拢在一起，瓦克塞尔在狂风中通过"喇叭筒"向"圣保罗"号探险船上的奇里科夫挥手示意。经大家同意，白令命令这两艘船放弃寻找伽马地，转向东北，向美洲驶去，去寻找太平洋那边的岛屿，执行下达给他们的命令。在不为人知的茫茫大海中，这两艘船彼此都是对方唯一的生命依靠，一同驶向东方。但在 6 月 20 日的清晨，恶劣天气突然袭来。在这个地区常见的浓雾、黑暗和"风暴"中，两艘船相互看不见了。

对于出现这样的情况，他们之前也商量好了一个办法。所以，这两艘船就在附近转圈，要用三天的宝贵时间寻找另一艘船的身影。但无济于事，因为受到逆风和恶劣天气的影响，即使他们离得很近，也互相看不见对方。三天的时间过去后，白令和奇里科夫驾船各自出发，这也是事先约定好了的。白令命令"圣彼得"号探险船在黑暗多雾的天气中向南又航行了四天，到达北纬 45 度的地方，想检验一下斯特勒的理论对不对，看看附近是否有陆地。但这多花出去的时间算是白费了，白令颇感沮丧，命令朝东北方向驶去。不过，现在至少没人可以找他的茬，说他没有遵从指令、没有听取科学院成员的意见。现在也没人再接受斯特勒提出的观点，虽然他还在极力与他们争辩。

第三部分

美 洲

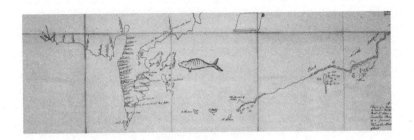

第7章　伟大的土地

天气很好。不干活的时候，大家就倚在"圣彼得"号探险船的
栏杆上，谈论他们目前所处的困境。他们航行了那么远，却没有在
任何方向上看见有陆地存在的迹象。到6月底的时候，水桶里的水
已经用完了一半，伙食供应也只能削减，因为不知道还要走多远才
能见到陆地。厨师稍微改了一下食谱，让晚餐中的浓汤喝上去味道
更重，而不是寡淡的。几个星期以来，船一直是顺风顺水，向东航
行。"除了天空和大海，我们什么也看不到，听到的就只有军官们
的感叹和一惊一乍，他们说，我们怎么会错得如此离谱，竟然相信
堪察加与美洲之间就只隔了一条狭窄的海峡。"白令大部分时间都
躺在住舱里，得了一种体力不支的怪病。军官们开始接管这艘
船，遇事不与他商议，作了决定也不告诉他。副指挥官瓦克塞尔和
海上委员会实际上掌握了权力。在斯特勒描述这次航行的日记
中，白令很少出现。"甚至在这么早的时候就开始执行另一个方
案，"斯特勒回忆道："也就是说，除了他们认为合适的，不会让上
校指挥官知道更多的事，他总是待在住舱里。""圣彼得"号探险船
一直朝东北方向航行。近一个月以来，海上的漂泊让人感到沉
闷，不知路在何方。虽说眼前并没有什么威胁，但对周遭一无所知

的焦虑却折磨着他们。他们没有看到任何值得注意的东西，也只能听到船在前行时劈波斩浪的嗖嗖声，以及风拂过船帆的声音。

就像每天的吃喝拉撒一样，内部冲突也频频上演。七十七个人挤在一艘面积只有两千零七十平方英尺的木船上，本来就没有多少隐私可言。而斯特勒总是位于争吵的中心。他继续指责军官们，说他们是傻瓜，因为他们不听他的意见，没有让船朝着他指明的方向航行。尽管与军官们经常意见不合，对于自己受到轻视和自己的意见没人理睬或被嘲弄，他的憎恶也是明显的，但斯特勒并没觉得，自己是船上人际关系问题的根源。与此同时，俄国船员们不停地侮辱和嘲笑他，说他吹毛求疵，也看不惯他身上那种外国人的傲慢举止。斯特勒写道：

> 长久以来，正是由于军官们的厚颜无耻和极其粗鄙的怠慢，才使得我和其他人一言不发。他们态度粗暴，轻蔑地拒绝所有理由充分且非常及时的劝告和意见，他们以为，他们面对的仍是那些把物资从雅库茨克运到鄂霍次克的哥萨克人和可怜的流放犯，那些人只能表示服从，保持沉默，不敢回嘴。无论我们发现了什么，想要讨论一下，也是为了大家的共同利益和公共利益，他们的态度都是一贯的，总是说："你不懂，你没出过海，你也不是海上委员会的成员！"

在他的日记中，如果军官们无视他的尊贵地位，或是有人没向他表示他认为应得到的尊重，他都会怒不可遏。军官们知道怎

126

么对付西伯利亚的无知暴徒，却不知道该怎么与像他这样有文化的人相处。他们"完全忘了自己是什么东西，习惯使然，陷入了自以为永远正确的错觉中，如果有人说出了他们一无所知的东西，他们就觉得受到了侮辱"。

首先来说，6月初的时候，斯特勒就确信，南边有陆地，而他们已经错过了。现在是7月初，他又确信，北边有陆地，只要穿过大洋，再走一点就到了。他发现海水中有色彩斑驳的海藻，于是向军官们保证，附近就有陆地，最有可能是在北边。但他们还是嘲笑他，仍继续朝东北方向航行。他很生气。斯特勒列举了他的证据，全都是书本上关于动植物的知识，而不是来自于直接的经验。在堪察加半岛，海上常见有一大丛的"芦苇草"，说明陆地就在附近，这绝对正确，因为如果船在海上走出去很远的话，这东西就四散开来了。他还提出，如果洋流很强劲，就说明附近有海岸。陆地附近经常"有成群的海鸥，特别是在6月，它们总在近海出现，因为那时鱼儿会游向陆地，大批鱼儿从海中溯流而上，进入内河，从而为海鸥提供了最丰富的食物供应"。斯特勒发现，经常有鸟儿飞向北边或西北边。斯特勒还看见了"红白色的刺水母"，他肯定地说，这东西从未在距离岸边超过十五或二十英里的地方见到过。他偶尔还在海藻丛中发现有海獭，他称它们为海狸，但没有其他人看见过。他认为，他们该知道如何确定这艘船与阿拉斯加的位置关系，因为可以肯定的是，海獭几乎不可能在海上走出去很远。

　　尽管斯特勒在日记中向读者保证，"附近是有陆地的，这些无可争辩的迹象"以"理性、非常尊敬和耐心"的方式报告给了俄国军官们和病中的丹麦指挥官，他也建议他们"改变航向，往北走，以便早日登上陆地"，但他们叹了口气，就是不理睬他。也许白令本人还后悔呢，当初何必一时冲动邀请斯特勒加入这次航行。他告诉斯特勒，他认为他的建议是"荒谬的"，"有失身份"，而且，老是听他叨叨，也很"烦人"，还说，"在大洋中有很多地方，整个海中都长满了海藻"。斯特勒惊得目瞪口呆，没想到他这个合情合理的结论，认为陆地"必然"就在附近，竟然被指挥官毫不客气地质疑和驳回。"我还能说什么呢?"他写道。就像其他很多次一样，这一次，斯特勒也是错的。虽然他在日记中非常详细地阐述了他的推论，有些也是合乎逻辑的，但是，这个时候如果直接转向北方，而不是继续朝东北方向航行，将会使他们误入歧途，导致去美洲或是阿留申群岛的路程变得更长。

　　尽管他提出的建议不靠谱，但斯特勒也有灵光乍现的时候。他有不祥的预感，日渐增多。他把它们写了下来，虽然语气刻薄，却看得很准:

　　　　我在这儿第一次感到了悲哀，看到了什么叫竹篮打水一场空，往往是最伟大和最有益的事业，虽说给了所有的关照，投入了巨额的费用，也动用了所有可能的资源，但就公共利益而言，到了最后，可能所获甚微，远远达不到原先计划中的期望；而从另一方面来看，即使是最微不足道的起步，只要相互之间真诚合作，心中没有任何利己主义的目标和企图，也有可能获得巨大成就，正所谓事半功倍。

到 7 月中旬的时候，他们已经在海上航行了将近六周的时间。虽然船走得很顺，而且风和日丽，似乎一切都挺好，但他们的水和食品却越来越少了。这么长的时间见不到陆地，船上普遍感到焦虑。还要走多远才能见到陆地？如果要在海上没完没了地走下去，直到把水和食物都耗尽，或是得了坏血病，然后悲惨地死去，那可怎么办？他们肯定也读过太平洋上其他著名航海家的故事，比如费迪南德·麦哲伦（Ferdinand Magellan）。他们对世界地理了如指掌，知道大海并不是没有尽头的，但他们心里却开始担心，在异国他乡，离家如此遥远，对这儿的海岸也一无所知，不知会遇到什么可怕的事情。海上委员会在大舱室里开会，大家同意，如果到 7 月 20 日他们还看不到陆地，船就得掉头，放弃整个航行，回到阿瓦查湾。

7 月 15 日，天气晴好，万里无云，一阵微风推着船向前行进。到了晚上，东边出现了云彩，斯特勒正在甲板上溜达，他的眼睛紧盯着前方变得越来越昏暗的一层雾气。他眯着眼睛，透过这层旋涡状的薄雾，看见了一条几乎难以辨认的轮廓，便喊道"陆地"，然后冲向栏杆。整个船上都兴奋起来，其他人也冲向栏杆，为了看得更清楚，还有人顺着缆绳往高处爬。但由于他前面的古怪行为，他也无法让别人相信他确实看见了陆地。"因为我是第

128

一个宣布的人，"他怒气冲冲地说："也因为确实不那么清楚，所以没法画出来，他们认为，这是我的一个怪癖。"第二天，7月16日，虽然下着毛毛雨，但在东边确实看见了陆地。这是他第三次宣称陆地就在附近，也是唯一一次真正被确认了的。瓦克塞尔的记录显示，他们进行了观测并计算出"圣彼得"号探险船位于北纬58度38分的位置，经度在阿瓦查湾以东50度的地方。虽然他们已经可以看见阿拉斯加，但还需要航行三到四天才能到达。

斯特勒私下里洋洋得意地说，他一直都是对的。如果他们早听他的话，就不至于在"离开阿瓦查湾六周后才看见陆地，我们有可能在三四天内就看到了"。

129

根据船上的日志，在美洲看到的第一个清晰景象是一个个巨大的尖顶，被白雪覆盖，笼罩在雾气中，"在它们中间，还有一座很高的火山"。"火山"高耸入云，周围是一大片较低的山峰。探险船约在一百海里外，目光所及，但见这些山峰与海岸相连。透过薄雾，还可以看到无边无尽的绿色森林。这一天是圣埃利亚斯节，他们以此来命名这些山峰。① 斯特勒发现，这些山峰"如此

---

① 圣埃利亚斯山位于今天美国阿拉斯加州与加拿大育空地区的交界处，是美国和加拿大境内最高的山脉之一，海拔18 008英尺（5489米）。今天，这座巨大的山峰是加拿大克鲁恩国家公园和美国兰格尔—圣伊莱亚斯国家公园暨保护区的一部分。它有时被亚库塔特的特里吉特人称为"夏特莱恩"，或"大山"，它还有一个不那么实用的名称，叫作边界峰186。一些历史学家认为，这座山峰不是由白令和他的军官们命名的，这个名字是后来在18世纪时增补出来的，是以皮艇岛上的圣埃利亚斯海角命名的，只不过那个地方不太为人所知。

之高，我们在海上距离十六英里的地方也可以看得相当清楚……
我想不起来在西伯利亚和堪察加的任何地方有比它们更高的山
峰"。瓦克塞尔实事求是地证实了这一点，"这块土地由高耸入云
的巨大山脉组成，山上被白雪覆盖"。

　　所有的军官和船员都欢呼起来，相互祝贺，因为他们发现了
新大陆，这是伟大的成就。他们激动地互相拍背，遥想着荣誉和
名声，热烈讨论着回到圣彼得堡之后将有怎样的奖赏。不过，白
令却并不是一副兴高采烈的样子，他被外面的动静惊醒了一会
儿，就从住舱里走了出来。他在甲板上踱着步，四下张望，听见
远处隐约传来碎浪拍打海岸的声音。他耸了耸肩，回到了住舱内。
后来，他忧郁但颇有预见性地说道："我们认为，我们现在已经功
成名就，很多人都得意忘形，但他们不想想，我们见到陆地的地
方是哪儿，我们离家有多远，可能会发生什么。谁知道呢，也许130
会刮起信风，让我们回不了家。我们不了解这个地方，也没有过
冬的物资。"对白令来说，虽然这好像是事业的顶点，是大北方探
险的巅峰，也是彼得大帝那一代人的梦想终于成真，但他却看到
了更多的问题。此刻他高兴不起来。他带着这些人跨过了半个地
球，想要发现新的土地，为俄罗斯帝国开疆拓土。但是，他怎么
才能把他们全部带回家？他还得想着奇里科夫和"圣保罗"号探
险船怎么样了，至今仍不见他们的踪影。他们的船是不是沉没了？
船上的人是不是都淹死了？或者，他们现在也在这条海岸线上的

某个地方，急需帮助？

美洲，阿拉斯加，伟大的土地，传说中的伟大土地，对船上不同的人来说，意味着不同的东西。对斯特勒来说，地平线上圣埃利亚斯山的轮廓意味着梦想的实现，可以给他一个激动人心的机会，作为一个博物学家垂名青史。他将是第一位造访一个新大陆的博物学家，将描述这儿的动植物，向世人揭示和展现一个新大陆的科学财富。他想象着深入到内陆地区，采集大量的外来标本，找到宝贵的矿产资源，这将使圣彼得堡的科学院和政府对他赞不绝口。另一方面，对白令和其他的一些人来说，未知的海岸就意味着危险，要极为小心地避开或是靠近。这个地方是不是住着怀有敌意的人？航行条件有没有危险？是不是有看不见的暗礁或浅滩？白令、瓦克塞尔和其他军官们很担心海上那些数不胜数的危险，将导致船只损坏或沉没，必须加以小心。斯特勒则兴奋而急切，恨不得马上划到岸边，去探索新大陆。他将发现什么样的新动物和新植物？又怎么来命名它们呢？

整整三天的时间，由于风向相反，又下着细雨，天色阴沉，刮着阵风，还起了雾，使得探险船无法到达岸边。他们来回戗风行驶，试图靠近。他们测了一下水深，仍然探不到海底。斯特勒兴奋不已，期待着探索新大陆的机会。他告诉军官们，根据他对水中洋流的观测，船可以在某处找到安全下锚的地方。军官们则毫不客气地将他驳回（他以前来过这儿吗？来过，你确

131

定?），他嗤之以鼻地说道："面临不确定的情况，要采取行动的话，最好是依据哪怕最细微的迹象，而不是没有任何理由地蛮干，听凭运气。"斯特勒非常自信，他没想过要尊重不同的意见，特别是对待那些海军军官们，他们有一套自己的指挥体系。在这个例子中，和许多其他的例子一样，他的判断是错的。洋流并不能用来作为证据，说明这里是一个平静的河口。实际上，就在附近的萨克林海角和一个非常靠近大陆的岛屿之间，有一股湍急的洋流涌动，他们本来还打算在这个岛屿附近停泊。白令非常小心，命令探险船夜里不要靠近这个岛屿的海岸，以防有暴风雨袭来。

经过一个晚上来回戗风行驶，到第二天早上，探险船又一次靠近了这个岛屿。他们用了一天的时间查看这个岛屿的西海岸，发现了一些危险的礁石，白令再次下令探险船绕开这个岛屿。于是他们又花了一个晚上来回戗风行驶。第二天早上，也就是7月20日，军官们在如今被称为皮艇岛的背风处选了一个有点像开敞锚地的地方，离大陆不远。他们看见"美丽的森林绵延到海边，而且从海岸边到山脚下，有一大块平地，海滩也是平坦的，就我们所见，是沙滩"。西托罗夫上尉报告说，这个岛屿"屹立海中，就像一根石柱。在它附近有个暗礁，退潮时有可能看得见"。"圣彼得"号探险船下了锚，海底是一些蓝灰色的泥土，然后开始放下小艇，想要到近前查看。斯特勒紧盯着这块新大陆，心想，要是他能下船就好了，就可以踩着沙粒，沿着海滩一路探寻。

到现在，水桶已经空了三分之二，因此，当务之急是获取更多的淡水。白令命令西托罗夫带领十五名船员驾驶大艇前往附近的一个小岛，如今被称为温厄姆岛。他的任务是寻找一个不那么像开敞锚地的地方，还有一个可以砍伐大树获取木材的地方。西托罗夫这一趟出去的时间很短暂，很快就回到"圣彼得"号探险船上复命。白令不愿意冒险。他们已经失去了"圣保罗"号探险船，如果再有一次误算，大家就全得完蛋。但下达给他的指令要求他为将来穿过太平洋的探险队找到一处安全港湾，所以，他一如既往地要奉旨行事。

当西托罗夫前去温厄姆岛调查时，另外一艘较小的登陆艇，被称为船载小艇，将往西去，直奔皮艇岛的中部，看看那儿有没有小溪流可以获取淡水。没有人告诉斯特勒这些事，他只能眼睁睁地看着登陆艇被放下，准备出发。最后，他走过甲板，来到白令跟前，问他应该参加哪一次的登陆行动。白令告诉他，这太危险了，他不能上岸，只有去找水的船员可以上岸，他们要去找淡水，灌满空桶。斯特勒愣住了，一时无话可说。白令觉得，斯特勒想要去陆地上采集一堆动植物是浪费时间，难道在下一次的航行中，他们就不来这里吗？他自有他的道理。白令认为，他们有限的时间应该用来研究这个海岸的地理状况，也许应绘制一些地图，确定条件良好的港湾，确保下一次航行更安全。当然，也是要巩固俄国对这块大陆的政治主张。然后，他们将回到堪察加半岛。因为考察季节已经过去了，他不想被困在这个遥远且危险的海岸边，而且物资短缺。白令还担心风向，"圣彼得"号探险船并不在一个安全的港湾里，如果天气突然变化，他可以很快叫回两艘登陆艇上的船员。但是，如果斯特勒和他的助手深入内陆某个地方，无法回到船上，他该怎么办？

斯特勒原本遥想着自己胜利返回圣彼得堡，是一个见证了新世界奇迹的人。震惊过后，他回过神来，用挖苦的语气写下了他的惊讶，说他们大老远地跑过来就只是"为了把美洲的水带回到亚洲去"。西托罗夫和瓦克塞尔都认为，斯特勒应该与他们中的一个上岸去。但白令坚持己见，还想拿"可怕的谋杀故事"来吓唬斯特勒。斯特勒反应激烈（注：后面的言语反映了他生活在 18世纪的偏见），说他"从来没有这般的女人气，害怕危险"，在这个历史性的时刻上岸，成为第一个在美洲西北部海岸登陆的欧洲人，是"我的主要工作，我的使命，也是我的责任"。西托罗夫和他的船员们乘大艇离开了，斯特勒只能眼睁睁地看着他们划桨向北而去。

他再次恳求白令，然后就威胁说，要向海军部、科学院和元老院报告白令的行为，"该怎么说就怎么说"。"圣彼得"号探险船本来就不大，毫无疑问，有很多人听到了这句话。白令说他是一个"野人"，然后斯特勒就"不再客气，做了一个特别的祈祷"，并指出，研究动植物是他参加这次远航的具体目的。斯特勒所谓"特别的祈祷"听上去像是某种诅咒，但实际上可能只是两个路德宗教徒之间常见的一种祈求，因为它显然产生了希冀的结果。"指挥官马上就平息了怒气"，而不是大发脾气，把斯特勒关进禁闭室。白令勉强准许斯特勒与瓦克塞尔带领的船员乘坐小艇一起上岸，去寻找淡水，但除了自己的佣人，他不能带任何助手。他的佣人是个哥萨克人，名叫托马斯·列皮奥欣（Thomas Lepe-khin）。上午九点，斯特勒和列皮奥欣从"圣彼得"号探险船上爬下来，坐上了小艇，与几个空水桶挤在一起。白令命令两名号兵来到栏杆边上，吹奏响亮的礼乐，就好像斯特勒是一位海军高官。这肯定是在嘲弄他，但斯特勒感觉良好，安之若素，还挥手致意。他现在相信，白令只能做出让步，准许他上岸，这样的话，白令才可以交差，说他遵从了给这支探险队下达的官方命令，派了一位科学院的代表上岸，去记录这块陆地上的矿物潜力。也许，斯特勒正在不无嘲讽地暗暗思忖，他和船员们"将会发现有水的地方"，而西托罗夫带领的另一支登陆小队不过就是"出去吹吹牛罢了"。这是一个晴朗的日子，阳光闪耀，天上飘着朵朵白云，东风吹拂，清爽宜人。

船员们在岛上找到了一条小溪（这条小溪现在被称为斯特勒小溪），开始舀淡水，装在水桶里。斯特勒意识到，他的时间将是

"有限的，宝贵的"。于是，他快速穿过沙滩，冒险进入该岛的腹地，里边是一片茂密的森林，列皮奥欣则紧随其后。他偶尔弯下腰，挖出那些看起来不同寻常的植物。很快，他就发现了"有人类活动"的迹象。在一棵高大的阿拉斯加云杉树下，他发现了一个独木舟，是把一根原木凿空后制成的，看起来像个水槽。独木舟里还有闷燃着的煤块。斯特勒注意到，这些人"因为没有罐子和其他器皿，就用烧得通红的石头把肉块烫熟"。他看到了烧焦的骨头，"有些骨头上有少量的肉"黏附在上面，这些骨头扔在了"用餐者坐着"的营地周围。这些不是海洋哺乳动物的骨头，斯特勒推测，应是驯鹿的骨头，但没有迹象显示岛上有驯鹿，因此，这些骨头肯定是从大陆上带过来的。他还发现了大块的干鱼，在堪察加，这种鱼常被用来"作为吃面包的佐餐菜，顿顿如此"。还有几个"非常大"的扇贝，有八英寸宽。他还发现了一个生火的工具，和用来引火的苔藓，看起来与堪察加人用的很相似。当他们沿着森林小径俯身前行时，看见了几棵被砍倒的树。两人注意到，这些树是用石头或骨头做的斧子劈了很多次才砍下来的，"类似于德国人过去使用的、现在被称为'霹雳'的工具"。其他的树被剥去了树皮，人可以够得着的地方都被剥掉了，树皮可能是用来盖房子、做帽子和编织篮子。现代人种学家将斯特勒观察到的营地和工具风格与威廉王子湾周边楚加奇山的一个夏季营地联系在一起。这儿生长的树木真是令人惊讶，高度

135　超过了一百英尺，可轻易让造船业维持"几个世纪"，斯特勒这么写道，这也是他典型的夸张手法。

　　两人在潮湿昏暗的森林里沿着一条小径继续前行。其他迹象表明，最近有人从这条小径上走过。他们来到"一个地方，这个地方用割下来的草盖住了"，斯特勒小心翼翼地扒开了上面的草，露出了一个凹坑，坑底铺了树皮，树皮上堆了一层石头。虽说他热切盼望遇见"人类和房屋"，但还是感到紧张，因为他只带了一把小刀防身，列皮奥欣则带了一支枪和一把刀。他推测，这是一个地窖或密室，大约有十四英尺长，二十一英尺宽，十四英尺深，里面藏有工具、餐具、一种"可以蒸馏出酒水"的香草，还有干草——就是在堪察加用来编织渔网的那种。有几个用树皮做的容器，里边存放了熏制的鲑鱼、用海藻做的绳带和一捆长箭。这是一个特意隐藏的密室，用来储存过冬的食品。斯特勒把每一样东西都采了小样本，然后吩咐列皮奥欣回到船那边去，让上岸的人务必警惕。他独自一人继续穿过"又密又黑的森林"，研究和调查"自然王国三大类的显著特征"。他好不容易爬上了附近一个长满了云杉树的山峰，极目远眺，看见远处的大陆上有营地，还冒着烟。大陆上的营地中很可能住着不同部落的人，比如，来自内陆的埃雅克人，他们沿铜河分布，或是来自东边亚库塔特湾的特里吉特人。时间允许的话，斯特勒可以接触到几种不同文化背景的人，但他必须返回了。他"再次悲哀地审视一下，看看是什么阻碍了我的调查，那些掌控了如此重要事情的人，对他们的所作所为真是感到遗憾"。

虽然斯特勒心急火燎，想探查冒烟的地方，看看烧火的是些什么人，但他的时间有限，他只好带着一大堆的植物先跑回海滩。船已在附近的海边下锚，他让下一批带水桶过来取淡水的人给船上捎去一张纸条，请求白令允许派出小艇和几个人进一步调查这个岛的远端。据他估计，这个岛长约十三英里，宽仅两英里，还可以收集更多的标本。"已经累得要命，"他写道："但我没停歇，我对海滩上那些稀有植物做了记录，我担心它们可能会枯萎，我也很高兴能够测试一下可以用来泡茶的优质淡水。"

在等待船上答复的时候，斯特勒听到了鸟叫，响亮刺耳，但他不认识这是什么鸟，他在地上看到了不熟悉的脚印，还发现他周围的植物在亚洲或欧洲都没见过。特别是那些鸟，看上去"很陌生，不认识……它们的颜色特别鲜艳，很容易就能分辨出来，与欧洲和西伯利亚的种类不同"。眼前五彩缤纷的自然美景让他惊叹，他渴望看到新大陆上更多的东西。"过了一个小时左右，"他语带挖苦地写道："我等到了答复，真是爱国啊，还很客气，说我应该尽快上船，否则他们就把我扔在岸上，不等我了。"斯特勒一直是个有点运气就要用到极致的人，队长的威胁阻止不了他去追求目标。他估算了一下，把剩下的水桶装满水需要多少时间，然后就出发了。"因为现在没时间跟他们理论了，"他评述道（虽然回到船上后他就没完没了地跟他们理论）："在我们离开这个地方之前，时间也就刚够用来尽可能多地凑齐标本。天快要黑了，我派我的哥萨克助手去抓几只我发现的稀有鸟类，而我再次出发，去西边看看。太阳快下山时我才回来。我的成果是，有了各种发现，采集了各种标本。"

斯特勒在岛上久久不肯离去，花费了很长时间。小艇仍在等着他。他急忙回到船上，担心大家又要责怪他。出乎意料的是，有人递给他一杯热巧克力。在那个时候，这是一种极特殊的待遇。对他来说，可能也没有比这更奇特的饮料了。因为可可原产于美洲的某个地方，很可能是在更南边的墨西哥，然后运过大西洋，可能是先到西班牙，再到阿姆斯特丹和圣彼得堡。最后，通过陆路运到莫斯科，并横跨位于亚洲的西伯利亚，运上了"圣彼得"号探险船，再穿过太平洋，又回到了美洲。现在，作为第一批踏上阿拉斯加的欧洲人当中的一个，斯特勒喝下它。这些巧克力甚至比船上的人走得还远，几乎是绕地球一圈。

斯特勒回船后不到一个小时，西托罗夫和他那支十五人的登岸队伍也回到了"圣彼得"号探险船上。他报告了好消息，他的确在温厄姆岛的东侧发现了一个优良的避风港。温厄姆岛约有一英里长，半英里宽。"从北面和东面之间过去的话，海峡的水深依次递减，分别为 25、22、18、10、7、6、4 和 3.5 英寻，船是可以下锚的。"海底是"沙地，还有些黏土，这个岛可以挡住很

137

多风"。他们在这个面积较小的岛上巡查了一番，发现了一个夏季棚屋，是用粗制的木板建造的。棚屋里有工具和家用器具，包括一个样式上与众不同的木篮、一把铲子和一块上面沾有铜粉的小石头。西托罗夫认为，那块石头可能是一块磨石，用来打制铜器。他们没见到有什么人，但各种迹象表明，就在探险队到来之前，有人在这儿活动。西托罗夫推断，这儿的人就像那些皮艇岛上的人一样，"看见我们来了，就逃跑了，或躲起来了，或者他们是在大陆上居住，夏天才到岛上来捕鱼和捕捞其他海洋生物"。这个结论倒也在情理之中，毕竟这个岛的面积这么小，在这么小的地方要躲过十五个人而不被发现也很困难。不过，对白令来说，好消息是，西托罗夫不仅发现了这个避风港，还差不多给绘制出来了，他接受了诸多命令，这是其中的一项具体要求，现在算是完成了。

白令命令一些队员乘坐小艇再次上岸，跑最后一趟，带水桶过去灌满水，并留下了一些礼物。根据瓦克塞尔的记述，"都放在棚屋里，留给土著人"。留下的礼物包括一些布匹或皮革、两个铁壶、两把刀、二十颗大玻璃珠、两根铁制的烟管和一大包烟叶。 138
这么做是为了给土著人留下一个好印象，表示他们这些长着大胡子的陌生人很友好，后面再来造访时，就以此为基础，与土著人建立良好关系。瓦克塞尔宣称，他们从营地拿回来的熏鱼"味道非常棒"，他很高兴做这样的交换。斯特勒却不以为然，但也没有完全想清楚这事。他描述了那个营地在什么位置之后，队上又派人过去，弄了一些东西回来。"如果我们再次来到这个地方，土著人肯定会跑得更快，或者，他们会表现出敌意，因为他们遭到了我们的掠夺，特别是，如果他们吃下或喝下烟草……他们应该会断定，我们企图要毒死他们！"斯特勒要么只是为了反对而反对，要么就是执念甚深，因为他目睹了堪察加的土著居民遭受到虐待。但是，如果依据欧洲人与偏远地区的土著人早期接触的经验，铁制品如铁壶和小刀之类的礼物都被视为极其宝贵，令人念念不忘。

在营地附近探寻时，斯特勒有个感觉，好像有人在背后看着他，让他隐隐约约感到不安。半个世纪之后，他的怀疑以一种意想不到的方式得到了证实。1790年，作为约瑟夫·比林斯探险队的组成部分，由加夫里尔·萨里切夫（Gavril Sarychev）指挥的另一艘俄国探险船遇见了一个"非常和蔼也很聪明的"埃雅克人，他通过一名翻译向他们讲述了一个童年时代的故事。当时他还是个孩子，他记得在夏天时，有一艘船来到了皮艇岛，当时，他的家人在大陆那边渔猎以后也经常来到岛上。"那艘船派了一艘小艇过来登岸，我们都逃走了。那艘船离开后，我们回到我们的棚屋，在地下的储藏室里发现了玻璃珠、烟叶、一个铁壶和其他的东西。"

带着水桶过去，跑完最后一趟，灌满了水，将在岛上经历的事情跟大家做了分享，热巧克力也品尝了，然后一切照旧。斯特勒没有因为迟归而立即受到责怪，他写道，他"让大家都知道，我想了解各种各样的事物"。但可能是方式上的问题，弄得大家更加讨厌他的自以为是。当他听说，他们把这个岛的南端称作埃利亚斯海角并在海图上如此标注，他抱怨道，"军官们决定在海图上标注一个海角"，而他已经"清楚地告诉他们，一个岛屿是不能被称为海角的"。他甚至冒昧地要教导他们，告诉他们说，确定一个海角必须要依托大陆，"俄语单词 nos（鼻子）表达的意思也是一样的，就目前这个例子来说，岛屿代表不了什么，不过就是一个与躯体分离的头颅，或是一个单独分离出来的鼻子"。没有人喜欢这样的书呆子。他也几乎能听到别人因为恼怒和厌烦而叹气。看到别人不理不睬的样子，他觉得他们心怀恶念。

第二天早上，也就是 7 月 21 日，白令出人意料地来到甲板上，"与他之前的行事风格大有不同"。在没有与任何人商量的情况下，他命令探险船起锚，沿海岸线向北航行。瓦克塞尔来到白令跟前，想要劝说他至少再等几个小时，最后去一趟岛上，给剩下的那二十个水桶灌满水。但白令拒绝了，他声称，"快到 8 月了，而我们对这儿的陆地、风向和海洋一无所知，今年已经有了发现，我们应该满足了"。瓦克塞尔和西托罗夫不喜欢这个命令，特别是在还没有加满淡水的情况下就离开，但他们没有要求海上委员会做进一步的商议，而是顺从了白令的意愿，至少是部分地顺从。他们没有穿过已知的水域返航回家，瓦克塞尔写道，"我们想要顺着陆地延伸的方向前行"。白令的忧虑并非没有理由，船上的物资只够用一个季节，对风力和洋流也一无所知，这是一种折磨人的恐惧。实际上，他们处于危险和不确定的境地。他们花了七周的时间穿过大洋来到这里，白令不得不假定，他们还得花七周或更长的时间才能回去。白令一直在根据日志的记录来确定当地的风向模式。他得出的结论是，在夏季的大部分时间里，与相反的方向比较而言，有两倍的可能性是盛行东北风或东风。如果这个模式成立，在他看来，就像其他的季风型天气系统那样，这可能意味着，随着季节的变化，风向可能会逆转。如果是这样的话，这艘船将在三分之二的时间里顶风而行，也就是从相反方向吹来的西南风。风向将对他们不利。如果情况是这样的话，朝西北方向航行时，他们只有三周的时间可以用来探索阿拉斯加的海岸。

船在午前撤离了这两个小岛。斯特勒摆出哲人的样子，陷入了沉思，"我们不去想办法登上大陆的唯一原因是懒惰和顽固，以及一点点恐惧，害怕遭到少数几个野蛮人的攻击，而实际上，他们手无寸铁且更加胆小，其实也无从判断碰见他们是收获友情还是面对敌意。还有一个原因就是胆小鬼们老爱说的想家，这些家伙可能以为，拿想家当借口就可以被原谅……在这儿用于调查的时间与准备这次探险所用的时间可以用数学上的比例来算一算：为了准备这项伟大的事业，花费了十年的时间，而用于工作本身的时间呢，只有十个小时"。看着这块大陆在眼前漂过，他只能想象那些尚未发现的有趣事物。他对他们的所作所为不满意，鄙视白令和其他俄国军官作出的决定。在他的想象中，这些人都是胆小鬼。（如果白令知道奇里科夫差不多同一时间在同一条海岸更南和更东边的地方经历了什么，他躲避风险的意识会更甚。）

　　船离开皮艇岛，向西航行，然后转到差不多西北方向。天气很糟糕，有雾有风，偶尔还刮起狂风，虽然短暂，但很凶猛。航海日志中有一个典型条目是这么写的："暴风雨，狂风，大雨。"沿这条海岸线分布着一些岛屿，岛上森林茂密，如霍金斯岛、欣钦布鲁克岛和莫达哥岛，这些岛屿之间的水道不易被发现，因此，他们没能对当地的地理状况有一个清晰的了解。如果在一个更温暖的季节，时间更多一些，天气更好一些，能见度提升了，就可能看见威廉王子湾里的冰川峡湾、铜河三角洲地区和许多的土著人村庄。他们越往前走，海况就越发恶劣，因为"暴风雨持续不断，天天下雨"。但这块大陆并没有像他们以为的那样向北延伸，而是向西拐弯，探险船只好不停地调整角度，以躲避海岸线上那些未知的危险。

　　"圣彼得"号探险船朝着西北方向驶去，斯特勒也有时间来

141

思考一下堪察加与阿拉斯加的差异。他写道："就气候条件来说，美洲大陆的（这一边）明显要好于亚洲最靠东北的部分。"虽然这里的山脉"突兀险峻"，山顶上的积雪终年不化，但与堪察加的山脉比起来，它们具有"更好的性质和特征"。18世纪的科学家都拥有好奇心和广泛的兴趣，斯特勒推测，堪察加的山脉"完全断裂开来了，很早以前就没有连绵在一起，这样的话，矿物气体就容易跑掉，无法凝聚，山体内部的所有热量都留不住，因此也就无法产生贵金属。另一方面，美洲的山脉却绵延千里，表面不是像堪察加的山脉那样，只长了些苔藓，岩石裸露，这里到处都是肥沃的黑土，因此就不是……贫瘠的，石头缝中也能长出树来，虽然矮小，但漫山遍野，与最高大的树木一起，覆盖了最高的山峰"。斯特勒相信这个理论的正确性（我们现在知道，这个理论是可笑的），即与亚洲相同纬度地区的植被生长相比较，阿拉斯加这些山脉的内部热量让当地的植被长得更高大，数量更多。斯特勒兴致勃勃地向别人阐述并分享他的理论，他们对此却毫无兴趣。在对自然界没有任何准确认识的情况下，粗略的和不成体系的推测也算是科学探究的出发点。

142　　看着岸上茂密的森林和起伏的山峦慢慢地向后倒退，斯特勒拿出他采集到的标本——至少是白令允许他带上船的那些标本——进行研究并记录他的发现。他已经熟悉了皮艇岛上的许多植物，因为它们与在堪察加半岛上发现的那些品种相似，包括蓝莓、红莓和云莓。不过，他最宝贵的发现之一是一种外观像树莓的植物，个头挺大，在他探寻过的区域内大量生长着。这是树莓的一个新品种，现在被称为美莓，只是"还没有熟透"。他小心翼翼地挖了几棵植物，因为他觉得，他应该被允许带一些活的标本到船上，供回程时研究。"考虑到它们的大小、形状和美味"，可以养在甲板上的花盆里。但是不行，标本都死了，他不得不安抚自己，接受这个现实。他写下了另一番挖苦队友的话，"这不是我的错，他们都舍不得给这些植物留出点地方，说是因为我自己已经占用了太多的地方，还总是不满意"。

斯特勒注意到了十种不同的、"陌生和不知名"的鸟类。对他来说，其中只有喜鹊和乌鸦是熟悉的。斯特勒的助手列皮奥欣打下了一只令他特别兴奋的鸟。这是看起来像冠蓝鸦的一种鸟。斯特勒记得，他曾在圣彼得堡科学院的图书馆里仔细阅读过一本关于卡罗来纳有哪些鸟类的书。他的脑海里有"一幅跟它很像的画，栩栩如生"，是一位博物学家画的，名字想不起来了［这本书是英国博物学家马克·卡特斯比（Mark Catesby）所著《卡罗来纳、佛罗里达和巴哈马群岛博物志》］。斯特勒打下的这只色彩鲜艳的鸟，与生长在东部地区的冠蓝鸦是表亲关系，区别在于，它的头上有一簇黑色羽毛，后来这种鸟被命名为暗冠蓝鸦，直译为"斯特勒蓝鸦"，以纪念其首次在科学史上被发现并被记录。斯特勒写道："单单这只鸟就可以向我证明，我们真的是在美洲。"

对于自己没能发现矿物，斯特勒也花了不少时间来辩解，毕竟这支探险队肩负的使命中有一个关键和重要的目标，就是要找到矿藏。他满怀希望地写道，他在圣彼得堡的上级"很容易就能看出来，我没有发现任何矿物，不是因为我粗心大意或者懒惰。我可以坦白承认，除了沙地和灰岩，我什么也没看到。众所周知，在靠近海滩的地方，除了白铁矿和硫化铁矿，大自然既不可能也不适合产生任何东西"。每个为俄国服务的人现在都急于遵照下达给他们的指令去做事，如果出现偏离这些指令的情况，哪怕是轻微的，也要为自己辩护。就像白令那样，一条一条地核对下达给他的命令是否都做到了，而对做任何其他的事情毫无热情。斯特勒也确信，虽然他未经官方批准，而是仅凭白令一句话就参加了这次航行，他仍可以证明，自己的行为和理由都是站得住脚的。他们都有点害怕因为不够勤奋或过于自作主张而遭人诟病。

7月25日，"上校指挥官与军官们商量了一下，大家同意，在这种雾蒙蒙的天气中，应使用指南针调整航向，转到西南方向，向着堪察加返航。但是，当天气放晴后，风也小了，船还是向西北航行，以便探查美洲海岸"。瓦克塞尔和西托罗夫想要多花些时间探查阿拉斯加的海岸，虽然白令想要立即返航，但被他们拒绝了，白令已不再能完全控制这艘船的航行安排。一旦天气晴朗，这艘船就会靠岸更近些，再次沿着海岸线行进，这条路线走起来更慢，但更有趣。

有一段时间，船上的能见度很差，他们基本上是在摸黑前行，无论从哪个方向都看不到陆地。海上波涛汹涌，测了一下水深，却又发现是在浅水区域。瓦克塞尔写道："我们想尽一切办法要离开这个地方，但无论朝哪个方向走，我们发现，都还在浅水区域中。我不知道最好的办法是什么。我决定朝着正南方向航行。走了一阵子，水深还是没有变化。不过，幸运的是，我们最终到达了深水区。"7月26日早上，雾气散去，他们发现了一块"高地"，在船的北边，大概有二十英里或三十英里远。这可能是科迪亚克岛或是它附近的锡特卡利达克岛。但暴风雨很快又来临了。"圣彼得"号探险船在"绵绵细雨"的裹挟中穿行于雾水之间。到29日的时候，"因狂风大作而顶风停船"。7月30日，恶劣天气开始好转。到31日，风向发生了变化，他们也转向北行，再次靠近大陆。海面上偶尔会起雾。

8月2日，午夜刚过，天色晴朗，皓月当空，甲板上的若干双眼睛齐刷刷地看着一个"树木繁茂"的大岛。在雾气笼罩之下，它隐约可见，仿佛是一个可怕的幽灵。白令称它为圣史蒂芬岛，以基督教会首位殉道者的名字命名，因为前一天正好是圣史蒂芬日。但瓦克塞尔和西托罗夫称之为"图曼吉·奥斯特罗夫"（Tumannji Ostrov），或叫雾岛。1794年，乔治·温哥华（George Vancouver）船长将其命名为奇里科夫岛，也就是"圣保罗"号探险船上的那位指挥官，但奇里科夫从未到过这个岛。它位于科迪亚克岛西南约一百英里的地方。天气变得"异常得温暖宜人，阳光明媚，极为宁静"，一只海狮懒洋洋地在船边游荡，盯着他们看。斯特勒恳求最后再登一次岸，因为上岸后他就能看见淡水湖、溪流和长满青草的群山。但他被拒绝了。白令认为，考虑到有很多暗礁和浅滩，安排登陆可能是危险的。斯特勒与白令"在这个问题上发生了小小的口角"。白令随后在住舱内召集海上委员会开会，主要目的是让大家都同意，军官们将不再"训斥"斯特勒，或是指责他不想尽职尽责，因为他对自己的责任"最为积极，尽我所能，抓住每一个机会"。这又是一个例子，说明斯特勒害怕科学院或元老院怪罪下来，说他没有尽到责任，没有探求和评估新大陆的自然宝藏。一旦这个保全面子的做法完全被记录在案，且每个人都承诺，将认可他的勤勉尽责，斯特勒同意，自己也免开尊口，"就此打住"。

145　　"圣彼得"号探险船起航，继续朝着西北方向行进。斯特勒自得其乐，他从船的栏杆边放下钓鱼线，抓到了两条杜父鱼，是新的种类，它们潜伏在沿海水域。不过，船上还没有解决他们饮用水的问题，而且，如果不在什么地方停一下补充淡水和食品，他们根本不可能一路向西，回到堪察加半岛。白令担心逆风的问题，斯特勒则在等待上岸的机会。根据他们的计算，堪察加仍在相距约一千五百海里的西边。

第 8 章　奇　遇

6月20日清晨，在阿拉斯加半岛和奇里科夫岛以南的北太平146
洋中部，"圣保罗"号探险船上的人看见"圣彼得"号探险船就
在北边的地平线上。但能见度很低。两个小时后，"圣彼得"号
探险船不见了，他们再次落单。奇里科夫命令"圣保罗"号探险
船将主帆放低，继续正常航行。但到了第二天，海上仍然只有他
们自己。根据预先的安排，奇里科夫"下令尽可能靠近"他们最
后见到"圣彼得"号探险船的地方。因为是逆风航行，要确保
"圣保罗"号探险船在合适的海域中前进并不容易。6月23日上
午，奇里科夫把军官们召集到他的住舱商议。他们同意，继续孤
舟航行，希望后面能遇见他们的姐妹船。"圣保罗"号探险船差
不多是朝着东北方向前行，海上刮起了阵阵狂风。

他们很快就发现，在他们的北边好像有山脉。后来才看清楚
了，那是云层。时间又过去了一周，天气很好，风和日丽，现在
已是7月初。有绿色的植物在水中打转，从船身两边漂过。他们
认为这可能是草，然后测了一下水深，直到一百英寻仍未探到海147
底。奇里科夫在报告中说，他们"查看了这些植物，认为它们不
是海草，而是在深水中发现的一个种类，看起来像是一种刺水

母，被大量地冲到岸边"。7月12日，他们看见"水中有一只岸鸭"。13日，他们看见了"一只岸鸭，一只海鸥，还有两棵老树漂在水中"。14日，他们兴奋起来了，因为看见了"大量的岸鸭和海鸥，还有一头鲸鱼，有鼠海豚，和三块中等大小的浮木，已经在水中泡了一段时间了"。之后，在他们的东边，确实就出现了陆地，"群山巍峨"。此处水深为六十英寻，海底有"灰色的沙地，有些地方有小块的礁石"。这时，经常有鸟儿在船的上空飞过。这一天是7月15日，也就在这一天，就在这条海岸线以北几百英里的地方，斯特勒在"圣彼得"号探险船的甲板上眯起眼睛遥望北边，声称看见了陆地，但到第二天才得以确认。

"圣保罗"号探险船向陆地靠近时，成群的海鸦和鸬鹚在上空飞过。他们确信，这里"毫无疑问就是美洲的海岸"，因为根据路易斯·德利尔·德拉克罗伊尔绘制的地图，他们位于"众所周知的那个美洲"的北边，也就是所谓的西属美洲。他们现在位于贝克岛的巴托勒姆海角附近，贝克岛位于阿拉斯加锅柄地区凯奇坎小镇的西边。当然，在德拉克罗伊尔绘制的地图上，只显示了画得十分粗略的海岸线，是西班牙帝国宣称拥有的，尽管在那条海岸线上，西班牙实际上并没有到过比阿卡普尔科更北的地方，而阿卡普尔科远在三千英里外的南边（墨西哥）。这看起来很荒谬，因为从来没有人与住在这条海岸线上的人说过话，他们也绝没想到，一个万里之遥的帝国会对他们生活的这片土地提出政治主张。"圣保罗"号探险船又向北缓慢地航行了几个小时，寻找一个好的锚地。"这里的海岸不规则，有很多高山，山上的树木长得很好，有一些地方的积雪还没有化开"。这个时候，如果俯瞰地球的话，探险队所在位置恰与他们的出发地圣彼得堡相对应。

第二天下午四点，奇里科夫下令放下一艘登陆艇。军需官格里高利·特鲁比钦（Grigori Trubitsin）带了八个人乘艇向岸边靠近，去查看一个海湾，看看"圣保罗"号探险船是否可以安全进入。这个海湾现在被称为风湾，位于科罗内申岛。特鲁比钦划船在四周看了看，报告说，"海滩上长有高大的冷杉树、云杉树和松树，礁石上有许多海狮"，但看不到有人居住的迹象，这个海湾也不适合作为锚地。出于安全上的考虑，船在夜里驶离了海岸。第二天，船继续朝西北偏北方向航行，雾越来越大，岸上"积雪覆盖的高山一直向北延伸"。奇里科夫后来回忆说，"我原本打算详细调查美洲海岸的这个部分，但我的计划被7月18日发生的不幸给毁了"。

大雾散去后，队员们站在甲板上，瞪大了眼睛，看见山上的积雪比几天前多了一些。他们驾着"圣保罗"号探险船"向海岸靠近，我们的胆有多大就靠多近"，但是，仍无法找到一处安全下锚的地方。他们决定，派一艘大艇登岸，并寻找一个可安全下锚的海湾。然后他们就可以建立一个基地，对这块新大陆做进一步的调查。奇里科夫将一份下达给他的命令的副本递给登岸队伍的带队长官艾弗拉姆·杰缅季耶夫（Avram Dementiev）。这份命令他已经看了好几遍了，还有一份签了名的文件，文件详细列明了他在陌生的新大陆开展了哪些工作。奇里科夫留在"圣保罗"号探险船上，驾船在距离岸边一海里的地方来回戗风行驶。杰缅季耶夫带领十名配备了武器的队员乘艇向岸边驶去。这个位置现在被称为塔坎尼斯湾，位于雅各比岛，差不多就在锡特卡镇的西北边。奇里科夫指示他们，上岸后要发射一枚信号弹，告知他们已安全到达，夜里要在海滩上燃起一堆篝火，如果遇见土著人，就送礼物给他们，如水壶、珠子、布匹、缝衣针和烟草。他要他们回来报告港湾的状况，画出草图，研究"树木和草地"的情况，并"调查岩石和土壤，看看里面是否蕴藏了珍贵矿物"。他们还要给一些空的水桶灌满水。像"圣彼得"号探险船那样，他们回程所需的饮用水也是不够的，因此，补充淡水和食物是优先要考虑的事。但是，奇里科夫指示他们，对于一支雄心勃勃的帝国探险队来说，最重要的是，"凡事都要念及自己真心效忠女沙皇陛下，是一个好仆人"。

那些人划艇离去，因为被雾气遮挡，在船上看不见他们了。大艇上携带了够吃一个星期的食品，以防暴风雨来临时，他们无法返回。但给他们的指示是明确的，要"尽一切努力迅速执行上述命令，这样你们当天就可以回到船上，或至少不晚于第二天"。

然而，没有看见信号弹发射。夜幕降临时，海滩上也没有燃起篝火。"强风和潮水"使得体型较大的船只无法靠近岸边。一天天过去，仍然没有登岸队伍的消息，"由于雾太大，我们无法辨认地标"。他们都有一种不祥的预感，杰缅季耶夫带的人根本就没能登岸，或者，更糟糕的是，他们遭到袭击，被杀害了。起初，天气还很好，但在后面的几天里，雾气腾腾，下起了大雨，刮起了大风，使得"圣保罗"号探险船不能近岸。

7月23日，奇里科夫命令探险船慢慢地向岸边靠近，驶向他指示杰缅季耶夫登岸的地方。他们看见有礁石从海水中凸出来，还有些潜藏在水面下。他们感到害怕，让大船停了下来，不敢再往前走。奇里科夫开了两炮，炮声隆隆，在森林中回响，但岸上没有回应。雾气散了一些，他们在甲板上看见岸上冒烟，那里是他们推测杰缅季耶夫上岸的地方。海滩上的火光使他们精神大振，又陆续开了七炮。前面几天，"我们没有看到篝火、建筑、船只，也没有人类活动的任何其他迹象，因此，我们认为，这个地方无人居住"。火光越来越大，但水面上并没有看见船只。奇里科夫在船尾挂起了灯笼，起到灯塔的作用。此时风平浪静，"圣保罗"号探险船得以紧邻岸边。早晨的时候，岸上的火已经熄灭，只有一缕轻烟袅袅升起，与雾气交织在一起。

奇里科夫和军官们认定，登岸的大艇肯定是损坏了，无法划到船边来。他们就此情况准备了一份书面文件予以说明，也都在

150

上面签了字。他们要再冒一次险，派木匠和敛缝工人带着所有修理船舶的工具乘坐剩下的那艘小艇登岸。水手长西多尔·萨维利耶夫（Sidor Savelev）自愿带领第二支登岸队伍，制订的计划是，上岸后，他要带着少数几个受困的船员立即乘小艇返回。中午时分，四个人离开大船，划向岸边，大约有九海里远。"圣保罗"号探险船小心翼翼地跟在后面，密切注视着水中是否有暗礁。到晚上六点的时候，因为海上波涛汹涌，"圣保罗"号探险船只得后退。他们在甲板上看见小艇正靠近岸边。他们就等着。但没有信号传过来，小艇也没有回到船边。第二天，也就是7月25日，下午一点的时候，他们看见有两艘船从海湾中驶出，向他们的船靠过来。奇里科夫以为是他们的那两艘艇，就让"圣保罗"号探险船迎上去。但他们很快就发现，这不是俄国船只，"它们的船头是尖的，船上的人也不像我们那样划船，而是划着桨"。较大的那艘船与他们保持着距离，船上有许多人，较小的那艘船上有四个人，快速向他们靠近。他们可以看到其中一个人穿着鲜红色的衣服。他们当中有些人站着，向"圣保罗"号探险船挥手，示意靠近点，他们喊了两声，"嘎依，嘎依"，然后调转船头，划回海湾去了。奇里科夫下令出示白头巾，但那两艘船继续向岸边驶去，很快就消失了。他们不能跟过去，因为"看见水下和海面上有很多礁石，浪花在上面翻滚着"。一股大浪冲来，使得他们无法下锚，他们不得不后退。此后再也没有看见火光或烟雾。

到这个时候，奇里科夫写道，"我们可以确信，我们的人遭遇到了一些不幸"。杰缅季耶夫和第一支登岸队伍已经失踪八天了，如果有可能，他们有大量的机会可以划回船边来。"土著人的行为，他们害怕靠近我们，都使得我们怀疑，他们要么是杀了我们的人，要么就是抓住了他们"。当瓦克塞尔后来听到"圣保罗"号探险船遭遇的不幸，他就想，怎么会发生这样的事。他推测说："当我们的人上岸后，美洲人都会躲起来，因此，登岸的人不会感觉到有任何危险。然后他们就开始四处走动，一个人去找水，另一个人去找浆果和水果，其他人也都在找这找那的。就这样，他们都分散开来了。如果美洲人认为时机来临，他们就会挡在我们的人和小艇之间，不让我们的人回到船上。要发生什么事的话，那一定是这样的。"他写道，奇里科夫太幼稚了，当他看见两艘船靠近时，他应该让一些人藏在甲板下，从而引诱美洲人靠得更近些，因为按他的说法，他们"甚至可能意图夺取这艘船"。这样的话，他推测说，奇里科夫就可以抓住他们中的一些人，用这些人来交换俄国人。①

---

① 这些人有可能是特里吉特人，生活在阿拉斯加的南部海岸、英属哥伦比亚西北部的内陆以及育空地区。在特里吉特人的语言中，"嘎依"或"阿古"的意思是"过来"或"到这儿来"。由于欧洲人与特里吉特人之间的关系通常很和谐，根据奇里科夫报告的情况，大家相信，这些特里吉特人的行为虽然谨慎，但目的是友好的，他们在招呼陌生人过来查看失事小艇的残骸，或者也可能是邀请他们去附近的村庄进行交易。阿拉斯加海岸的湾口狭窄，常有危险的激流，很大，可能淹没了那两艘小艇，艇上的人还没到达岸边就被淹死了。尽管命令他们登岸后立即发射信号弹或鸣枪，但他们根本就没有机会这么做。

奇里科夫让船在附近又转悠了两天，沿海岸线慢慢巡视。现在看来，"圣保罗"号探险船派出的两艘艇都失踪了，还有艇上的十五个人。第二天下午，土著人驾驶的两艘船再次出现在海湾中，但他们紧靠岸边，然后返回湾内，又消失了。岸边有一小股烟翻腾而起，但很快就散开了。没有小艇用于登岸或查看浅水区域，"圣保罗"号探险船正处在严重的危险之中。库存清单显示，船上有四十五桶水，有些桶里还不是完全满的，因为已经在漏水。回程靠这些水是"几乎不够"的，而他们现在没有办法找到淡水灌进空桶里。他们来到美洲才不过几天的时间，但奇里科夫知道，他们别无选择，只能尽快返回堪察加。7月27日，全体队员的伙食配给都被减少了。"圣保罗"号探险船开始在雨中顶风而行，踏上了回家的航程。

"圣彼得"号探险船绕过科迪亚克岛的东侧，连续几天呈"之"字形逆风而行。当船漂向现在被称为塞米迪群岛的岛链时，斯特勒把他的时间都用来观察大量出现的动物，包括港海豹、海狗，海獭、海狮、海豚、风暴鱼（鼠海豚）。这个群岛的海岸边雾气蒙蒙，但所有这些动物似乎都生机勃勃。他们在浓雾的裹挟中继续前行，雾中时不时地会冒出一个海岬，犹如魅影，怪异吓人。8月4日，他们在西北方向看见了一座巨大的火山（齐金纳加火山），此时，探险船正沿着由九个岛屿组成的一条十五英里长的曲线前行，每个岛上都矗立着高耸入云的山峰。探险船之后改变了航线，向南驶去，以便与一块位于北边和西边的陆地拉开一段距离，这块陆地就是阿拉斯加半岛。对船上的人来说，他们好像被困在一个海湾里，除了南边，从每个方向都能看到陆地。斯特勒急切地希望有更多的时间来调查这块陆地，瓦克塞尔和西托罗夫则迫使白令同意他们的计划，在返程之前再花些时间绘制这条海岸线。然而，一个大浪退去后，海面上偶尔会露出一块半没于水中的礁石。船上的所有人，即使是斯特勒，也都知道，在没有精确海图的情况下靠向陆地是危险的。瓦克塞尔怀疑，这块几乎无法辨别的陆地是一系列的岛屿，因为"我们在十分平静的水域航行了两到三个小时，风很小，同时，速度也可以提上来。突然地，我们就会遭遇巨大的海浪，几乎无法驾船"。白令对探险不再有任何兴趣，他只想回到堪察加。但在阿拉斯加西部的海湾，周边岛屿和大陆的地理状况让人困惑，搅乱了回家的直线航程。他对这片未知的区域感到害怕，浓雾和雨水又加大了这种恐惧感，后面发生的事件证明，白令的担忧是对的。

153

探险船在退回南边的航程中再次驶过了奇里科夫岛的西面，但这一次离得较远，只见这个岛远远地坐落在东边。斯特勒注意到："从这时直到8月9日，风向主要是东风或东南风，凭借风力我们可以前进几百英里，直接向着堪察加返航。现在却徒劳无功地在这个地方来回戗风行驶。"正如白令所担心的，风向转到了可怕的季节性西风，他们被困住了。船的速度慢了下来，西风把船往东南方向推回了四十三海里。斯特勒在船四周的海水里看见了很多"风暴鱼"，他颇感忧虑。人们相信，这种鱼"如果在一个非常平静的海域特别经常地出现，不久之后就会有一场暴风雨，他们出现得越频繁，表现得越活跃，随后而来的狂风就会越猛烈"。斯特勒数了数，这些鱼数量极多。8月10日，有雾气，还下着毛毛雨，他看见了一只以前从未见过的动物。它不是海獭、海狮、鲸鱼或鼠海豚。他写道："脑袋长得像狗，耳朵尖而挺，上嘴唇和下嘴唇的两边都有须毛垂下来。它的眼睛很大，体型较长，相当厚实圆润，向尾部逐渐变细。皮肤看上去长了很多毛发，背部呈灰色，而腹部是红白色。但是，在水里的时候，这只动物通体发红，像牛一样。"这只奇怪的动物没有前足，而是有鳍状物。它在水中优雅地跃起，嬉戏追逐，在船后面跟了两个多小时，船在缓慢前行，它在船的这一边潜入水下，然后从另一边冒出来，这样来回大概有三十次。一根海藻在附近漂过，这只动物顽皮地游过去，将海藻叼在嘴里，冲到船边来，离得非常近，斯特勒都可以拿一根杆子去戳它，"做这样的动作，就像是耍猴戏，没什么比这更好玩的了"。它又耍了几次，船上的人笑得更欢了，然后它飞奔而去，只能远远地看见。斯特勒称它为"海猿"，对许多未来的博物学家来说，它是个谜。很显然，它不属于斯特勒在堪察加或阿拉斯加看到的其他任何一种海洋哺乳动物，他对那些海洋哺乳动物非常熟悉，如果是，他肯定能认出来。对于著名的"斯特勒海猿"的可能种类，已经有很多争论，但当时光线不太好，"月亮和星星都出来了"，加上有雾，很多东西看不清楚。它可能是一只成年的雄性海狗或是一只北海狗的幼崽。不过，我们确实知道为什么"海猿"要从船边逃走。因为斯特勒拿枪来打它，想要抓来做标本，但他没打中。①

差不多就在这个时候，外科助理医师马蒂亚斯·贝尔热（Matthias Betge）提交了一份正式报告，说有五名船员因患坏血病列入了病号名单，另外有十六名船员"受到严重影响"。很快就会有更多的队员无法工作。白令已经在他的住舱里待了两天了，可能正在遭受早期症状的折磨。因为在航行的大部分时间里，一直是瓦克塞尔管理着这艘探险船，包括安排值班人员、任命舵手、分派航行任务等，所以，白令目前的病痛对船上的工作几乎没有直接影响。

这一天，探险船在逆风中进退两难，令人沮丧。白令在他的住舱里召集海上委员会开会，讨论一下他们的处境。出席会议的有白令和高级军官们，如瓦克塞尔上尉、船长索夫龙·西托罗夫和上了年纪的领航员安德烈扬·赫塞尔伯格，那时他都已经七

155

---

① 1969年，迈尔斯·斯米顿与家人一起在阿留申群岛乘船航行，他在其著作《雾岛》中叙述自己遇到了一只类似的动物。根据他的描述，很容易就能断定，他遇到的这只动物与斯特勒描述的是同一种动物。帆船上的另外两个人也报告说，看到了奇怪的海洋哺乳动物，在他们的船附近嬉戏。他们以前没有读过斯特勒的记述，这之后才确信，他们见到的是同一种动物。

十多岁了。他们先是回顾了之前海上委员会的会议纪要，并特别注意到"9月底之前"返回彼得罗巴甫洛夫斯克的指令。完成这一指令现在看来是危险的，"因为有猛烈的秋季风暴和持续的大雾"。靠近陆地也不安全，因为他们没有海图，不了解暗礁、礁石、洋流和沙洲的分布情况。能见度本来就差，众多的岛屿更是雪上加霜。讨论结束后，军官们把所有的下级军官和士官都叫到舱内，提出了他们的意见：现在该直接转向回家了，沿北纬53度线西行，"或者在风向允许的情况下尽量靠近这条线走"。会议形成了一份文件，题为《加速回国的决定》，由所有在场的人签字。他们已经在海上漂了六十九天了。他们下令，探险船准备朝着偏西南的方向航行。斯特勒看到，"像往常一样"，他没有被叫进去发表意见或在文件上签字。但他也不闲着，默默地写下了自己的观点："如果我现在要比较海上委员会的目标和他们随后的行动并得出合理结论，那肯定得这么来说：'这些先生们想回家，选择了最短的路线，但却是最长的征程。'"他认为，选择这条路线，众多的岛屿肯定会挡在路上，而选择更往南的路线，虽然绕了点，但受风条件会更好。

接下来的一周一直到8月17日，因为顶风而行，他们在北纬53度线上反复进退，没有可以直接凭借的风向。船上的日志记述了他们的困境——不停地把各种风帆升上去又降下来，风动夹具、上桅帆、前桅帆、顶桅帆、主帆、斜桁帆和顶桅支索帆，以便让探险船准备好，转到要去的方向，顶风前行，奋力拼搏，天气条件则是"毛毛雨""湿""阴""多雨""雾大"和"乌云压顶"。在这段时间里，"圣彼得"号探险船和"圣保罗"号探险船的航线有几次是交叉的，但两艘船上的人都不知道，在那几天里，双方未能同步，都没有看见对方。17 日下午，一场"真正的风暴"开始了，很快就变成了狂风，"巨浪翻滚"，第二天才逐渐停歇。连续不停地与风浪抗争，船上的人渐渐精疲力竭。

8 月 18 日，斯特勒躺在床上，刚醒过来，听见外面有人在说陆地。他冲到甲板上，看看发生了什么事。在整个航行中，有很多次，斯特勒都认为，他看见了陆地，并大声嚷嚷，然后就与军官们纠缠，因为他们不肯让船靠近查看一下。所以，等他跑到甲板上，却没人跟他说陆地的事，这可能也不奇怪。他抱怨道："不过，他们可能都互相串通好了，谁也不说看见了陆地。"因为他们谁也不说看见了陆地，在他看来，这要么是针对他的恶作剧，要么就是看见了，但因为"是在这样一个奇怪的地方，也就是在南边"，他们都不肯说。然后他声称，早上，在起雾之前，可以清晰地看见陆地，"陆地离我们并不远，这也可以从那个方向上漂来的海藻数量推断出来"。而且，在他看来，"西风突然停了这一事实"更是证据，说明他们是在美洲和南边的一些岛屿之间航行。军官们对"陆地"显然没有兴趣。斯特勒对此很生气，他认为，他们假装没有看见陆地，这样他们就不必着手调查，不用在他们的海图上标注出来。他气冲冲地说，"不做调查就走了是不可原谅的"。

斯特勒问，他们认为那会是什么陆地，瓦克塞尔回答道："胡安·德·伽玛（原文如此）地。"（可能同时还向其他人眨了眨眼，因为大家都知道，瓦克塞尔根本就不相信有那些虚幻的岛屿，为了寻找那些虚幻的岛屿，已经浪费了他们那么多的时间。）斯特勒却对"德利尔先生"和他绘制的海图深信不疑，他还提醒自己，毕竟他是科学院的一名成员，而绝不是一个无知的水手。19日，斯特勒再次认为，他看见陆地了，"但是，除了我自己和其他少数几个人，都不相信有陆地或看见了陆地"，而通常表示有陆地的迹象就在眼前——风速下降、海草、海洋哺乳动物，还有"一种鳕鱼，生活在水深不超过九十英寻的海床上"。那天晚上，他们可能在晚餐中吃了鳕鱼。8月20日，他们驶向更南边的区域，瓦克塞尔"语带嘲讽地问"，是否"我仍然看见了陆地"。不过，斯特勒从未被邀请参与重要的决策，他用他惯常的讽刺口吻写道，"他们鼠目寸光，见识有限"。事实上，那个区域并不存在陆地，他们看到的大部分"陆地"其实都是地平线上的云团。船在一天天前行，船上的争端和摩擦则在不断升级。

接下来的几天刮着东风，对西返有利。然后，探险船就碰上了另一场"猛烈"的风暴，"狂飚和巨浪"横扫甲板。8月27日，白令又将三名高级军官叫到他的住舱，再次召开海上委员会的会议。现在船上只有三分之一的水桶里还有水，他们知道，"如果继续在逆风中航行"，要想回到堪察加半岛的阿瓦查湾，靠这些水是不够的。根据他们的计算，要想回到阿瓦查湾，他们得走大约一千二百四十海里，但按照现在的速度，要两个半月才能到达。他们同意，"为了安全起见"，探险船再次调头，转向北边，并"靠陆地更近些，以便找到好的锚地，让我们有可能补充足够的淡水，可以确保我们回到家，这样，在顶风航行的情况下，我们也不至于遭受极端的困难"。他们都在文件上签了字。斯特勒在他的日记中写道，当然，如果他们一个月前在皮艇岛安全停泊时就把水桶装满了，那么，最近发生的这些耽搁和到处找寻"就不是必要的了"。

探险船向北航行。天朗气清，惠风和畅。他们很快就看见了附近有陆地的迹象——海狮、海鸥和漂浮的植物。8月29日，他们看见了一组岛屿，共有五个较小的岛，在地平线上看起来像是一块大陆。他们靠近了一些，寻找一个安全的地方登陆。中午的时候，他们驶入纳盖岛东侧的背风处停下来。纳盖岛是舒玛巾群岛中最大的一个岛，长约三十英里。舒玛巾群岛包括约五十个大小不等的岛屿。这时天气极好，微风，晴空，可以派出一支登岸队伍。下午的时候，瓦克塞尔派尤辛乘一艘小艇前往小岛，寻找一个合适的锚地。晚上大约八点的时候，他们决定将"圣彼得"号探险船开到纳盖岛与尼尔岛之间的中点，以便"不受大风的影响"，尼尔岛是附近的一个小岛。他们发现周围是一连串的小岛。他们所在的这片水域现在被称为群岛湾，真是恰如其分。那天夜里晚些时候，西托罗夫看见西北方向约八英里处的一个小岛（现在称为特纳岛）上有火光。

上午，瓦克塞尔组织了两支队伍，一支由西托罗夫带领，去查看特纳岛上昨晚有火光的地方，另一支由赫塞尔伯格带领，去附近的纳盖岛上寻找淡水。白令提出，斯特勒可以与赫塞尔伯格一同去，斯特勒"非常爽快地"答应了。斯特勒与其他人的关系并没有得到改善，他怀疑，白令的提议是要将他支开，"以便海军军官们有幸发现"另一个岛上的土著人。虽然斯特勒也很想见到土著人，但他希望"两支队伍都能发现一些有用的东西"。赫塞尔伯格带了十个船员，加上斯特勒和普莱尼斯纳，以及斯特勒的仆人列皮奥欣，来到一处悬崖下的一个避风湾。据斯特勒说，岛上"光秃秃的，没什么东西"，满地都是历年以来海鸟吐落的石灰，地上的灌木枝拧在一起，歪歪扭扭，相互交错，牢牢地依附在岩石上。他找不到一根超过两英尺长的树枝。

159　　　斯特勒和他的两个同伴立即向这个岛的腹地进发。路上遍布石头，有很多山包。他们找到了几股清澈的泉水。当他返回时，他看见赫塞尔伯格在离岸边大约二百码的地方找到了一个小湖泊或是池塘，然后"船员们选择了第一个也是最近的一个污浊水坑，已经开始取水了"，他惊骇不已。斯特勒尝了一口这些水，发现是碱性的，很咸，就吐了出来，然后向船上的瓦克塞尔发去紧急呼吁，警告说，喝了这样的污水，"坏血病将会快速蔓延，而且，因为水中含有石灰，人喝了后，身体就会枯竭，四肢无力。这种水放了一段时间后，它的盐度甚至会日渐增加，最后就变成了咸水"。他给船上送去了一份样本，是他找到的水，并宣称，这比赫塞尔伯格取来的水要好得多，还敦促瓦克塞尔对这两种水进行采样。尽管他已经在岛上更远的地方找到了一处更好的泉水，但由于他提出建议的方式和其他人对他的恶感，他被拒绝了。

船员们继续从他们"心爱的咸水水坑里"舀水，把一桶一桶的咸水运回船上。他们应该听取斯特勒的建议，不要饮鸩止渴，取用污水。作为船上的外科医生，斯特勒声称，由于"固有的就是要跟我过不去的专横恶习"，没人听他的。这完全是可能的，因为他与军官们的关系很差，而且之前有那么多次他都错了。这一次，虽然斯特勒想要"保护我的队友和我自己的生命"，但他们的态度都是："哎呀，这水怎么了？这水挺好的啊，快装满！"斯特勒对他们心生厌恶，他与两位同伴进入岛的腹地，找到了一个大湖，差不多有两英里长，一英里宽。他要求赫塞尔伯格取用这个湖里的水，当然，这需要往里边再走一英里。因为收到了瓦克塞尔的指示，赫塞尔伯格不肯那样做。瓦克塞尔后来承认，他犯了错误，没有关注水质问题，只是因为斯特勒那种不讨

160

人喜欢的个性，就让自己轻率地作了一个糟糕的决定。关于两种水的样本，他写道："（斯特勒找到的）水很好，只不过，就算从那个湖里取水，也会有一些海水混在里面，因为涨潮时海水会横扫整个岛，深入腹地。后来，因为喝了这些水，一些人病倒了，还死了几个人，我们感受到了灾难性的影响。"然而，他又说道："有这些水总比什么都没有要好，因为，我们至少可以用它来做饭。"

瓦克塞尔的理由是，他们没有时间再耽搁了，在他看来，只要有水，哪怕是有问题的水，也比什么都没有要好。"我们的船并不是高枕无忧。她停在那里，如果我们不能找到避风的地方，任何一阵南风猛扑过来，都可能让我们招架不住。这就是为什么我们要这样匆忙地补充淡水，只有这样，我们才可能回到开阔水域"，瓦克塞尔的话更像是事后给自己找借口，因为他们在群岛湾停留了两天，完全有时间去斯特勒发现的小溪或大湖里取淡水。生病的船员下了大船，被带到岸上去呼吸新鲜空气。斯特勒心中窝了一团火，在光秃秃的山包上怒气冲冲地走着。一只黑色的小狐狸跑过来冲着他吼叫，他拿起步枪，开了一枪，想要抓过来作为"证据"。但他枪法太差，没打中，还没等他再装上子弹，它就逃跑了。他还看见了几只红色的狐狸，但也没能抓来做标本。

这边斯特勒在纳盖岛上四处探寻，赫塞尔伯格则在督促船员，舀取污水并运到船上，那边西托罗夫正在前一天晚上他们看见有火光的那个岛上摸索。瓦克塞尔现在负责指挥，刚开始他不想让西托罗夫乘小艇过去调查，因为"圣彼得"号探险船停在开敞锚地，而船距离那个岛又很远。他担心如果刮起暴风雨或风向

改变，他们有可能会迷路，再也回不到船上来。西托罗夫就像斯特勒和奇里科夫抱怨白令那样，也指责瓦克塞尔，说他只关心安全，而不顾及其他。西托罗夫坚持要把瓦克塞尔拒绝让他乘小艇过去的事写在航海日志中。这样一来，瓦克塞尔只好让步，"他不想将来因为不安排这次调查而可能要承担责任"。他来到白令的住舱，讨论这件事。白令强打起精神，表示应该允许西托罗夫带一小队人过去调查。所有的讨论完成后，大家在文件上签了字。西托罗夫挑了五个人跟他过去，其中一个是会说楚科奇话的翻译。他们带了枪，也拿了些礼物。白令指示他们，面对各种情况该怎么处理，但最重要的是，告诉他们要"和善"。他们在下午的时候划艇到了岛上，向看见有火光的地方走去。

他们找到了仍在阴燃着的火坑，但没看见有人。西托罗夫发现暴风雨即将来临，他与其他五个人从山上冲下来，想要赶紧划艇返回"圣彼得"号探险船。但是，当他们把小艇推入水中时，涌浪已经变得非常大，几乎要把他们淹没。西托罗夫指挥小艇划向纳盖岛的一个位置，离其他人最近上岸的地方很近。划向纳盖岛也是因为他们离这个岛更近。在海浪的冲击下，小艇撞到

了海滩中的礁石，裂开了，他们也搁浅了。他们急忙在水中收集所有能抓住的木板，然后在岸上燃起一堆篝火，很大，既向船上发出信号，也使他们能保持体温，因为他们全身都湿透了，冻得发抖。西托罗夫和他的手下由于暴风雨没能回到船上，斯特勒是另一番心情，他特别讨厌西托罗夫，写道，"我现在要感谢上帝，因为海军这帮人机关算尽，使我恰好没跟他们在一起"。暴风雨持续肆虐，"大海完全癫狂了，我们任凭它的摧残"。9月2日晚上，暴风雨终于停了，瓦克塞尔派出大艇去救他们。西托罗夫和他的手下到9月3日才回到"圣彼得"号探险船，舍弃了已损坏的小艇。

162

没人喜欢西托罗夫。斯特勒写道："如果他不去，或者，不去找什么土著人的话，他早就回来了，也不会因为损失了小艇而耽误我们取水，我们就可以借助风力离开这个地方，在回家的路上再往前走一百多英里……每个人都在抱怨，因为从鄂霍次克出发到现在准备返航，任何事只要有这个人掺和，就会出问题，就会倒霉。"因西托罗夫遇上暴风雨导致全船耽搁，这已经是他第三次出状况，并影响到探险队的时间安排。当然，就他作为一名海员或军官的能力来说，这一次倒也真的不能怪他。不过呢，也要看到，要不是他导致了耽搁，"圣彼得"号探险船可能已经在海上向西航行了好些日子，而不是一直停在纳盖岛附近，等着另一场暴风雨过去。人们常说，一项事业很少是因为出了一次问题就遭到失败，而是因为有很多次的小问题和正好发生的事故累积下来造成的。

虽然最近的这一次耽搁将产生深远的影响，但它同时也带来了一次奇特和极有意思的相遇，没想到会发生在这个时候。

9月5日下午的晚些时候，忧心忡忡的船员正在萎靡困顿之中，忽然被叫喊声惊醒。他们正驶过伯德岛，只见峭壁森立，悬崖上有高山草地，有人在那儿大声喊叫。不久，有两艘小皮艇（斯特勒把它们与格陵兰人的划艇准确地做了对比）向探险船划过来，每艘艇的中间都坐了一个人。到了可以听见他们说话的距离时，两个人开始长篇大论，但听不懂他们在说什么，船上会说堪察加话、楚科奇话或科里亚克话的翻译也听不懂。这是他们遇见的第一批美洲人。斯特勒兴奋得直发抖，"渴望，充满了好奇"。他们喊了几声作为回应。皮艇上的人指了指自己的耳朵，然后在艇上翻找，拿出了一根棍子，上面绑了一只老鹰的翅膀，把这根棍子扔到了船上。白令将这看作表示友好，他命令放下一块木板，上面堆了一些礼物，有红布、镜子、铜钟、铁珠和五把刀。他们让船靠近了一些，把礼物递过去，"美洲人很高兴地收下了"。皮艇上的人又把两根细棍子扔到了船上，棍子上绑了鹰隼的羽毛和爪子。斯特勒写道："我看不出这是表示献祭还是友好。"然后，皮艇上的人向岸边划回去，喊着话，打手势叫船上的人跟

163

过去，还做出了吃饭喝酒的动作。白令命令瓦克塞尔准备好剩下的那艘登陆艇，带上更多的礼物，还有几瓶俄国的伏特加酒。登岸队伍由九个带了枪的船员、做翻译的堪察加人和斯特勒组成，"长矛、军刀和火枪都藏在帆布中，以免引起怀疑"。

瓦克塞尔让登陆艇停在离岸边差不多几步之遥的地方，因为岸边到处有礁石，很危险。两个俄国船员和堪察加翻译脱了衣服，跃过登陆艇的一侧，跳入冰冷的水中，水深直到他们的胸口。他们没有携带武器，瓦克塞尔命令他们，不要脱离视线，不要草率行事或是恐吓土著人。他们爬上了岸，向一群"充满好奇和友善"的美洲人走去。美洲人不停地指着岛的远端有山的地方，可能是告诉他们，自己住在那一边。俄国人又送上了礼物，但被谢绝了。美洲人"非常恭敬地"挽住了他们的胳膊，让他们放松下来，把他们带回到附近的营地，坐下来，递给他们鲸脂。这些人"大多是年轻人或中年人，中等个子，健壮结实，身材匀称"，黑发且很长，鼻子略微扁平，眼睛也是黑色的，穿着"用鲸鱼肠子做的衬衫，有袖子，非常整齐地缝在一起"，许多人在脸上和身上用骨穿孔。

164　　有个人将他的皮艇夹在腋下，来到岸边，把皮艇放入水中，坐了上去，划向"圣彼得"号探险船。瓦克塞尔写道："很显然，他是年纪最大的，而且我敢肯定，也是他们这些人中地位最尊贵的。"瓦克塞尔不顾斯特勒的劝阻，拿出了伏特加酒和香烟，几个俄国人喝了几杯后，倒了满满一杯，递给这个人。这个美洲人一点也喝不惯，把酒吐了出来，看上去很难受，然后，"转头对着他的族人叫喊着，很不高兴的样子"。根据斯特勒的回忆，俄国人宣称，"美洲人的肠胃与船员们是一样的"，而且，"想要拿出一个新的玩意来抵消刚才那个惹他不高兴的酒"，于是，点了一支烟递过去，教他怎么吸烟。那人咳了几声，划艇离开了，看上去有点厌恶。斯特勒以他那种古怪的前瞻性推测对此做了思考，"如果有人用不知哪儿弄来的野蘑菇或是烂鱼煮的汤和柳树皮来招待他，最聪明的欧洲人也会做出同样的反应，只不过，堪察加人会认为，这就是美味佳肴"。

岸上的人还在互相打量。瓦克塞尔试图引诱更多的土著人划艇到"圣彼得"号探险船那儿去。他拿出了一本书，是他为这种相遇而特意带着的，是一位法国军官路易·阿尔芒（Louis Armand，即拉洪坦男爵）写的，记述在美洲的经历和对土著部落所做的观察，是英译本。瓦克塞尔按书中的字母顺序朗读各种"美洲人"的词汇（休伦语和阿尔冈昆语），如木头、食品和水，并确信这些人懂他的话。要说他们能懂什么，打手势和夹杂话语的方式可能更管用，因为这些人可能是阿留申人，而北美洲东部阿尔冈昆人和休伦人的语言及文化与他们毫无共同之处。阿留申人是阿拉斯加半岛和阿留申群岛的土著居民，他们在人种方面与尤皮克人和因纽特人有关。

涌浪现在威胁到了登陆艇的安全。瓦克塞尔喊上岸的人往回走,蹚过水回到艇上。两个俄国人开始转身返回登陆艇,但有九个美洲人挽住了堪察加翻译的胳膊,不让他走,他挣脱不开,就对着瓦克塞尔大声喊叫,别把他扔下。因为他长得像美洲人,瓦克塞尔和斯特勒都猜测,他们可能认为这人是当地人,而不是艇上的人。瓦克塞尔对着土著人大声喊着,示意放开这人,但他们"假装没看见我"。随后有些土著人攥住登陆艇的缆绳,开始把它往岸上拉,在礁石中穿行,"可能并没有什么恶意,纯粹是没脑子,没有意识到我们面临的危险,把登陆艇和艇上的人往岸上拉,撞上礁石就全完了"。双方都在大喊大叫,但互相都听不懂。瓦克塞尔下令朝天开了两枪,子弹爆裂后,从悬崖那边传来回声,"他们吓坏了,都趴在地上,好像被雷电击中了,松开了手"。堪察加翻译趁机跳进水里,爬上了登陆艇,瓦克塞尔也准备好了要起锚。但是,锚被卡在礁石里了,拉不上来,他只能割断缆绳,丢下铁锚,迅速划回到船边。这时已是晚上将近八点,天色已黑。夜里,从南边又刮来一阵暴风雨,大雨倾盆而下,敲打着探险船。他们看见岸上有一堆熊熊燃烧的篝火,整夜不熄。斯特勒写道,"这让我们一直在思考发生的这些事情"。这是第一次向土著人展示火药的威力,预示着在不久的将来,俄国侵略者将使用爆炸手段来压迫和征服阿拉斯加沿岸的人民。

第二天，正当他们准备驾"圣彼得"号探险船出海时，七个土著人划艇从岛上过来，与他们会面，有两人还划到了船边。白令送给他们一个铁壶和一些针线，作为回礼，他们送给俄国人两顶用树皮做的帽子，其中一顶装饰了一个牙雕品，看起来像是个人。他们又都划回了岸边，然后这些人开始大声喊叫，或是围着篝火唱歌。瓦克塞尔向白令建议，他可以过去，把他们全抓来，或至少抓几个过来，但白令不同意。瓦克塞尔"接到书面指令，不得去抓人，也不得以任何方式使用武力对付土著人"。斯特勒写下了他所看到的一切，包括衣服、工具、装备和相貌，他看到美洲人与堪察加半岛上的人长得很像，并确信，虽然他们语言不同，但他们是有关联的。他只恨自己没有足够的时间去做更多的研究，证明他的理论。"毫无疑问，如果我能被允许按照自己的判断行事，我就能给出这个理论的完美证据，但这些只想着回家的海军人员不许我去做。"由于天气变化，风向转换，使得两边的人无法做进一步的沟通或交流，也使得"圣彼得"号探险船有机会在天黑前再次出海。就这样，他们在舒玛巾群岛花费的八天时间可能已经决定了他们的命运。当他们扬帆起航准备西返时，秋季的大风即将来临。

第 9 章 海之虐

8 月 31 日，也就是西托罗夫带人登上特纳岛（看见岛上有火光）的后一天，一个被带到纳盖岛上呼吸新鲜空气的船员死了，可能是死于坏血病，这是第一例。大家给他挖了一个坟，坟前竖了一个木制的十字架。此人名叫尼基塔·舒玛巾（Nikita Shumagin），他们用他的姓氏给这个岛命名（现在整个岛链被称为舒玛巾群岛，这个岛被重新命名为纳盖岛）。9 月 1 日早上，其他患病的船员已经从岛上回到了船上，所有五十二个水桶都装满了咸水，并运上了船，捆扎好，大艇也吊上了甲板。突如其来的暴风雨更加猛烈了。由于风浪大得可怕，以至于许多人以为，白令或瓦克塞尔会下令割断锚缆，试图离开这个地方，将西托罗夫他们扔下不管，但这样也许会让他们全都遭殃，因为，正如斯特勒分析的那样，"我们肯定会漂流到礁石中，会被撞毁的"。

这个时候，白令已几乎无法离开他的住舱，另有十二名船员上了病号名单，出现了坏血病的早期症状。斯特勒虽学过医，但没怎么实践过。他分担了外科医师的职责，注意到病号名单上的人数越来越多。斯特勒甚至提到，他自己身上也出现了一些奇怪的嗜睡症状，说他自己的健康"受到一种外在力量的影响"。这指的是四肢普遍无力。斯特勒怀疑坏血病就要蔓延开来。他把船上的医药箱翻了个底朝天，想要找到任何可用于治疗这种疾病的药。但他发现，医药箱里"都是些膏药、软膏、油剂和其他外科药品，足以供应四五百人参加战斗使用，但海上航行中最需要的、可以用来治疗坏血病和哮喘的药物却没有，而这些是我们最常见的病症"。

斯特勒请求瓦克塞尔"派几个人去采集治疗坏血病的草药，让所有人都服用"，却被粗暴地拒绝了，还说，如果他觉得这很重要的话，就自己去采集吧。瓦克塞尔对斯特勒说话的态度和方式感到恼怒。他现在认为，斯特勒说的任何东西只不过是一个外国学者的牢骚，自以为是，谁也瞧不起，还声称自己提出的每一条建议都有明显的优越性。毫无疑问，斯特勒是个让人抓狂的家伙。听他的话（对于任何一个熟悉海上生活的人来说，他说的许多话显然不值一哂）就会没面子，等于承认斯特勒高高在上。现在，即使斯特勒的建议是明智的，也会被打发走，就像挥手赶走一只惹人讨厌的昆虫。斯特勒写道，他跟瓦克塞尔和其他军官们"大体上"不对付，就像他再次提到取咸水的事情，他们的反应差不多就是在说"闭嘴，给我走开，我们在干正经事"。斯特勒心情郁闷，他意识到，他与他们的关系已经恶化到这样一种程度，他的观点和"这项重要的工作，对所有人的健康和生命都会有影响，却被认为不值得出动几名船员。我本是一番好意，真的

是没意思，我决定了，后面我只把自己照顾好就行了，再不跟他

们废话"。斯特勒和普莱尼斯纳在纳盖岛上自行采集和吃下他们能
找到的新鲜植物，如龙胆、辣根菜、越橘、岩高兰，还有"其他
像水芹的植物"。他后来了解到，军官们"也怕死"，晚些时候还
是听从了他关于咸水的警告，拿了两个水桶上岸，装满了泉
水，"留给自己喝"。但是，因为暴风雨要来，他们手忙脚乱地将
病号送回船，两个水桶被扔在了海滩上。

　　水桶里装的都是咸水，只有少量给个人吃的药用新鲜植
物，斯特勒开始让白令和其他十二个生病的船员服下。"圣彼得"
号探险船上的人员到齐后，继续回家的航行。与此同时，因为服
用了斯特勒给的新鲜植物，白令和其他船员开始出现了好转的迹
象。白令又回到了甲板上，许多船员也都从病号名单上划掉
了，他们的牙齿坚固了，精力恢复了。他写道："承蒙上帝的恩
典，很明显，我对他们的照料，他们心中有数。"要是他们早点听
斯特勒的话，采集更多的植物，让所有的船员都能吃到，那就
好了。

　　关于坏血病肆虐的一个最生动、最残酷的描述可以在一本书
中找到，书名为《1740年至1744年间的环球航行》（*A Voyage
Round the World in the Years 1740-1744*），作者是英国皇家海军的
乔治·安森（George Anson）。也是在1740年，当"圣彼得"号探

险船和"圣保罗"号探险船离开亚洲，前往阿拉斯加，安森因为俘获了一艘西班牙运送财宝的大帆船而名扬天下，成为一名富得流油的民族英雄，只不过，大部分随他从英国出发的船员却没有机会分享他的喜悦。他们中的大多数人已经死了。离开英国时有将近两千名船员，最后只有大约两百个人挺过了环球航行；出发时有五艘船，也只有一艘回来了，就是那艘配备了六十门火炮的"百夫长"号舰船，很是威猛。其他人在路上悲惨地死去，大部分是死于坏血病，只有少数人是其他原因导致的死亡。

　　因为预见到航行中的死亡率会很高，船上实际上挤满了扩编人员，但很快就出现了人手不足的情况。船员们纷纷病倒，刚开始时是船上常见的疾病，腹泻或伤寒。然而，坏血病很快就成为最大的问题。当暴风雨袭来，船只陷入危险，最需要大家使出力气时，他们却变得阴郁，四肢麻木，思维模糊。三分之一的船员躺在吊床上呻吟，虚弱不堪，无法跑到甲板上展开自救。以前打仗时留下的伤口开始破裂，又出血了，曾经折断的骨头再次断开，牙龈肿胀、发黑，疼痛难忍，渗出了血，牙齿松动脱落。"有些人失去了知觉，有些人肌肉萎缩，就像是把四肢拉到了胸口周围，有些人的身体腐烂了"。

　　因为找不到身体足够健壮的人来清理甲板，所以，当船在巨浪中摇摆时，腐臭黏稠的体液四处飞溅。这种神秘的疾病一旦降临，船上的人就陆续死去，或痛苦地呻吟和哭喊。他们倒在地上，尸体僵硬。安森率领的船中，有一艘船将"大量扩编人员的尸体扔进了海里，人数达到了三分之二，除军官和他们的仆人们之外，那些还活着的人几乎无法坚守岗位"。当他们终于靠岸时，船员们大都几乎站不起来了，他们发现，"差不多所有的蔬菜都被认为是治疗坏血病的良药……这些蔬菜和我们在这里找到的鱼和肉，对我们的病号恢复健康来说是最有益的，对我们这些没生病的人来说也很有帮助，它们消灭了潜伏在我们身体里的坏血病的种子，让我们恢复了原有的力气"。

在大航海时代，坏血病间接导致了海上更多的死亡，比死于暴风雨、交战、海难和其他所有疾病者的总和还多。事实上，它也是造成许多海难的原因，因为船上的人病得太重，身体太虚弱，无法拉拽缆绳，或是爬到桅杆上去瞭望，致使船只撞上礁石或被巨浪吞没。从雅克·卡蒂亚（Jacques Cartier）、瓦斯科·达·伽马（Vasco da Gama）、弗朗西斯·德雷克（Francis Drake）到斐迪南·麦哲伦（Ferdinand Magellan）、詹姆斯·库克和路易斯·安托万·德·布干维尔，大航海时代几乎每一次漫长的发现之旅都会出现坏血病。这就是海之虐。问题是，没有人确切地知道，是什么导致了这种可怕的疾病。安森手下一名叫作菲利普·索马里兹（Philip Saumarez）的上尉在疲倦之余，对这种疾病总结了自己的体会。他写道，坏血病"表现出来的症状是如此可怕，难以置信……所有的医生，凭他们所知的药物，根本找不到救治的办法。但我可以清楚地看到，在人体结构中，有某种妙不可言的特性，如果不借助土地中的某种微粒，身体就不可复原……通俗易懂地说，土地就是人类需要的特定元素，而蔬菜和水果就是唯一能救治的良药"。

许多国家的医生以体液学说为基础，对这种疾病进行研究，试图提出他们自己的特殊理论来解释坏血病。他们写了几十本关于坏血病的小册子，提到病因，有各种各样的说法，如致命毒气、湿气、黑胆汁过多、懒惰、铜中毒、遗传或不能排汗等。治疗的思路就是要将体液恢复平衡，包括用盐水清洗、放血、在饮用水中加入盐酸、把汞膏抹在烂疮上、喝脱醇啤酒以及其他并无效果但政治上可以接受或经济上合算的药方。在一些远洋船上，生病的船员遭到体罚的情况增多了，因为根据那些解释，他们可能是假装生病，其实就是懒，所谓得了坏血病的船员不过都是些懒骨头而已。而体罚有时候会像这种疾病一样致人死亡。

1747年，苏格兰医生詹姆斯·林德（James Lind）在"索尔兹伯里号"船上做了一项被认为是医学史上的第一次对照实验。他挑选了十二个得了坏血病的船员，他们的症状"与我所能想到的差不多……他们都出现了牙龈腐烂，有斑点，疲倦，以及膝盖无力"。他们的吊床挂在相互隔开的舱室里，在船的艉楼，这里潮湿阴暗。他将他们成对分组，"大家都吃完全相同的食物"，不同

172

的是，他用当时传说中可以治疗坏血病的各种药方分别对他们进行治疗，如"稀硫酸"、酸醋、苹果汁、海水等，"每天半品脱，有时看情况或多或少，按照一般的疗法进行"，还有一种每天吃三次的"药糖剂"酱，"肉豆蔻般大小"，成分有大蒜、芥菜籽、萝卜干、秘鲁香脂或没药树脂，用大麦茶冲服。最后一组是幸运的，两人每天吃两个橘子和一个柠檬，他们"狼吞虎咽"，一共吃了六天，直到把这些南方水果吃完。吃橘子和柠檬的船员是唯一吃到新鲜食物的人，所以，毫不奇怪，他们很快就康复了，回到了工作岗位。但林德对自己的发现感到困惑。这些水果在位置偏北的国家很少见，也很难弄到。于是他试图用煮沸的方式浓缩柑橘类液体，以便更易于运输和储存。林德这样做破坏了其中的有效成分，导致真正能治疗坏血病的方法推迟了几十年才被发现。当时在海上航行中使用脱水和腌制的技术来保存所有食物，而这就是引起坏血病的真正原因。

当然，我们现在知道，引起坏血病的主要原因是吃不到新鲜食物，新鲜食物中含有维生素 C，缺乏维生素 C 会导致身体的结缔组织退化，从骨骼到软骨再到血管，身体基本上就垮掉了。对于治疗这种疾病，除获取新鲜的水果和蔬菜之外，一种可靠且便于携带的药物直到四十年后才被研制出来。那是 18 世纪 90 年代，就在拿破仑战争的前夕，医生吉尔伯特·布兰（Gilbert Blane）爵士说服了皇家海军，要求所有的英国船员每天喝一些柠檬汁，混在他们的朗姆酒里，一起喝下去。

斯特勒走在了他那个时代的前面，他对坏血病有自己的见解。根据他与堪察加土著人的交流和他的观察，他们在整个漫长的冬天里都没有得坏血病，但有些俄国人似乎就会出现坏血病的症状。就他所知，堪察加人并没有采取什么特别的措施来预防坏血病，所以他断定，这肯定与他们的饮食有关，因为饮食是他们与俄国人唯一有区别的地方。斯特勒做了假设，把这种情况出现的原因与吃新鲜植物联系起来。有时候，这些植物发苦，或难以下咽，如果只考虑口味的话，俄国人一般是不会去摘来吃的。在这个地方，俄国人是外乡人，大多数时候吃的是携带的干粮，偶尔打点野味吃。在俄国海军中，坏血病并不常见，不像在英国、西班牙和法国的海军中那么严重，因为那些国家的历史更悠久，曾经历漫长的海上航行，为了穿越大洋，要在海上花费更多的时间。相比之下，俄国海军大多驻扎在波罗的海或黑海，从未远离港口，总能吃到新鲜食物。不管怎么说，全靠斯特勒在 1741 年秋天采取的预防措施，还有他的探究精神和动手能力，才帮助"圣彼得"号探险船上的船员们渡过了难关。

快到 9 月底的时候，"圣彼得"号探险船已经在阴雨天气中大体上向西走了两个星期，但离阿瓦查湾仍有数百英里之遥，在回家的路上只走了百分之四十的距离。斯特勒的日记条目中包含有

各类报告，如偶尔看见的海獭或水面上漂来的海藻，天上飞过的猫头鹰或海鸥以及它们朝哪个方向飞。今天看见了鲸鱼就预示着明天要刮来一场急促的暴风雨，如果有鼠海豚跟在船后面肯定是又有一场急促的暴风雨要刮过来。不过，总的来说，因为刮着西风，他们得赶紧返航。但是，天空中乌云密布，大多数时间看不见太阳和星星，所以，他们基本上是摸黑向西航行，祈盼他们选择通过这片未知水域的直接路线也是最安全和最快的途径，不会被暗礁或是大雾笼罩的岛屿挡住去路。"因为这种状况，"瓦克塞尔报告说："我们有两到三个星期没有见过太阳，晚上也看不见星星。"这使得导航变得不可能了。"我们只能在一无所知的情况下航行在未知的海洋中，就像是个瞎子，不知道是走得太快了还是太慢了"。所有船员都带着一种焦虑的情绪，不知道他们身处何方或陆地在哪儿，或是否有致命的障碍，在每一层云堤或雾纱之下都有可能潜伏着灾难。大家越来越紧张，即使躺在床上，也是焦虑万分，无精打采。"我们不知道前方可能会有什么障碍，"瓦克塞尔写道："因此，必须考虑到有这种可能性，随时都会有什么事情发生，把我们给结果了。"他们现在使用航位推算法来航行，因受误差累积的影响，他们不知道的是，在向西行进的时候，他们也在慢慢地向南偏移。

9月21日，终于迎来了晴朗而平静的一天。涌浪平息了，刮起了西北风。大家来到甲板上晒太阳，祈祷未来。但到了下午，风向开始变换，刮起了西南风。然后，风速增大，极不稳定。这是个开始，接下来两周多的时间里，风暴猛烈地刮着。这场风暴把他们向东南方向吹了五十英里，使得十月初遭遇的状况越来越多。船上的日志是这么写的："狂风暴雨""狂风一阵阵地吹""浪高""风大，雨不停""闪电""暴风雨""大风吹""波涛汹涌""可怕的风暴和巨浪""狂风大浪""狂风、下雨、下雪""云层厚""坏血病已经把我们折磨得筋疲力尽"。斯特勒写道："时不时地，又能听到风就像是从一条狭窄的通道中呼啸而过，发出可怕的哨声，怒海狂风之中，我们每分钟都有失去桅杆、船舵或其他东西的危险，将眼睁睁地看着这艘船被海浪击穿，砰然作响，像开炮一样。这种情况使我们觉得，每一次都像是最后一击，要完蛋了。"

暴风雨越来越猛烈，超出了船员们所能想象的最坏程度。在 175 他们几十年的海上生涯中，还没有哪一次的暴风雨比这一次更猛烈。这时，船上受到污染的水变成了苦咸水，无法饮用。每天吃的都是一成不变的咸牛肉、硬面包、燕麦和豌豆，已对船员们的健康产生了不良影响。离开舒玛巾群岛不过才一个礼拜，斯特勒就用完了采集来的治疗坏血病的草药和酸模，当然，本来也并不多。船上再没有其他东西可以缓解蔓延开来的坏血病。船员们士气低落，普遍感到忧郁和疲倦。斯特勒写道，"喝下那些有害身体的水使得健康船员的数量一天天减少，听到许多人在喊疼，他们之前很少经历过这样的病痛"。船员们开始怀疑，他们今年是否还能回到家中，也都在嘀咕，并提出来说，船长和军官们应该计划在日本或美洲过冬。

这些人心情沮丧，意志消沉，导致坏血病的症状更加严重。很快地，有三分之一的人病倒了。船在波涛中颠簸，在大风中摇曳颤动，他们躺在吊床上跟着摇晃，住舱里弥漫着臭味，地板上流淌着难闻的液体，四处横溢，有人就在黏液中趴着。瓦克塞尔写道，"他们都得了坏血病，病得很厉害，大多数人的手脚连动都动不了，更别说干活了"。一些船员的牙齿松动了，牙龈变黑、出血。虽然斯特勒给白令服用了治疗坏血病的草药，让他的身体短暂地康复了一下，但斯特勒的草药一旦接续不上，指挥官就回到了之前的样子，阴郁，冷漠，不能够或是不愿意从床上爬起来。

暴风雨越发猛烈，现在是从西南边刮过来，而不是北边。斯特勒写道，"如此加倍的凶猛，我们以前从未碰到过，估计以后也不会有。我们无法想象，还能有比这更大的暴风雨，我们是否还能坚持到底"。有时候，风特别大，天上的云朵"极快地飘动，就像是射出去的箭，从我们眼前飞过，甚至经常看见两块云团以同样的速度面对面地直冲过来，然后交织在一起"。狂风从四面八方撕扯船上的索具，紫黑色的云团使得导航变得不可能了，翻腾乱溅的泡沫横扫甲板。"每时每刻，我们都觉得，船就要毁了，"斯特勒写道："没有人可以躺下，或坐起来，或站着。没有人能坚守在岗位上。我们听天由命，在海上漂着，衰弱（原文如此），上天愤怒了，下决心要让厄运降临到我们身上。我们的船员有一半病倒了，身体虚弱，另一半……因为船晃得可怕，一个个狂躁不安，几欲疯癫。肯定有很多人在祈祷，只是，在西伯利亚的十年间，他们犯下的罪孽太多，上帝是不会搭理的。"有时候，斯特勒或其他人声称看见了陆地，但因无法操控船只，也过不去，不过是又增添了担心和危险，他们对此也无能为力。瓦克塞尔后来回忆说，"我可以坦诚地说，在我随船参加那次远航的五个月里，我就没睡过好觉，也从未见到过已知的陆地。我处于一种持续不安的状态中，总是感到危险和不确定"。

狂风把风帆撕成了碎片。船失去了控制，在海上打着转。波涛涌起，船在浪峰上，犹如置身悬崖，摇摇欲坠，然后又扎进巨浪间的波谷，浑身颤抖。快到9月底的时候，一股寒潮从北而降，雨变成了雪、冰雹和冻雨。索具上都结了冰，舱门也被冻住了。白天阴沉、忧愁，黑夜漫长，只有风在低吟。船上的人要么因为害怕而疯癫，要么就是因为思虑过度而疲惫不堪。然而，随着食品越来越少，他们的胃口却增大了。"上帝是知道的，我们的食品十分短缺。"瓦克塞尔写道。特别是，除了饼干，已经没有别的东西可以吃了。船上下颠簸，也没法做饭。更糟的是，酒也越来越少了，到10月16日就见底了。瓦克塞尔哀叹道，"杜松子酒现在也没剩下多少了，维持不了几周。只要还有它，就能让这些

177 人保持相当好的状态"。对于治疗坏血病来说，杜松子酒或伏特加酒完全没用，除非是掺着橙汁喝下去，但它可能会有一个好的作用，就是让他们对恐惧和看似绝望的困境感到麻木。"他们唯一的愿望，"瓦克塞尔写道："就是快快死去，那样可能会使他们得到解脱。他们告诉我，他们宁愿死去，也不愿以这种痛苦的方式苟延残喘。"

暴风雨刮了十八天的时间，致使离开舒玛巾群岛后西返的努力全都白费了，"圣彼得"号探险船居然被大风往东吹回去了三百零四英里。10 月 12 日，当"圣保罗"号探险船艰难地回到彼得罗巴甫洛夫斯克时，"圣彼得"号探险船仍然在狂风呼啸的大洋上被风吹得乱转，再次位于堪察加以东一千多海里的地方，距离一个月前即 9 月 13 日时船的位置还有三个纬度，在那个位置的南边。

到 10 月中旬，船上大部分人不是生病就是虚弱。再次回到开阔水域后，从 9 月 24 日开始，船员们就在陆续死亡，当时是"掷弹兵安德烈·特列季亚科夫（Andrei Tretyakov），因着上帝的旨意，死于坏血病"。下一个记录在案的死亡病例是 10 月 20 日的尼基塔·哈里托诺夫（Nikita Kharitonov）。从那时起，经常有船员死在他们那个又暗又臭的住舱里，他们的床铺都吊在那里面。"不仅是生病的人死去，"斯特勒报告说："就是那些自认为身体没问题的人，干完活后，因为筋疲力尽，躺下来也死了。只能喝到少量的水，饼干和白兰地也不多了，寒冷、潮湿、受冻、寄生虫、惊骇和恐惧等，都是导致死亡的重要原因。"特列季亚科夫死后不久，瓦克塞尔宣布，船上只剩下十五桶水，其中还有三个桶损坏了，在漏水。每天都有船员在痛苦中死去，脸色惨白。活着的人把僵硬的尸体拖到甲板上，然后把他们昔日的伙伴扔进海里。白令躺在自己的住舱里，发着高烧，意识不清，双眼茫然，他的皮肤就像是沾了污渍的皮革。"即使是最雄辩的文笔，"斯特勒写道："也会发现自己无力描绘我们的痛苦。"这次航行现在已然是一次"痛苦和死亡"的经历，所有的人都没什么可想的了，对未来也不抱什么希望。

10月28日，雪和冰雹暂时停止了，天空晴朗。令他们吃惊的是，透过薄雾，他们看到了一个低矮、平坦、有沙滩的小岛，就在他们前方不超过一英里的地方。"又一次，"斯特勒写道："我们在这儿有机会明白地看到上帝仁慈相帮，如果我们几个小时前遇到这种情况，在黑夜里，或者就算是现在，上帝没有驱散雾气的话，我们必定就完蛋了。我们完全可以得出结论，除了看到的这些岛屿，在我们走过的这条路线上，肯定还有很多其他岛屿，我们可能是在夜里和大雾天气中与它们擦肩而过。"斯特勒是虔诚的传教士，这时还没有完全受到坏血病的有害影响。对于命运的安排，他欣然接受，不被别人左右，只要有幸存的可能性，就抓住不放。船员们急忙调转船头，让船回到了开阔海域中，以免撞到礁石或在海滩上搁浅。在这片未知的海域，灰色的海浪泛起了泡沫。他们现在知道，美洲并没有从舒玛巾群岛直线向西延伸，而是逐渐向西南弯曲，直线回家的航线不仅不是最快的，甚至是不可能的。西托罗夫建议，他们应该放下一艘小艇，划到岸上去，看看能否找到淡水。斯特勒写道，当这个上岸找水的"不可听取的提议"被其他军官否决时，他松了一口气，因为"只剩下十个虚弱的人，尽管他们能够帮着放小艇，却无论如何也没有力气从海底再次起锚"。不管怎么说，另一场暴风雨很快就要来临，如果他们非要试图划到岸上去，他们"肯定会与我们一起葬身大海"。

　　不知怎地，瓦克塞尔和斯特勒一样，还有些力气，不过，像他这样还有些力气的也没几个人了。大部分的风帆都被撕成了烂布。他几乎找不到能爬到绳索上的船员。很快地，已没有人还有力气握住舵轮，驾驶船只，船"就像是一块死木头，无人指挥，我们只能听凭风浪摆布，四处漂流，"瓦克塞尔继续说道："的确是，当轮到某个人掌舵时，他是被另外两个还能走一点路的病号拖着过去的，然后坐在舵轮前。他只能坐在那儿，尽可能地操控舵轮，如果他再也坐不住了，就只能换上另一个人，那个人的情况也不会比他更好。"最奇特的现象也许是，斯特勒从一位绅士变成了一名劳动者。坏血病肆虐时，连四个脑子清楚且有足够力气驾船的人都几乎找不到，瓦克塞尔"泪流满面地恳求（斯特勒）提供帮助和援助"。斯特勒"赤手空拳"，最大可能地用尽了他的"力气和手段，虽说这不是我该工作的地方，而在这场灾难之前，我出手相帮却总是被他们嘲笑"。他收住了自己说话尖酸刻薄的风格，并且是第一次在航行中说服自己遵从海军的等级制度。虽然长久以来，他蔑视那些军官们，但到了这个时候，他还是接受了他们发出的命令，承担了他曾认为会拉低他身份的工作，也就是体力劳动。

瓦克塞尔很快也开始没力气了。他悲叹道："要是不抓住什么东西的话，我自己也几乎不能在甲板上走动。"他想要鼓舞士气，恳请那些得了坏血病快要死的船员不要绝望。"上帝会帮助我们，"他喊道："我们应该很快就能看见陆地了，那将拯救我们的生命，不管是什么样的陆地，也许我们会在那儿找到继续航行的办法。"但船在海上漂着，他们没办法确定航线，或掌控自己的命运。"直言不讳地说，"瓦克塞尔写道："我们极其悲惨。"

与"圣彼得"号探险船一样，"圣保罗"号探险船也遭受了不幸和意外。到9月的时候，大家已经有六个星期没有喝到足够的淡水。他们嘴唇苍白，渴望吃到清凉爽口的点心。他们顶风向西航行，朝着堪察加半岛前进，海岸和岛屿在雾中若隐若现，暴风雨猛烈地拍打着这艘船。自8月27日离开塔坎尼斯湾，沿着与阿瓦查湾相同的纬度向西航行后，奇里科夫就下令严格定量供水。

所有人的用水量被限制在维持生命的水平。没有了登陆艇，这艘船无法上岸补充淡水或获得任何新鲜食物。奇里科夫报告说，"下雨时，船员们就拿出水桶和其他容器，去接风帆上滴下来的水；虽然这些水味道很苦，就像是在喝焦油，但他们还是喝得很高兴，说这个对健康有好处，像焦油的苦味可以治愈坏血病"。然而，这种所谓的"治愈"，被证明只是暂时的。船上每天只能吃一顿饭，吃的是荞麦粥，或是荞麦糊，再给一杯红酒，每三天可以多吃一顿。8月过去了，海上变幻莫测，航行速度又慢，奇里科夫眼见水桶里的淡水在快速地消耗，不免忧心忡忡。荞麦现在改为两天才能吃到一次，中间这一天，大家只能吃饼干和发臭的黄油，还有咸肉，是用海水煮的。吃这些东西的时候，盐分会让他们的嘴唇像火烧一样难受。很快地，荞麦只能每周吃到一次了，而且煮荞麦的水也快没了。

"这些困难开始对我们产生影响。"奇里科夫写道。不久之后，"圣保罗"号探险船就开始了他们与坏血病的抗争，与"圣彼得"号探险船差不多是在同时发生。奇怪的是，也是在西返的路上。"军官们和船员工作时面临着巨大的困难"，很快地，一些人变得虚弱不堪，爬上甲板的力气也没有了，都躺在床上呻吟。"我开始担心，最坏的情况可能发生了，"奇里科夫后来回忆说："我下了命令，船员们每天要喝两杯红酒。"因为每天吃得很单调，多喝一杯红酒对于分散他们的注意力来说，当然是有用的。

但不幸的是，这治愈不了坏血病。船在暴风雨中吃力地向西前进，海陆茫茫，对周遭环境一无所知，船上的人却在日渐虚弱、沮丧和恐惧。他们似乎永远也看不到陆地。但有大量证据表明，陆地就在附近，因为能看见天空中飞翔的鸟儿、水中嬉戏的海獭和漂浮的植物，而在远处，就在北边，偶尔也能瞥见光影闪过。

9月9日早晨，雾气蒙蒙，能见度很低，奇里科夫命令"圣保罗"号探险船放下一根锚索，在水下探到了二十四英寻深的地方。他们隐约听到了海浪拍打礁石的声音，但在大雾之中，他们什么也看不见，奇里科夫不想再往前走。几个小时后，雾气散去，就在离船几百码的地方出现了陆地，这个地方现在被称为埃达克岛。岛上有许多大山，几缕薄雾缭绕其间，山坡上绿草如茵，但没有树。在许多地方，悬崖就矗立在岸边。就在距离"圣保罗"号探险船几步之遥的地方，海浪猛烈地拍打着凸出水面的礁石。如果奇里科夫没有让船停下来，他们就会搁浅。因为没有登陆艇，"圣保罗"号探险船的人只能困在船上，眼巴巴地看着这个陆地。岛上有很多小溪，溪水从山上的岩石中淌出，冲入这里的小海湾。他们的食物中盐分太多，嘴唇就像火烧一般。他们看着岛上丰富的淡水垂涎欲滴，极度渴望能在清澈的小溪中喝上一口甘甜的淡水。

"圣保罗"号探险船离岸边很近，他们看见有两个人在海滩上行走。船员们拿起喇叭筒，开始用俄语和"堪察加语"向这两个人喊叫，要他们上船。"过了一会儿，"奇里科夫报告说："我们听见有人在喊我们，但是因为海浪拍打礁石的声音太大了，我们无法听清楚在说什么。"几个小时后，他们听到岸上传来更多的叫喊声，然后有七个人划着皮艇向船这边靠过来。他们嘴里念念有词，开始了某种仪式。奇里科夫认为，这是"在祈祷，希望我们不会伤害到他们"。仪式过后，他们划艇聚在一起，在那儿说着什么。奇里科夫让他的手下表现出欢快的样子，鞠着躬，挥舞双手，请土著人上船。大多数俄国人都藏在甲板下面，手里拿着枪，子弹上膛，严阵以待，以防土著人发动攻击，只有几个人站在甲板上。奇里科夫注意到，"他们打着手势，好像在拉弓，这就表明，他们害怕我们可能会攻击他们"。

182 　　奇里科夫和他的手下继续努力沟通，他们把手按在胸口上，以示友好。奇里科夫接着扔给他们一个杯子，"作为一种友谊的标志"。有个人检查了一下杯子，然后把它扔进水里，杯子立刻就沉了下去。奇里科夫又拿出了一些缎布，他们还是看不上眼，扔掉了。然后，"我命令拿出不同的东西，就是我们不得不拿出来作为礼物的东西，如小盒子、小铃铛、针头、烟草、烟管，我把这些东西举在手里，要他们靠近点"。但这个办法根本不管用，坐在皮艇上的人不肯靠过来。看起来，阿留申人很是小心谨慎。最后，奇里科夫拿出了一个空水桶，试图让他们明白，他需要水。有个人划得近了些，奇里科夫给了他一根烟斗和一些烟草，放在他的皮艇上。不久，另外一个人也划得近了些，急切地想看看他这位胆子更大的同伴得到了什么。奇里科夫和他手下几个人把小礼物分发给了他们，他们"相当冷淡"地接了过去。过了一会儿，"我们看见，有几个人举起了一只手放到嘴边，另一只手做了一个快速的动作，就像在嘴边切什么东西。这让我们想起来，他们是想要刀"，因为堪察加人的习惯就是一边切着嘴边的肉，一边吃着。

奇里科夫拿了一把刀递给一个人，那人欣喜若狂。他又拿出一个空桶递过去，指向附近的溪流，他们很快就明白了。但他们划艇回来时，带来的是一些皮囊，而不是刚才那个笨重的水桶。"其中一人举起了一个皮囊，表示以此作为交换，希望得到一把刀。把刀给了他以后，他没有把皮囊送过来，而是递给了第二个人，那个人也要求得到一把刀。当他拿到刀以后，就把皮囊递给了第三个人，同样的，也是要一把刀。"这种交易游戏持续了一阵子，他们用某种根茎和草来交换硬饼干，用裹在海藻里的某种奇怪的矿物和一些箭头还有一顶树皮做的帽子换了一把"钝斧，他们还觉得挺高兴"。他们把一个铜壶还了回来，说不上什么原因，觉得没什么用处，然后就划回岸边去了。下午晚些时候，有十四个人划艇到船这边来，也打着手势，做出切肉的动作，想要刀。奇里科夫现在已经没有兴致跟他们周旋了，船上想要得到淡

183

水，但这种交流方式无济于事。"这种行为，"他鄙夷地说道："还有他们做的其他事情，证明他们是一群良心还没有发育完全的人。"

开始起风了，风向飘忽不定。"仰赖上帝的帮助，我们准备要离开之前停留的地方，以免为时过晚"。这艘船险些撞到了礁石，奇里科夫也担心水下有更多的礁石，他命令在船头上部"锚链孔"的地方割断锚索，然后挂起满帆，试图逃离这个布满礁石的海湾。"这真是千钧一发，因为一阵大风从山上和四面八方吹了过来。"离开布满礁石的海湾，回到开阔海面后，船上的人大大松了一口气。他们仍然没有足够的淡水，但现在，至少风向对他们有利。他们继续朝着西边航行。时间一天天过去，奇里科夫写下了他的观点，认为他们的航线与美洲大陆是平行的，因为航行中透过雾气，北边会断断续续地出现陆地。尽管困难重重，他们每天都会留下一份详细的航海日志，记录观察到的现象，如"整个白天，我们都能看到海白菜和漂浮在水中的草，就是在岸边生长的那种东西。水是绿色的，不像是海水的颜色"。

9月20日，奇里科夫躺在床上，因为得了坏血病而无法动弹，"死亡随时都会降临"。虽然动弹不得，他还是根据航海日志计算船的航线。他的助手伊凡·叶拉金（Ivan Yelagin）此时负责掌舵，他就向叶拉金下达指示。"感谢上帝，我的脑子还能转动。"奇里科夫写道。不久之后，就有许多人无法下床了。9月26日，发生

了第一个死亡病例。此后，很快就有六人死于坏血病，其中包括
三名军官，即约瑟夫·卡奇科夫（Joseph Kachikov）警员、奇哈乔
夫（Chikha chev）上尉和普劳京（Plautin）上尉，他们"被夺去
了生命"。10月8日，远处堪察加半岛山峰上的森林映入眼帘。
一天后，他们进入了阿瓦查湾，开了五枪，发出求救信号。过了
一会儿，一些小船过来援助他们。到这时，船上还剩下两桶黑咸
水。德拉克罗伊尔教授已经病了好几个星期，一直躺在昏暗的住
舱里，乞求立即上岸，但当他被抬到甲板上呼吸新鲜空气时，他
突然就死了。其他人必须下船获得帮助，到岸上接受护理，恢复
健康。他们出发时有七十六个人，回到堪察加的时候，失去了
二十一个人，其中有十五个人被遗弃在阿拉斯加，凶多吉少，有
六个人死于坏血病，就在最后两个星期的航行中。

　　奇里科夫开始撰写一份关于此次航行的详细报告，包括所有
记录在案的情况，做到了一丝不苟，其中还有些情况是偏离了下
达给他们的官方命令，这是所有军官们一致同意的。他还收集了
许多自然历史和文化物品，是他们在此次航行中获得的。在此次
航行刚开始的时候，暴风雨将两艘船分开了。他解释了他的行
动，他们是如何失去队员和登陆艇的，水位太低是如何导致他们
无法对伟大的土地进行更详细的调查，暴风雨如何阻止他们取得
进展，以及坏血病是如何将他们几近摧毁的。奇里科夫还道歉
说，没能生擒一个或多个美洲人回来，因为"我们无法说服他们

上船，没有特别指示的话，强迫他们违背自己的意愿是危险的……看起来他们不会自愿上船，我想女沙皇陛下也不会要我们动武。如果有那样的目的，就需要更多的船员"。有人就在想，如果有哪个特里吉特人或阿留申人胆大上船，他将面临什么样的命运。几个世纪以来，英国、西班牙、法国和荷兰在大西洋和加勒比沿岸绑架美洲土著人的事情已是愈演愈烈。

到了12月，奇里科夫完成了他的报告，让一名信使带着报告沿着蜿蜒曲折的道路穿过亚洲送到圣彼得堡。根据下达给这次探险的官方命令，报告应由船上的一名高级军官亲自送交，但奇里科夫道歉说，这是不可能的，"因为军官们都死了"。"至于我自己，"他承认道："我很不适合承担出海的任务。坏血病潜伏在我的身体里，很难摆脱，因为空气污浊，尤其是食品短缺且难以下咽……天可怜见，我还能坐起来。我的脚瘦成了细条，满是斑点，我的牙龈萎缩，牙齿松动。"至于在堪察加能拿到的治疗坏血病的药物，"它们都是很久以前的药，毫无价值。船员也有类似不健康的状况"。因为死了这么多人，造成他们人手不足，很多人不能干活。除奇里科夫之外，活着的人中，只有一个是受过航海训练的。他报告说，"圣保罗"号探险船的情况比它的船员们也好不了多少，船身多处破损，锚索和铁锚都没了，而"船的索具状况也很糟糕"。在彼得罗巴甫洛夫斯克，没有办法轻易更换零件或修复任何缺陷。在最后的航程中，那些难以忍受的伤痛折磨和坏血病蔓延带来的健康问题，使得奇里科夫的健康遭到了永久性损害。这位曾经勇敢且雄心勃勃的军官，曾屡遭白令压制，作为探险家，已走到了他职业生涯的尽头。

"圣保罗"号探险船的幸存船员在条件简陋的前哨基地进行疗养。秋天很快转为冬天，安全航行的季节即将结束，而他们的姐妹船却仍旧毫无音讯。奇里科夫和他的手下满是担忧和疑问，不知他们的队友和指挥官白令怎样了。他们是否被困在阿拉斯加过冬了？"圣彼得"号探险船是否在暴风雨中沉没了？他们是不是得了坏血病，然后悲惨地死去了？无人知晓他们那些队友的命运。

第四部分
与世隔绝

第 10 章　蓝狐岛

　　航海技术在 18 世纪中叶时还处于初期阶段。当时人们对全球 190
地理知识知之甚少，仪器也不够精确，只能在理想的条件下工作。
计算纬度（也就是南北测量）比计算经度（也就是东西测量）要
简单得多。无论是在陆地还是在海上，纬度都是通过正午时测量
太阳高度角来计算的，有时是在午夜时分测量一颗已知恒星的高
度角来计算。测量工具是水手们使用的星盘（或后来的六分
仪），其设计特点就是只能在风浪较小的海上使用。一位受过航海
训练的军官抓牢仪器顶部的一个圆环，然后让用重铜制作的圆形
物体进行摇摆。等它停下来，领航员就将它与地平线看齐，以确
定太阳的角度。然后，他会根据一组表格计算测量结果，并在地
图上标出位置。这种仪器本来就不是完美的，但它确实能相当准
确地测定一艘船的南北方位。其明显的缺点是，在恶劣天气或能
见度很差的情况下，它基本上是毫无用处的，而在 1741 年的秋
天，这正是"圣彼得"号探险船面对的情形，他们被困了好几个
星期。

　　相比之下，经度的计算则充满了可能的误差和技术挑战。而 191
且在白令这次航行之后的几十年里，计算的精确度问题一直没有

得到解决。经度表示从本初子午线往东或往西的距离。随着时间的推移，人们已经制定了一些标准。到了18世纪40年代，穿过英国伦敦格林尼治的南北经线成为基准线。地球总是以一定的速度自转，所以，当地时间与格林尼治标准时间的时差就等于是每小时往东或往西跨过十五个经度。后来有了一种计算方法，就是携带一台精确的航海经线仪，或是时钟，设定好格林尼治时间，以便在正午时分比较格林尼治和当地时间的时差。这样的话，海员们就能计算出他们在地球表面走过的距离。最早的一台较为精确的航海经线仪曾被英国航海家詹姆斯·库克船长使用过，那是在18世纪60年代他的那次著名航行中。

然而，在18世纪40年代，白令和瓦克塞尔不得不依靠一种更加耗时的方法来计算经度，还得小心翼翼，包括对天体的观测等。由于地球、月球和太阳系的其他恒星都以一定的速率运动，彼此相关，经度可以通过一系列复杂的数学计算来确定。他们那个时代的领航员会站在船的甲板上，眯着眼睛，透过一架望远镜，记录下木星的一颗卫星发生日食时当地时间是多少。然后，他们进入船舱，查看一套标准表格，表格上注明了同样的日食预计什么时候会发生在格林尼治。根据两个位置看到的同一日食的时差，就可以计算出经度的度数。如果有云层遮挡，看不见木星的卫星，他们就只能测量月球与两颗固定恒星的角度，再查看一套标准的天文表或星图。无论是哪一种方法，都需要花费数十个小时进行观测，然后做数学计算，这也只能由某些受过严格训练并且头脑清醒的高级军官来做。在确定他们的航线时，他们还得计算罗盘的偏差，或叫作磁偏角，即地理上的北方与地球磁场的北方之间的那个夹角。领航员必须有扎实的数学基础，花费大量的时间进行测量，然后通过方程式的计算来确定他们的位置。

在北太平洋的广阔水域中，瓦克塞尔和其他军官的一项工作就是计算出船的位置。但几个星期以来，因为刮着暴风雨，大部分时间是看不见太阳和星星的。而且他们还得处理更加紧迫的问题，如暴风雨和坏血病的蔓延等。所以，他们几乎不可能完成那项工作。对于船的位置，他们的估计只不过是凭借知识或经验来进行推测。他们当然希望自己正在靠近堪察加半岛，但他们真的不知道自己离得到底有多远，也不知道这一路过去是否还有其他的拦路虎。

10月下旬，风向变换，向西吹去，这对"圣彼得"号探险船是有利的。船顺风向西和向北航行，想要追回之前未能走完的路程。偶尔，太阳会在"疾飞"的云层空隙中露个脸，但当大雾和细雨落下时，又被遮住了。他们不知道这艘船在几个星期的暴风雨中向南漂流了多远。在暴风雨的猛烈袭击之后，使用航位推算法来估计速度和方向已无济于事，而且大雾和乌云遮挡了太阳或星星，难以通过观测来确定经纬度，更别说计算了。白令现在已

経站不起来，却仍然足够清醒，可以发号施令。瓦克塞尔劝他下

令，找个地方过冬，以免大家全都完蛋。但白令坚决反对，他只想快快回到阿瓦查湾。忽然有一阵子，他来了力气，下令从所有人的手中收集硬币，要大家许诺，把这些钱均等地捐给两座教堂，一座是在阿瓦查湾新落成的俄罗斯东正教教堂，另一座是他家乡维堡的路德宗教堂。他做了许多的祈祷、许诺和自我反省。

10月的最后几天，船一直在航行。有些天，十二个小时内可以走完一百海里。有时，穿过薄雾和细雨，他们会靠近一些小岛。尽管没剩下几名健康的船员，风帆、索具和桅杆也都遭到了损坏，他们的速度却不慢。斯特勒写道："11月1日、2日和3日，除了我们的病号在迅速地死去，而且死亡人数还很多，其他没有发生任何异常。因为总有人死去，也几乎不可能在航行中操控这艘船或做什么改变。"现在，每天都有人死于坏血病，已经变得习以为常，以至于在航海日志中被算作"未见异常"。11月4日的航海日志就真实地记录了当天发生的死亡事件，尸体用脏布裹起来，扔进了大海——凌晨一点，"西伯利亚驻军"中的鼓手奥西普·切佐夫（Osip Chentsov）死亡；下午一点，"因着上帝的旨意"，西伯利亚驻军士兵伊凡·达维多夫（Ivan Davidov）死亡；四点，死亡的是掷弹兵阿列克谢·波波夫（Alexei Popov）。如今已有十二个人死于坏血病，有三十三名船员和几名军官再也无法从床上爬起来，而其余的大多数人也都虚弱不堪。他们都明

193

白，如果再遭遇一场暴风雨，船就会沉没。

11月4日，雨越来越小了，天空暂时放晴。还能行走的船员站在栏杆旁，忽然间喜极而泣。他们盯着远处逐渐显露出来的陆地，几乎不敢相信自己的眼睛，只见陆地上有一座被白雪覆盖的山脉拔地而起。在航海日志中，瓦克塞尔乐观地写道："我们认为，这个陆地就是堪察加半岛。"斯特勒写道："无法描述每个人看到这一景象时的喜悦之情，真是大喜特喜，半死不活的人也爬到甲板上来看一眼，所有的人都衷心感谢上帝的仁慈。"连白令也兴奋起来。"上校指挥官虽然病得很重，情绪也很激动，大家都说，在遭受如此可怕的痛苦之后，他们终于能恢复健康，休息一下了。"瓦克塞尔向船员们保证，根据他的计算，这个陆地就是堪察加半岛。他力劝白令，让船朝着这个陆地开过去。像其他许多人一样，斯特勒也是既感惊讶又觉宽慰。"就算有一千名领航员，"他写道："按照他们的推算，也不可能像现在这样一蹴而就，我们离目的地还有不到半英里了。"船上的人钻进舱内，把剩余的酒都拿了出来，这些酒藏了那么久，就是为了欢庆这样的时刻。大家传递着一个个小酒杯，为他们的获救干杯。军官们把海图拢在一起，拿到甲板上仔细查看，与地平线上被薄雾笼罩的这个陆地做了比较。所有的人都认为，这海岸的轮廓与堪察加半岛相吻合，他们还肯定地指认了远处突出的海角、灯塔和阿瓦查湾海港的入口。但斯特勒很快就开始怀疑了。"使用航位推算法就可以知道，"他推测说："我们至少是在北纬55度线上，而阿瓦查湾的位置是在还要再往南两度的地方。"

第二天，白令在他的住舱内召集军官们开会。这是一次开门会议，允许船员们旁听讨论。根据船上航海日志的记录，讨论的主要观点是"我们几乎没有人能操控这艘船……我们的淡水也快没了"。瓦克塞尔补充说，索具和风帆都严重受损，船上没人有力气去修复它们，而且现在已是北纬地区的深秋季节，如果他们离开这个海岸，以他们目前的状况，就别指望能安全到达任何地方。西托罗夫在他的日记中也写下了类似的感受："我们无法继续前进，因为我们全都虚弱不堪，我们的索具已经腐烂，我们的食物和水也都快没了。"白令说，他想继续前行，走到他们认为是阿瓦查湾的地方，但瓦克塞尔和西托罗夫事先已经商量好了，坚决反对他的想法。他们坚持在附近找一个海湾登陆，然后派一名信使从陆路前往下堪察加哨所，索要马匹。

瓦克塞尔和西托罗夫劝说士官和船员们接受他俩的提议。但他们中的许多人表示，如果要他们在拟好的同意书上签字，条件只有一个，就是要向他们保证，眼前这个陆地确实是堪察加半岛，因为他们自己不是这方面的专家，无法判断。于是，西托罗夫宣称，"如果这不是堪察加，就让人把他的脑袋砍掉"。尽管出现了如此戏剧性的一幕，但这两人的提议还是有说服力的。实事求是地说，现在的问题不仅仅是受苦或坚持住，更为严重的是，每天都有人死去，索具和风帆都腐烂了，除非遇到极好的天气，也没有足够的人手来驾驶这艘船，而随着秋天转为冬天，这种极好的天气只会越来越少。但还是有人与白令一样，想要继续前行。他的副官，那位被降职的上尉德米特里·奥夫辛就是其中之一。但他可能也看到了，很难公开反对他的上级和指挥官。显然是因为他忠于白令，瓦克塞尔和西托罗夫对他进行叱喝，骂他是一条走狗和一个恶棍，并把他赶到舱外。然后他们转过身来，要求斯特勒在同意书上签字，但这位脾气暴躁的德国博物学家不肯就范。"从一开始就没人征求过我的意见，"他毫无顾忌地说道："而且，如果我的建议与你们想要的不一致，你们也绝不会采纳。另外，那些先生们自己也说了，我不算是海员。所以，我什么也不说。"不过，斯特勒同意准备一份文件，证明船员们健康状况不佳，他认为这属于他作为外科医生的职责范围。这让瓦克塞尔和西托罗夫感到满意，因为这样的报告只会支持他们的观点，即他们缺少健康的人员来驾驶这艘船。

瓦克塞尔和西托罗夫赢得了胜利。军官海上委员会明确决定，"圣彼得"号探险船将不会沿着海岸航行，以便直达彼得罗巴甫洛夫斯克，而是，他们将"利用风向，让船靠近眼前的海岸，以拯救这艘船和船上的船员"。虽然他们发现西边有一个可避风的海湾，但他们眼下的处境非常危急，希望立即上岸，而不是让船慢慢地开到那个海湾去。瓦克塞尔若有所思地说："或许上帝

196

会帮助我们保住这艘船。"事后看来，如果按照白令的想法继续航行，也许算是两害相权取其轻，因为他们离堪察加半岛其实也不远了，但在当时，他们并不清楚自己的位置在哪儿。每天都有人死于坏血病，船身受损，桅杆断裂，上面还挂着破烂的风帆，大家只想着赶紧上岸。他们朝着西北方向驶往现在被称为铜岛的地方，陆地上的景象渐渐清晰起来，而他们也开始产生了疑惑和绝望——阿瓦查湾南边那些独特的锥形火山哪去了？

绕过一个海角后，他们让"圣彼得"号探险船驶向一个看起来似是小海湾的地方。就在这时，云层散开了，领航员得以对太阳进行测量。结果显示，这艘船的纬度实际上是在阿瓦查湾入口处以北一百多海里的地方。瓦克塞尔后来为他们的错误辩解道："这个地方不仅我们不知道，全世界也都不知道，而且……我们看见了陆地，却无法说出它的名称，尤其是，我们在海上航行了五个月，没有看到任何已知或被发现的陆地。否则的话，我们也许就能修正我们的航海日志和航位推算法。我们没有能用得上的海图，只能像瞎子赶路一样，不知道那样的摸索会把我们带到什么地方去。"瓦克塞尔仍在诅咒那张关于伽马地的错误海图，把他们引入了歧途。

但是，在北太平洋的荒野，在冬季的 11 月，迷失在这个无人知晓的海岸附近，他们当中还有谁具备合理和清醒的判断力，还在担心这艘船的安全呢？要知道，他们这时都患上了坏血病。那天晚些时候，他们驾驶这艘几乎已是残骸的船驶向陆地，以便近距离查看一下地形。一旦决定要尽快登陆，生病和垂死的船员们都纷纷瘫倒，因为筋疲力尽，或是松了一口气。每个人都在甲板下各自的床上躺着睡觉，以便从表面上看来恢复一点体力。下午四点钟左右，斯特勒来到甲板上，看着这艘船如幽灵一般慢慢地驶向那个小海湾，相距已不到一英里了，却没有军官在掌舵。瓦克塞尔和西托罗夫都在甲板下睡得"香甜"（需要指出的是，他们其实是得了坏血病，头昏眼花了）。这艘船似乎是要在无人驾驶的情况下直接上岸。斯特勒冲进船舱，告诉白令这个情况。白令醒来后，命令瓦克塞尔和西托罗夫到甲板上去指挥。瓦克塞尔和西托罗夫迷迷糊糊地爬起来，然后站在那儿，直至日落，看着船逐渐接近陆地。当他们快靠岸时，看见有一个沙滩，未见到有礁石或大浪，于是就抛下了铁锚。

夜晚时分，微风吹拂，只见月光如练，晴空万里。但在没有任何征兆的情况下，海水忽然变得汹涌澎湃。潮水退去后，露出了一个暗礁，都是些高低不平的礁石。"船就像球一样被抛起来，落下时船底遭到撞击"，锚索折断了，船"被巨浪冲走，其力道足以击碎礁石，而船一次又一次地被如此力道裹挟着，从船头到船尾，船身剧烈地抖动着，我们以为，甲板就要散架了……船有两次撞在了礁石上"。船员们急忙放下一只备用的铁锚，但不一会儿，它也不见了。锚索被旋转的水流绞断了，水流还攥着船身打起了转，"于事无补，就好像我们根本没有放下铁锚"。只剩下一只铁锚了，当潮水和暴风雨把"圣彼得"号探险船拽向礁石的时候，几个还有力气的船员奋力将它拉回。船上的人惊慌失措，乱作一团，像小孩一样哭喊着。最后，船身奄奄一息地躺在了高低不平的礁石上。在混乱和恐慌中，"没有人知道谁应该发号施令，谁又应该服从命令"，因为他们"都吓得要死"。有个人喊道："哎呀，上帝啊！我们全完了！哎呀，上帝啊，我们的船！我们的船出事了！"一群船员跑过去，抓起了两具尸体，把他们扔到了海里。这两人都是死于坏血病，正等着上岸安葬，"没有什么仪式，直接扔进海里"。他们认为，这些尸体受到了诅咒，导致了这场灾难。一名满脸困惑的船员问斯特勒"海水是不是很咸……好像死在淡水里就会更舒服似的"，他"忍不住笑了起来"。他们都知道，如果船体碎裂，或是船在下沉时撞在礁石上，他们就会在冰冷的海水中遭遇灭顶之灾。这看起来是不可避免的了。

不过，就在最后一刻，一个巨浪将破损的船身从礁石上抬起，推到了靠近岸边的一个浅水潟湖中。"就像在一个平静的湖面上，一下子又安静下来了，不用再害怕搁浅了。"突然间安静下来后，船员们放下了最后一只铁锚，它落在了四英寻深的沙质水底。船离岸边大约有六百码远，礁石就在他们身后。就这样，船被锁在了这个小海湾里。斯特勒写道，他的宿敌西托罗夫似乎临阵脱逃，不敢承担责任，"他一直以来都是嗓门最大的，喜欢指手画脚"，却在危急时躲到了甲板下，直到危险过去，才冒出头来，"开始给人打气，教人勇敢，尽管他自己已经吓得脸色苍白"。不过，现在风平浪静，危险已经过去，夜晚又变得美好起来。船员们本就被坏血病折磨得要死，以为自己确实是在堪察加半岛上的什么地方，就都躺下来昏睡。

海滩很窄，四周都是悬崖峭壁。杂草丛生的沙丘向远处延伸至一座低矮山峰的底部，山上有积雪覆盖。第二天，当船员们醒来时，从甲板向岸上望过去，他们看到的就是这样的景象。到目前为止，已有十二人死于坏血病，而在六十六名幸存者中，有四十九人被正式列入了病号名单。除斯特勒、他的朋友普莱尼斯纳和他的仆人列皮奥欣之外，其他人没有一个人完全恢复了体力。这三个人之所以没有得坏血病，只是因为服用了可治疗坏血病的草药，是在舒玛巾岛上采集的。"圣彼得"号探险船现在已经安全了，水面平静。但她被困在海岸和礁石之间。此地是地球上暴风雨多发的地区，而11月又是这儿的风暴季。下一个恶劣天气是不可避免的，它要么把船推上岸，要么就把它拽到礁石上。瓦克塞尔称，他们被送到这一小片安全水域是"上帝的奇迹，仁慈相助"。

11月7日上午，涌浪很大。到十一点的时候，他们才得以放下大艇，向岸边驶去，准备上岸看看，找个地方设营，再去找淡

199

水，把船上六个水桶中剩余的黑咸水换掉，还要捕猎新鲜的肉食，寻找治疗坏血病的植物。斯特勒、普莱尼斯纳、列皮奥欣、瓦克塞尔和他年幼的儿子劳伦茨，以及三名船员和几个病号，是第一批上岸去探寻的人。他们带了一些各式各样的装备和一张用来制作帐篷的风帆。当他们靠近岸边时，斯特勒首先注意到了"奇怪和令人不安的"事情，其中之一就是一群海獭慢慢地向他们爬过来，显示出好奇的样子，而在悬崖上，还有些小狐狸站成一排，看着他们。为什么岸上有这么多的动物，为什么它们看起来一点都不害怕这些坐船过来还带着武器的人？

上岸后他们就分别行动。桨手和病号留在海滩上靠近大艇的地方，普莱尼斯纳沿着海滩朝一个方向前行去打猎，三名船员朝另一个方向去了。斯特勒、瓦克塞尔、列皮奥欣和瓦克塞尔的儿子来到附近一条没有被冰雪覆盖的小溪，发现是淡水，水质很好，而且清澈，适合饮用。他们没有看到树木和灌木丛，没有发现任何可以用作燃料的东西。海滩上散落了一些浮木，因为整个海滩上有一层薄雪，不太容易发现这些浮木。在靠近溪口和悬崖的地方有很多沙丘，他们在其中找到了一个适合设营的地方。沙丘之间的坑洼地带可以作为营地的基础，在救援队到达之前，也可以为病人提供庇护。可以把沙子堆起来，筑成一堵墙，用于挡风，上面可以用帆布遮盖，挡住雨雪。或许还可以把浮木收集起来，用于建造侧壁和屋顶。这地方的另一个好处是，有些病号不

200

能动弹，他们排出的尿液很容易就能渗入地面的沙子，消失得干干净净。

　　瓦克塞尔和他的儿子回到大艇这边，帮助第一批上岸的患病船员搬到他们的新家去。斯特勒和列皮奥欣则在沙丘深处找寻，观察当地的植物，看看有没有治疗坏血病的草药。斯特勒采集了一些小植物，在北欧，通常用它们来做沙拉，如有柄水苦荬、美洲婆婆纳、像旱金莲的植物以及其他的十字花科植物。它们虽被白雪盖住，仍可采集。然后他回去帮助瓦克塞尔。瓦克塞尔坐在岸边的大艇上等候其他人，他发现瓦克塞尔"非常虚弱，意识模糊"。大家在海滩上挤成一团，就在那些没有树木的沙丘下面，手里紧握几杯热茶。斯特勒说道："只有上帝知道这儿是不是堪察加。"瓦克塞尔立刻答道："那会是哪儿？我们马上就派人去哨所，找些马匹过来，让哥萨克人把船拖到堪察加河的河口。现在最重要的是救出这些人。"话音刚落，普莱尼斯纳沿着海滩回来了，拎着他射杀的六只大松鸡。瓦克塞尔划大艇回到船上，带了几只松鸡和斯特勒采集的沙拉用料——特别要拿给白令服用的。斯特勒将剩下的松鸡放在一口大锅里，煮了一锅汤。天色暗了下来，其他三名船员也回来了，拖了两只海獭和两只海豹。"对我们来说，似乎都是好消息"，在这里捕猎很容易。上岸的第一个晚上，几个人挤在用几根浮木撑起的风帆下睡觉，而船上的大多数人还在躺着，忍受坏血病的折磨。

接下来的几天里一直下着小雨和雪花。上岸的人继续在四周查看，并捕猎动物，而"圣彼得"号探险船上的人则忙于船只过冬的事情和照顾病号。后面的几周里，几个还有一些力气的人开始把病号和物资运送到遍布石头且被薄雾笼罩的岸上，并把沙丘之间的坑洼地带扩大，以便作为搭帐篷的地基。把数十名病号从船上送到岸上是首要任务。许多船员本就在鬼门关外徘徊，从肮脏的船舱里被抬到外面的新鲜空气里，不一会儿就断了气。一些人则死在去岸边的路上，还有一些人一上岸就死了。根据瓦克塞尔的记录，船员伊凡·叶梅利亚诺夫（Ivan Emelianov）、炮手伊利亚·德加乔夫（Ilya Dergachev）和西伯利亚驻军士兵瓦西里·波普科夫（Vasili Popkov）死在船上，还没来得及往岸上送；而船员塞利弗斯特·塔拉卡诺夫（Seliverst Tarakanov）送到岸上后就死了。有这么一位，当被告知，他是下一批将乘艇上岸的人，就非常激动，他起床，穿好了衣服，宣布说："感谢上帝，我们要上岸了，上了岸，我们就能更好了，甚至可以做点什么来帮助我们复原。"然后他被抬到甲板上，死了。萨文·斯特潘诺夫（Savin Stepanov）、尼基塔·奥斯特温（Nikita Ostvin）、马克·安季平（Mark Antipin）、安德烈安·埃塞尔伯格（Andreyan Eselberg）……根据船上航海日志的记录，几乎每天都有人死于坏血病，有些人死在船上，另一些人死在岸上的帐篷里。岸上已经搭起了一个又一个的帐篷。因为所有的人都四肢无力，从船上卸运病号和补给的工作进展得异常缓慢，尤其是碰上海浪翻滚、波涛汹涌的时候，乘大艇往返就变得很危险。

与此同时，斯特勒、普莱尼斯纳、列皮奥欣和其他几名船员继续捕猎动物，并探索这块新的陆地。他们现在都知道，他们得在这个地方过冬了。在海滩后面，绕过悬崖，那边有一个长满小树的石坡，远处是低矮的雪山。斯特勒开始严重怀疑，他们是否真的到了堪察加半岛。他的观点主要是基于对自然界的观察。他采集的植物与在堪察加半岛发现的植物相似，但有些种类是他夏天时在阿拉斯加看见并采集到的。这儿没有树木，也没有熟悉的灌木丛。最能说明问题的是，这里的动物似乎没有与人类接触过的经验。很容易就能近距离地抓到松鸡，海獭在靠近海岸的地方浮游，很容易被射杀，海豹也是这样。

沿海岸探寻的时候，他和普莱尼斯纳发现了一只像鲸鱼的动 202 物，它有个硕大的背部，在水中缓慢地移动。这只动物离岸边很近，似在闲游。它每隔几分钟就会浮出水面，大吸一口气，听起来像马在喷鼻。斯特勒从没见过或听说过这样的动物。它不是鲸鱼，而且它的体形太大了，也不会是他见过或读到过的任何其他海洋哺乳动物。他的仆人列皮奥欣表示同意，说在堪察加没有这样的生物。"我开始怀疑，这儿到底是不是堪察加半岛，"斯特勒写道："特别是，南边的海空足以表明，我们是在一个被海水包围的岛上。"这是北极地区常见的"水照云天"现象，可以在云层底部看到开阔水域的暗色倒影。当他悄悄跟别人提出他的疑问时，别人的反应不是像以前那样，对他指指点点，嘲笑他，而是否定他。他再次陷入"各人行为有失公正"的忧愤中，他指的是瓦克塞尔，尤其是跟他作对的西托罗夫。甚至他的朋友普莱尼斯纳也不愿接受真相，确认他们的处境。对他们来说，也许是因为，探究这个问题太可怕了。如果他们不是在堪察加半岛，那么，他们就不是在任何已知的地方，这个地方不会标记在任何海图上。就算附近有俄国哨所，也不会过来救他们，现在不会，将来也不会。

斯特勒怀疑，他们可能不仅是岛上唯一的人类，而且可能是唯一到过该岛的人。这一次，斯特勒的推测是正确的。他们登陆的这个岛后来被称为白令岛。该岛有一百四十英里长的海岸线，而这个小海湾是唯一一个船只可以安全靠岸的地方。除了这一个入口，整个岛被一圈礁石包围，高低不平，大小不一。瓦克塞尔写道："我们通过的地方非常狭窄，如果我们往北或往南偏移一些，走到二十英寻水深的地方，我们就会被卡在礁石中，在那种情况下，谁也别想活命。"

203　　上岸的第二个晚上，斯特勒、普莱尼斯纳和列皮奥欣与一种生物发生了第一次接触。这次接触不仅证实了斯特勒的推断，即当地的动物之前没有与人类接触过，也将决定他们将如何在这儿度过这个冬天。这种生物就是蓝狐，北极狐的一个亚种。这儿好像有数不清的蓝狐，而且它们不怕人。他们立即射杀了八只蓝狐，斯特勒注意到，"它们的数量如此之多，而且体形肥硕，还不怕人，这让我非常吃惊"。三人吃完松鸡汤后，围坐在一个小火堆旁喝茶。忽然有一只蓝狐肆无忌惮地跑过来，"就在我们眼皮底下"叼走了两只松鸡。

船员们步履蹒跚地来到海滩上，在沙丘中设营。没过几天，他们就领教了岛上的蓝狐有多厉害。斯特勒与瓦克塞尔在沙丘和小溪附近发现了一些洞穴，船员们决定深挖这些洞穴，建造掩体，以应对即将到来的冬天。一群蓝狐咆哮着冲过来，开始撕咬船员的裤子。他们只能大声呵斥，将它们踢开。船员们不知道的是，他们这样叫作在太岁头上动土，因为他们选择设营的这些沙丘是蓝狐的地盘，是它们临时或季节性的洞穴。千万年以来，这些动物从未被其他物种侵扰，只是彼此之间为自己的领地而战。在最初的几个星期里，这场不同物种之间的战斗最为激烈和残酷。战斗持续了好几个月。斯特勒后来报告说，蓝狐还有其他的住处。夏天的时候，"它们特别喜欢在山里或山脚下筑窝"。然而，在 11 月和 12 月的大部分时间里，它们特别愿意来到船员们设营的这片沙丘。

船员们掘开洞穴，继续深挖，用浮木做了一些粗糙的架子，用狐皮和破烂的帆布将它们包了起来。但工作进展得很缓慢，那些能起床的人连站都站不稳，更别说干重体力活了。每天仍有人死去，但临时搭建的掩体里没有地方用来存放尸体。因为闻到了食物的香味，成群的蓝狐从雪山上蜂拥而下，涌进了船员们的临时营地。它们变得越来越具有攻击性，偷走衣服和毛毯，叼走工具和器皿。在三个小时的时间里，斯特勒和普莱尼斯纳用一把斧子砍杀了六十只蓝狐。它们的尸体冻僵后也有用处，可用来加固营地里小屋的墙壁。蓝狐"涌进我们的住处，偷走了所有它们能带走的东西，包括那些对它们来说毫无用处的东西，如刀子、棍子、袋子、鞋子、袜子、帽子……在给动物剥皮的时候，经常是这样，我们只能刺上两三刀，因为蓝狐就在旁边看着，想从我们的手里把肉咬下来"。它们夜里也跑过来，在无法动弹的病号身上撕扯衣服，叼走他们的靴子，直到有人来把它们赶走。"一天晚上，有个船员跪着，往屋外撒尿，一只蓝狐过来，猛地咬住他裸露在外的部位，虽然他发出惨叫，但蓝狐不肯松口。手里没有棍子的话，谁也无法赶走这些蓝狐。它们还会立刻吃掉我们留下的粪便，像贪吃的猪。"蓝狐随时会钻进营地，在衣服或食品上拉屎或撒尿，弄得一片狼藉，或企图对熟睡的人做同样的事。在瓦克塞尔的报告中，最令人不安的是，蓝狐"在我们还没来得及埋葬尸体的时候就吃掉了他们的手脚"。

为了保全自己，船员们对幼狐和成年蓝狐展开了疯狂的屠戮、痛殴和砍杀，虐待它们，无所不用其极。"每天早上，"斯特勒写道："如果有蓝狐被活捉了，我们就拖着它们的尾巴来到营房前行刑，有的被砍头，有的被打断腿，或是被砍掉一条腿和尾巴。有些蓝狐的眼睛被挖了出来，有时候是把两只蓝狐的脚捆在一起，那样的话，它们就会互相撕咬，直到死去。有些蓝狐被烧死，有些是用九尾鞭抽打致死。"尽管如此，蓝狐仍然坚持了好几个月，甚至在受尽酷刑之后，还一瘸一拐地跟在同伴后面又跑回来，像同伴们那样大声咆哮。有时候，船员们剥下一只死狐的皮，把尸体扔到附近的坑里，几十只蓝狐就会冲过去吃掉尸体，然后自己也被棍棒打死了。虽然斯特勒对自然界的观察通常是就事论事，但当他提到这种害人不浅的蓝狐时，他字里行间就会有一点厌恶的意思，"它们比红狐还要臭，"他写道："发情的时候，它们窜来窜去，不分昼夜，像狗那样，因为嫉妒而互相撕咬，毫不留情。进行交配时，又很像是猫在叫春。"

他们并不敢把蓝狐全杀光。虽然他们的境况极为糟糕，也确实有可能做得到，但是，万一后面海獭或海豹都没了，那就只能去吃蓝狐了。一想到"不得不去吃那些又臭又讨厌又可恨的蓝狐"，他们都是一身鸡皮疙瘩。

到 11 月中旬的时候，斯特勒已经注意到，上岸的人比留在船上的人死亡率要低，他们的饮食中包括一些用当地植物做的沙拉和用海獭、海豹和松鸡肉炖的鲜汤，身体正在慢慢康复。在船上，瓦克塞尔和西托罗夫继续指挥，将人员、设备和补给转移到岸上，并全力确保船只安全过冬。差不多每天都会有人死去。情况看起来很糟糕，工作进展缓慢，天气也越来越恶劣，蓝狐还在没完没了地袭扰他们。

在艰难困苦之中，过去几年里构建相互关系的准军事纪律渐渐松弛。命令不再强势下达，大家对权威或等级也不再唯唯诺诺。据说有可能会发生兵变，或至少有这个苗头，因为大家都想保全自己。不过，军官们仍控制着局面，还能够行使权力，只要那是他们当然拥有的权力。没人再遵从西托罗夫，瓦克塞尔也好不到哪儿去。海军指挥体系中那套人为建立起来的权威逐渐失灵，但下级军官如阿列克谢·伊万诺夫（Aleksei Ivanov，他是水手长的副手）和卢卡·阿列克谢耶夫（Luka Alekseyev，他是军需官）却凭借其人格魅力得到了大家的拥戴。瓦克塞尔称赞伊万诺夫是"我们陷入困境时的力量之塔"。虽然瓦克塞尔没有具体说明是什么样的力量，确实也没有这个人的任何其他信息，但伊万诺夫可能善于抚慰生病和快要死的人，组织大家修建和维护掩体、捕猎和收集浮木。

上岸后的第一个星期，斯特勒的仆人列皮奥欣变得越来越虚弱，还得了坏血病。他居然忘了尊卑之分，对着从前的主人骂了起来，说带他来参加这次远航，害他落得这样一个悲惨的下场。斯特勒吃了一惊，但他聪明地绕起了外交辞令，说这是"我们未来同甘共苦的第一步"。他并没有生气，而是平静地说道："放心吧，上帝会帮助我们的。就算这儿不是我们的国家，我们也还有希望回去。你不会挨饿的，如果你干不了活，不能侍候我，我就替你来做。我知道你生性耿直，你为我付出的，我也心中有数。有我的，就会有你的。你只管开口，我会跟你平分的，一直等到上帝来帮我们。"他在这次遇险过程中表现出来的智慧和见识与他在航行期间的那种刻薄态度大相径庭。但列皮奥欣感到痛苦，因为得了坏血病，整日提心吊胆。"是够好的，"他慢慢地说道："我很乐意为陛下效劳，不过，是你把我害得这么惨。有谁强迫你跟这些人一起远航吗？难道你就不能在博尔萨亚河上享受美好时光吗？"对这种犯上和忤逆的话，斯特勒一笑而过。"我们都还活着！"他大声说道，然后让列皮奥欣明白，他不可能知道灾难会降临到他们身上，而且不管怎么说吧，列皮奥欣现在有了他这么一位终生的朋友。"托马斯，我本意是好的，所以呢，你也要好好对我。就算不参加这次远航，你也不知道留在家里会发生什么事。"

　　这番交谈在以前是不可想象的，因为在旧制度之下，仆人从不敢质疑主人。这让斯特勒领悟了一些并非人人都能完全明白的道理。在饥饿和死亡面前，别想墨守成规，没有人可以高高在上，没有谁的命比别人的命更值钱。他认识到，"等级、学识和其他的差别都不能拿来当饭吃，因此，与其因为羞愧或迫不得已而去维持生计，不如自己拿定主意，不遗余力地去干活，免得之后被人嘲笑，或者等到别人下命令，我们才去做”。

上岸的这些人当然有一个共同的目标——生存。但是，病号这么多，也看不到有明确或明显的方法来实现这个目标。斯特勒认为，如果大家组合成人数较少的团队分别行动，就能更好地满足各自的需求。上岸后不久，他与普莱尼斯纳、列皮奥欣组成了一个小团队，他们还邀请外科助理医师贝尔热加入他们。他们相约要携手与共，分工协作，一起活下去。团队组成后，成员都同意，所有的事情都要分担分享，包括捕猎和做饭等生存任务。不久，三个哥萨克人和白令的两个仆人加入了他们这个团队。这个半独立的团体共同作出所有的决定。他们开始“更礼貌地使用姓名”来相互称呼，以巩固团队内部的忠诚度，帮助他们撑过“这悲惨的生活”。很快地，下船上岸的其他人也分别组成了不同的团队。

斯特勒有着敏锐的观察力。他注意到，船上形成的价值体系很快就被某种更为现实一些的观念所取代。虽然他们都知道海獭皮很值钱，一般会将它们收藏起来，但现在，他们却将其扔到一边，给蓝狐吃，认为这东西是一种负担。那些他们以前从未特别注意过的东西，掉在地上甚至可能懒得捡起来，也肯定没有海獭皮值钱，现在却被认为是“珍宝”。这些东西包括斧子、刀子、锥子、针、线、鞋带、鞋子、衬衫、袜子、棍子和绳子。之前在“圣彼得”号探险船上用过的东西，样样都身价倍增。

然而，船上产生的一些敌意并未消除，仍在营地里扩散。由于海军的纪律已经荡然无存，又都远离国土，加上过去的积怨和觉得自己受了轻视和委屈，大家对军官们越发不满。斯特勒偶尔听到有人"呼求上帝的审判，惩罚那些给他们造成不幸的人"。许多过去高高在上的军官现在都坐卧不安，四面张望，生怕那些吃了他们苦头的士兵寻机报复。西托罗夫尤其受到大家的敌视，很是担心自己的生命安全。快到 11 月底的时候，西托罗夫表示，希望在船上过冬。他跟瓦克塞尔争辩说，待在船上更舒服，也不怕刮风。他想紧紧抱住海军给予他的人生和权威。或许他是害怕岸上营地生活的悲苦、穷困和肮脏；或许他是看到了，这些人一旦从海军的铁腕管束中解放出来，有了空闲时间，他们可能就会想起过去那些日子里的纪律和训斥，拿他们开的那些恶心玩笑，还有粗暴的命令和施加的惩罚。毫无疑问，西托罗夫当然也记得他对这些人说过的话和作出的保证，说他们非常安全，他还宣称，如果证明这个登陆的地方不是堪察加半岛，他就让人砍掉自己的脑袋。许多人将这场灾难归咎于西托罗夫，对其他军官的责难倒还少些。根据斯特勒的记录，"每天每夜"，当西托罗夫走过什么地方或躺下来休息时，他都能听见大家毫不隐讳地对他"过去的所作所为进行谴责和对他的威胁"。他来找斯特勒和他的队友，"恳求我们，看在上帝的份上"，接纳他加入他们的团队。斯特勒态度坚决。他说，他们的住处已经满了，关于这一点，团队是一致认可的。在航行中的这个时候或那个时候，西托罗夫曾侮辱过斯特勒团队中的每一个人，他们都认为，他是"给我们造成不幸的首要分子"。他们"断然拒绝了他"。没法子，西托罗夫只好蹑手蹑脚地来到一间叫作"兵营"的大房子里，跟别人挤在一起睡觉，那里边都是从船上转过来的病号。他不敢看那些人盯着他的目光，假装没有听到"哭泣和悲鸣"以及伸张正义的呼喊。

指挥官白令于 11 月 9 日乘艇上岸。四个人用一副简易担架抬着他，担架是用绳子把断裂的桅杆绑在一起做成的。他们把他安置在一个选好的洞穴里。这个地方正在变成沙丘中的岸边村庄。大家开玩笑说，他们是在沙子里给自己挖"坟墓"。斯特勒对指挥官的健康状况如此恶化感到震惊，又"对他的镇定自若和奇怪的心满意足感到惊讶"。白令安顿下来后，斯特勒蹲在帐篷里的一个避风处，他们悄悄地谈了起来。白令想知道斯特勒对他们目前的处境有什么看法。他们到达堪察加半岛了吗？斯特勒回答说，"在我看来"，这儿不像是堪察加半岛，然后小声地解释了他对当地植物属性的观察，以及为什么他认为这儿离堪察加半岛倒也不会很远，因为这儿的植物与他在阿拉斯加看到的也不同。斯特勒最近还在海滩上发现了一些被冲上岸的残片，经查验，是来自俄国的工艺品。他给白令看了一个捕狐器的部件，已经破损

了，也是在海滩上发现的。它的设计与堪察加半岛上伊特尔曼人制作的捕捉器很像，但它是用磨尖的贝壳做的，而不是铁。这就表明，它是从阿拉斯加漂过来被冲上岸的，因为那里的土著居民还不会冶铁。斯特勒没有下什么定论，他推测说，他们可能位于两大洲之间的某个地方。白令陷入了沉思，他回应说："这艘船可能是没救了，愿上帝至少放过我们的大艇吧。"

11月的日子一天天过去，暴风雨越来越猛烈。"圣彼得"号探险船上的索具结了一层冰。到处都是积雪。海浪拍打着船身，海水有时会冲上甲板，涌进船舱。巨大的涌浪更加拖延了将人员转移到岸上的工作，因为乘艇在探险船和岸边之间往返极为危险。船员们驾艇，在破损的探险船和岸边之间来回划桨，在冰冷的海水中穿行，个个精疲力竭。11月17日，另一场暴风雨来袭，瓦克塞尔和其他四个人仍被困在船上。瓦克塞尔鸣枪召唤大艇来救他们，但狂风暴雨持续了四天，没有甲板的登陆艇不敢划过来。船上的水已经喝完了，他们开始大口地喝水桶里剩余的残液，又苦又咸。一直等到下雪了，他们才得以爬到甲板上，把雪铲到一起，将它们融化成水。在等待雪化的时候，他们又将几具尸体扔进了海里，免得与死尸同在一艘船上。

在瓦克塞尔的记述中，他描写了为保存自己性命所采取的预防措施，并不隐讳。他用毛毯把自己裹起来，要保护自己，由于舱内舱外空气显著不同，他把脸也蒙上了，以免呼吸到毒气。在过去的几周里，他已经"目睹我们有这么多人刚把头探出舱门，就像老鼠一样死去了"。他躲在远离船舱的地方，因为船舱里散发着有毒的气味，而且阴暗潮湿。而厨房里至少更亮堂、更暖和，还能生一小堆火。他想当然地以为，躲在船上的厨房里烤火也许比"蜷缩在岸上的洞穴里看雪"要好。但他错了，"那么多人生病，在船舱里躺了两三个月，在他们躺着的时候，为了照顾他们的所需所求，船上各个部分之间并未隔离，臭气和污物甚至已然扩散到了厨房"。他很快就被"这种有害健康的恶臭"熏倒，手脚不能动弹，下巴也动不了。11 月 21 日，当其他人找到他的时候，他已经快要死了，身体麻木，瘫倒在厨房里，没人搀扶的话，他都走不了两步。瓦克塞尔是最后一个离船的人，坐在大艇上，他又昏倒了好几次，上岸后被抬进了兵营里。

上岸后，瓦克塞尔很快就"被坏血病折磨得奄奄一息，我们对他还能活下去已不抱任何希望"。但斯特勒跑过来帮助瓦克塞尔康复，"根本不采用从前的治疗方法"，而是给他拿来一些新鲜食物和沙拉，沙拉是用他在海滩后面采集来的枯草和根茎做的。瓦克塞尔躺在那儿，站不起来，与其他船员挤在兵营里，合力抵挡蓝狐的袭击，直到给他搭建了一个较小的帐篷。斯特勒花了些额外的精力来照顾瓦克塞尔，并非没有私心。他担心的是，如果瓦

211

克塞尔死了，局面会怎样。下一顺位的指挥官是西托罗夫，此人几乎是千夫所指。斯特勒担心，"众怒之下，将摧毁所有的纪律，那样就会延迟甚至阻碍我们为获救而必须采取的行动"。经过斯特勒的照料，瓦克塞尔开始康复，虽说过程是缓慢而痛苦的，但这让许多同样担心西托罗夫上位的人松了一口气。瓦克塞尔面临的另一个问题是他的儿子，劳伦茨没有正式列入队员名册，因此没有资格得到食物配给。他和他的父亲只能分吃一小份黑麦粉。

11月22日，白令仍然趴在床上，留在那个沙坑里，一周前他上岸时被安置在那儿。他轻声向瓦克塞尔下达口令，要他召集幸存的军官们开会，制订拯救这艘船的计划。第二天，军官们准备了一份《救船报告》，交给了白令。因为连着好几天都是狂风暴雨，每个人都手脚无力，无法执行这些命令。在这种天气里，根本不可能划艇到船那边去。船上现在没人，已经用剩下的所有铁锚和抓钩给拴住了，不会漂离岸边。这份报告由瓦克塞尔、西托罗夫和幸存的下级军官如哈尔拉姆·乌辛、尼基塔·霍季因佐夫（Nikita khotyaintsov）、鲍里斯·罗泽柳斯（Boris Roselius）和阿列克谢·伊万诺夫等人签署。报告开头是这么写的："你知道，这艘船远离开阔水域，如果从东边、东南边、西边或西北边刮来强风，靠一只铁锚根本拴不住。岛的东面、北面和西面都是礁石。如果从南边或是南边与西边之间刮来强风，船就会被吹到海里去。"

212　　　他们建议把船拉到海滩上，尽可能栓紧，然后准备补给。到明年春天的时候，他们将有希望能再次起航。不管怎么说，在他们看来，如果什么都不做，到冬天时，这艘船肯定就毁损或沉没了。

　　到11月26日，西托罗夫是唯一还能站立的高级军官，但他现在也非常羸弱。他在日志中写道，他"几乎站不起来"。他试图鼓动一些人去执行白令的命令，把船拉到海滩上，但他只能找到五个还有点力气的人来完成这项任务。他们想把大艇放到海里划过去，但他们被冰冷的海水浸湿了，只好一瘸一拐地回到帐篷里。西托罗夫知道，只有这么几个人的话，他们甚至可能都没有力气起锚，更别说挂帆，再把船开到岸上来，他们很可能会撞在礁石上，船毁人亡。他取消了这次行动，向白令报告说无功而返，并写了一份书面声明为自己辩解，以免日后被追责。第二天，西托罗夫一病不起，躲在帐篷里不出来。斯特勒有些不依不饶。他虽然也说，大家都得了坏血病躺倒了，却认为西托罗夫更多的是犯懒，而不是生病。无论如何，他们的计划被这些事情打乱了。28日，刮起了一阵猛烈的暴风雨，刮断了铁锚和所有的缆绳，船被风吹得打起转来。然后，令人难以置信的是，洋流和大风竟然把"圣彼得"号探险船吹到海滩这边来了，而不是撞上礁石，"就搁在我们原计划让它躺下的地方"，靠近营地下面的小河。斯特勒惊得目瞪口呆，这场暴风雨"以一种可能比人类自己动手还要更好的方式"完成了这项工作。

"圣彼得"号探险船现在斜躺并搁浅在离岸边不远的地方。海湾中的沙土很松软，她慢慢地陷了进去，有八英尺深，一直到了船舷边上，船上则全是海水。这艘船再也不能航行了。船体的残骸离营地只有两百米远，不断地让他们想起自己所处的悲惨境地。每当天气好一些的时候，他们就慢慢地划着那艘大艇往返岸边，继续把船上剩余的食品运到岸上。现在划过去要容易得多，因为他们不用在巨浪和开阔水域中穿行了。抢救下来的食品主要是黑麦粉和燕麦，它们都装在大皮袋里。糟糕的是，袋子在船舱里被海水浸湿了。瓦克塞尔定下了这些食品每人每月的配额——三十磅黑麦粉（后来减到十五磅，最后全都吃完了）、五磅浸湿了的燕麦和半磅盐。食品一律平均分配，不考虑等级或社会地位等因素，这大大缓和了军官与船员们之间的紧张关系。只不过，那些面粉吃起来并不可口。燕麦被海水泡过后发咸，要用海豹油或海獭油煎一下才好吃。"等我们吃了很多这些东西，因为肠胃胀气，我们的身体就像战鼓一样膨胀起来。"火药也被海水打湿了，大部分都不能用，到目前为止，虽然有这么多的灾难降临到他们身上，这个却是更具毁灭性和令人沮丧的事情。没有了火药，整个冬天期间，他们怎么能继续猎捕食物呢？

大家互相打量时，可以看到彼此脸上的皱纹，似在诉说各自的穷困和苦痛。"如果有个陌生人以某种方式突然来到我们中间，"瓦克塞尔写道："比方说，来了一位贵族和他的仆从，或是

213

一名军官和他的部下，看见我们在这里是如何活命的，他肯定分不出谁是主人谁是仆人，或谁是指挥官谁又是级别最低的下属，因为我们都面临相同的处境，主人也好，仆人也好，船员也好，军官也好，无论站立还是干活，吃饭还是穿衣，看起来都差不多。"

第 11 章　死亡和打牌

"圣彼得"号探险船斜躺着，陷进了海湾的沙土中，无人理睬，破败不堪。大家只关心如何在岸上开始新的生活，再没人谈论要驶往阿瓦查湾。除了眼下的生存问题，也不再谈论任何其他的事。瓦克塞尔和最后一批船员上岸后，所有的人就都住进了营地。营地里坐落着一栋栋穹顶小屋，用冻硬的沙土垒砌而成，看起来脏兮兮的，穹顶的形状也不规则，上面用破烂的帆布盖着，风一吹就噗噗作响。小屋的墙壁用僵硬的蓝狐尸体和浮木勉强支撑着，营地中央则点了一小堆闷燃着的篝火。整个冬天，大家就是以这样的一种居住方式安顿下来。小屋按组排列，每一组自成一体，又分成了若干更小的单元，以满足各自的日常需求。这最初是由斯特勒构思出来的，因为那时无人统一指挥。大多数人都趴在床上，要么是得了坏血病动不了，要么就是奄奄一息，或者是已经死了。在这个条件原始的村庄里，几乎看不到什么动静。风整日刮个不停，病号发出了低沉的呻吟声，淹没在风的呼啸中。

"岸上到处是可怜且可怕的景象，"斯特勒写道："一些病号在哭，有些是因为太冷了，有些是因为饥饿和口渴。许多人因为

214

215

惨遭坏血病折磨，嘴里疼痛难忍，无法吞咽食物，他们牙龈肿胀，像海绵充水一样，呈黑褐色，并且还在肿大，连牙齿都看不见了。"瓦克塞尔写道："队伍还在减员。"而且死了的人还要在活着的人旁边躺"相当长的"时间，"因为没人有力气把尸体拖走，他们自己也没力气挪到别的地方去"。勉强还活着的人呻吟着，目光呆滞，面无表情，跟死人也没多大分别。"我们愈发感到沮丧，"瓦克塞尔回忆道：

> 经历过这种病的人知道，得病的第一阶段是一般性的哮喘症状，使得他们呼吸困难。很快就是四肢僵硬，腿脚肿胀，脸色发黄。整个嘴里，尤其是牙龈部分，在出血，牙齿也开始松动……到了这种状态，病人也完蛋了，他还不如躺在原地，一动不动。一般来说，他也不会想办法救自己，而是变得十分沮丧，觉得活着还远不如去死。

病号饱受各种折磨，如高烧、不明原因的皮疹、钻心般的疼、神志不清和便秘。他们毫无抵抗能力，完全是无助的，甚至任由饥饿的蓝狐噬咬他们。"真的是，"斯特勒确认说："这情景太可怜了，即使是最勇敢的人，也可能会丧失勇气。"

船员们沦落到如此悲惨的境地，斯特勒也就不再纠结过去的敌对和相互蔑视。对他们遭受的苦难无动于衷，他不是那样的人。他伸出了援手，不知疲倦地照顾病号。他从冰冻的沙土中挖来草药和树根，熬了一锅治疗坏血病的药汤。在他眼里，很快地，他们就不再是跟他作对的俄国人，而是需要他照顾的人。他的日记中没有了尖刻的讽刺。因此，有人猜测，他说话可能也不像过去那样咄咄逼人。白令快要死了，西托罗夫得不到大家的拥戴，瓦克塞尔又罹患坏血病，斯特勒成了岸上营地的非正式领导。他是唯一一个几乎没有受到坏血病影响的人，感觉自己有如神助。那些以前跟他作对的人，现在是一碰就倒。然而，他并没有乘人之危。他变了性子，成为了一名安慰师和医生。令人惊讶的是，他还接手做饭的事。斯特勒是一个适应能力很强的人，不管出于什么原因，他能立即抛开之前心心念念的文化象征——作为一位受过良好教育的绅士应享受的特权、更高等级带来的物质享受、在仆人面前树立的权威等。他干着杂活，却毫无怨言，赢得了许多人的尊敬。斯特勒从未完全放弃他的尖酸刻薄，但现在，他悄悄地放在了他的日记中，也只针对那些他认为是无能的或无礼的人进行批评。

斯特勒花了些额外的精力来照顾瓦克塞尔，助他恢复健康，可能是为了整支队伍；而救助其他人，则是出于友谊或尊重。丹麦人安德烈扬·赫塞尔伯格年纪很大，极富经验，他已在海军中服役了五十多年，现在可能已经七十多岁了。当他患上坏血病躺倒时，斯特勒感到特别难过。赫塞尔伯格一直以来都对斯特勒很友好，探险队在航行中作出一些有争议的决定时，他站在了斯特勒的一边。斯特勒痛苦地回忆起他遭到的不公正待遇，"现在，他遭受不幸，被人看作笨小孩和白痴，那些人的岁数还没有他一半大，水平也只有他的三分之一"。这个丹麦人去世后，斯特勒写道，赫塞尔伯格"总以这样的一种方式卸下他的担子，人虽离去，却流芳百世，他是一位非常有用的人，那些人无视他的建议，否则的话，或许可以让我们早点得救"。

斯特勒不仅是一名医生，还成了一位牧师，慰藉将死之人，为死者祷告。他起到的作用不可忽视。照顾病号和垂危之人，不知疲倦地采集任何他能找到的草药，用于治疗坏血病，并组织其他人也去找草药，安排将刚猎杀的动物拿来熬汤，这些很可能挽救了数十人的生命。虽然他的日记中通常有很多细节和故事，却只字不提自己为应对坏血病的蔓延所付出的一切，好在后来有人写下了他的英勇行为。历史学家穆勒后来为探险队立传，采访了很多幸存者，他说，"大家没有失去信心，因为有斯特勒与他们在一起。斯特勒是一名医生，同时还慰藉大家的心灵。他生气勃勃，又和蔼可亲，有他在，每个人都觉得开心"。大家把斯特勒当作医生，从未视他为博物学家。他对科学和声誉的追求慢慢地变成了耐心和同情。同样值得注意的是，斯特勒改了性子，是因为情形发生了变化，这个时候，他的真才实学发挥了作用，而这也是因为大家没酒喝了。

12月1日，白令决定派遣一支小分队进入这个神秘陆地的内部去看一看，后来又陆续派出了几支这样的小分队。这支小分队共有三人，是坏血病症状最轻的几个，由船员蒂莫菲·安丘戈夫（Timofei Anchugov）带领。他们顶风爬上了石坡，越过"高山和杳无人迹的小径"，走了大约七英里，到达一座荒山的山顶。站在山顶上，向西望去，只见茫茫大海。山下有浪花拍打着海岸，泡沫四溢。在后面近四周的时间里，几支小分队分头巡查。当他们在高低不平的内陆艰难穿行时，很快就断定，这里很可能是一个岛。后来的探查也确定，他们的营地位于东海岸，距离该岛的南端约有三分之一的距离。总体上看，这个岛是从东南向西北延伸，宽约十至十五英里，长约四十英里。小分队最终带回的这个信息是一个沉重的打击。"我们现在知道自己身处险境，"瓦克塞尔回忆说："这是一个无人知晓的荒岛，我们没有船，也没有木头来造一艘新船，食物也没多少了，或根本就没有了。队员病得很重，我们没有任何药品或任何制药方法。我们甚至没有像样的住处，也就算是个棚屋吧，可以说是上无片瓦。地面都是积雪，一想到漫长的冬天和酷寒将要来临，我们就感到害怕，因为这里没有什么可以拿来烧火。"这些消息让许多人陷入"彻底绝望"，"放弃了获救的希望"。他们只能靠自己了。

218

下船后的一个月里，白令的身体越来越虚弱。上岸后，他被安置在一个沙坑里，给他搭建了一个临时帐篷，但他从此再也没有起来过。他得的不仅仅是坏血病。经过斯特勒的照料，在航行中，他已经两次从坏血病中康复。在这次航行的早些时候，因为牙龈肿胀发黑，他掉了四颗牙齿；但到了 12 月 8 日，他的牙龈已经很结实了。斯特勒宣称，白令患有一系列的不明疾病，他"其实是死于饥饿、口渴、寒冷、寄生虫和悲伤"，而不是任何特定的疾病。他的脚变得肿大，人也在发烧，"内部坏疽"导致"下腹发炎"。上岸后，斯特勒劝他将各种食物都吃点，他一直不肯。有一次，斯特勒抓了一只还在吃奶的小海獭回来，"千方百计地"恳求白令，要专门给他炖了吃，却被他断然拒绝。白令看着远处，咕哝着说道："你的口味很怪啊。"斯特勒没有生气。他看了看小屋四周，还有被积雪覆盖的海滩，以及更远处破败的探险船，然后回答说，"环境变了"，他的口味也就跟着变了。白令只吃煮熟的松鸡。

白令深受折磨，充满忧虑和紧张，总是担心下属的生存问题，对这次探险遭遇失败也无法释怀。他向斯特勒坦承，他的力量已经大不如前。白令本来身强体壮，他说的意思不仅是身体的力量，更是指他的意志，要确保队伍里有规矩。他向斯特勒抱怨说，这次探险比他想象的要复杂得多，涉及面也更广，"在他这个年纪，他真希望把整个任务交给一个年轻有为的人来完成"。

白令计划中的航行是快速走一圈，成果多多，让他名利双收。他去横渡一下太平洋（那时人们以为太平洋很小，其实很大），也不必白费功夫去找什么伽马地，只需要大致绘制出一张海岸线的图，希望能在安全港湾中与当地人友好接触，获取淡水，在一个广阔的新世界和一个甚至更大的边疆地区为俄罗斯帝国宣示主权，并因为科学发现及知识进步而使他和俄国都赢得国际声望。然后他回到彼得罗巴甫洛夫斯克，再继续向西，长途跋涉，穿过西伯利亚，到达圣彼得堡，回到安娜和孩子们身边。最后他将过上体面而富有的退休生活，说不定还会被授予一些地位尊贵的礼仪性职位。而现在，他却被困在这个荒无人烟又天寒地冻的海滩上，虚弱憔悴，这次探险和他的梦想全都毁于一旦。一艘船失踪了，另一艘船躺在附近的潟湖中，被撞得七零八落。他的手下在这个荒岛上与世隔绝，挨着饿，还得了坏血病。他再也见不到亲人了。就算身体很好，又有什么可兴奋的呢。他经常与斯特勒谈起他的生活和事业，直到大约两个月前，还是好运连连，让人艳羡，然后他就第一次被坏血病击倒了。斯特勒确信，如果他能把指挥官带回堪察加半岛，他就能活下来。白令的身体并没有完全垮掉，而是意志消沉。白令已经六十岁了，他太虚弱，太沮丧，所以无法康复。

　　他于 12 月 8 日凌晨五点破晓前去世。那天晚上，一阵大风吹来，营地里扬沙四起。白令躺在那个坑里，沙子慢慢流进来，他的腿已经有一部分埋在沙里了。"就这样吧，"他对瓦克塞尔和斯特勒说道。生命就要走到尽头，他不想让他们再采取任何抢救措施。"我往下躺得越深，就越觉得暖和，我的身体只有露出地面

220

的部分才会受冷。"在公开出版的探险记录中,斯特勒写道,白令"镇定自若,视死如归",神志清醒,言语清楚。但在后来写给科学院一位同事的私人信件中,他却这样描述说,白令"死得很惨,虽说天朗气清……差点被虱子吃掉"。

第二天,白令的尸体被运到离营地大约五十英尺的地方。大家在沙地里挖了一个坟,坟前竖了一个木制十字架。白令的坟墓与赫塞尔伯格的坟墓比邻而立。一些队员给他做了一口简陋的棺材,只不过棺材尺寸太小,而他身材高大,只能让他蜷缩着才装进去。做棺材的木板是从船上捡来的,对大家来说极为珍贵,拿来给他做棺材,当然是为了表示对他的尊敬,别人不能有这样的待遇。许多船员和军官对他们的指挥官怀有崇高敬意,瓦克塞尔遵照路德宗的传统主持了一个简短的悼念仪式。

白令的葬礼算是享受了身后哀荣,斯特勒却对瓦克塞尔在悼念仪式上的讲话感到恼怒,"他像个有钱人那样死了,再去那样说他就太过了"。毕竟,白令不仅是这次航行的最高指挥官,也是整支探险队的最高指挥官,从圣彼得堡出发时就是。在一种讲究等级制度和社会地位的文化中,他不仅富有,而且地位很高。在西伯利亚的时候,但凡是与探险队有关的事务,白令就可以位居任何地方长官或官员之上。他衣着华丽,有扈从随行。他的办公室刻意装点,显示自己是沙皇的使臣。他的衣食住行和举手投足皆是帝国的象征。甚至在船上,他也以贵族自居,带了九个外饰精雕细刻的储物箱和一堆花里胡哨但无实际用处的衣服。船被撞坏后，整个情形发生了戏剧性的转变，他从神坛上跌落下来，充其量也就是跟大家平起平坐而已。瓦克塞尔的讲话可能契合了白令的处境。大家在海滩上遭受痛苦，不知所措，拿来摆谱的盛装和社会等级当然毫无用处，有用的是该知道怎么给动物剥皮、照顾病人或生火。白令死在一个原始的或者说是不吃那一套的地方，他们面临困境，他却无法适应新的现实。

毫无疑问，瓦克塞尔的讲话还是出于尊敬和赞誉。斯特勒之所以感到愤愤不平，是因为在他看来，他的讲话却暗示白令是有问题的。他抱怨说，"在去往鄂霍次克和堪察加半岛的路上，满地泥泞，有人掉进泥潭里，是他（白令）奋力把他们都拉上来。他们什么都指望他，害得他自己也得跟着沉沦"。斯特勒觉得，白令"虽然进了坟墓，手里却捏着每个人欠他的一笔账"。斯特勒认为，"这个优秀的人唯一可以受到批评的是，他对待下属过于宽宏大量，而他的下属又过于冲动，常常鲁莽行事，他和他们造成的伤害是一样多的"。他在日记中为白令写了一篇类似悼词的东西。斯特勒承认，白令优柔寡断，他想象着，如果有"更多的热情和能量"，是否会更好地克服探险队遇到的危险和挑战。

尽管斯特勒在航行期间与白令也有冲突，但白令领导着这支探险队，他非常敬重这位指挥官，他把航行失败归咎于其他军官。事实上，斯特勒就是要让自己相信，白令的失败都是因为受到这

221

第 11 章 死亡和打牌 251

些军官的不当影响，这帮人最终全变得十分狂妄自大，"对身边所有的人都不屑一顾"。像以往那样，斯特勒对西托罗夫怀着一股怒火。他认为，此人本应忠于白令，是白令提拔他当了上尉，他却在海上委员会中与他的指挥官唱反调，结果导致队伍遇险。斯特勒写道，西托罗夫得到提拔，本应特别感激白令，但之后"却在所有的事情上与白令作对，给我们造成不幸，白令死后，最该控诉他"。

虽然斯特勒对白令提拔某些军官感到不满，尤其是西托罗夫，但他仍然敬重白令，因为他的一生是"一个正直、虔诚的基督徒，他彬彬有礼、善良、温和，得到了探险队上上下下的普遍爱戴"。军官和船员们决定，以白令的名字来命名这座岛。其实白令是想要继续航行的，倒是瓦克塞尔和西托罗夫推翻了他的决定，让"圣彼得"号探险船驶向这儿的海岸。

从纬度上看，白令岛地处北极。12 月和 1 月，这里的白天只有七个小时，而且大多数时间都是乌云密布，使人忧愁。因为岛的四周都是海洋，气温倒不是很低，与相同纬度的西伯利亚比起来，岛上的温度要高得多，平均温度是 6 至 8 摄氏度（17 至 21 华氏度）。但糟糕的是，深秋和冬天也是这里降水最多的季节。对探险队来说，船被撞坏了，又缺衣少食，只能在冰冻的沙土里挖个坑，然后挤作一团，上面用破烂的帆布罩着，蓝狐的尸体冻僵后用来当作墙壁，这是一年中悲惨且要命的时候。由于遭到风雪和雨水的侵蚀，整个冬天期间，这些条件原始的住处还在持续恶化。

"浓雾和湿气从海上袭来，帆布受潮后，逐渐腐烂，"瓦克塞尔回忆道："再也经受不住狂风暴雨的摧残，很快就被吹走了，我们从此无遮无挡。"凛冽的冬日寒风呼啸着穿过小屋的缝隙，在屋内扫荡，掀翻了屋顶，将雨雪灌进来。每一次暴风雪过后，还有力气的人就都站起来，抖落盖在身上的雪花，尽力把屋里清扫干净，准备好迎接下一场暴风雪。岛上虽说没有"天寒地冻，冰冷刺骨"，但经常刮飓风，还有"狂风暴雨，大雪纷飞"。内陆的积雪厚达六至九英尺。"风太大了，有几次，有人到屋外解手，就被风吹着走，如果不趴在地上，抓住一块石头或其他任何能够抓住的东西，他们肯定会被吹到海里去的。"有一次，瓦克塞尔被吹得双脚离地，差点被吸到帐篷外去了。他双手伸开，两条腿在风中摆动，要不是两个同伴分别抓住他的胳膊，把他拉了回来，他就被风吹走了。大家普遍软弱无力，这当然使得他们能切身感受到风暴何等猛烈，但这种体验肯定是不舒服的。

整个 12 月和 1 月初，岛上已是银装素裹，可怕的坏血病仍在蔓延。斯特勒找不到足够多的新鲜草药来完全治愈这种疾病。大家的食谱很单调，也就是狐狸肉、海獭肉和炒黑麦粉。厨师把被海水泡过的黑麦粉搁在碗里，加一些水，放上几天，直到它开始发酵，然后用海豹油煎着吃。虽然并不好吃，但总算能填饱肚子。

223

斯特勒回忆说："总而言之，每天面对的都是缺衣少食、寒冷、潮湿、疲惫、疾病、急躁和绝望。"不过，至少蓝狐的侵扰已经平息了。12月过后，许多蓝狐被杀掉了，剩下的不敢再来滋事。斯特勒做大家的工作，让他们在屋外放了一些木桶，用来储存食品，并搭起了木架子，高约三到四英尺，没有风的时候，可以在上面挂东西和晾晒衣服。这些举措阻止了蓝狐的袭击，因为现在既没有散落一地的食物，也没有任何可以玷污或偷窃的个人物品。

白令死后，由下一顺位的指挥官瓦克塞尔上尉行使探险队的指挥权，只不过他还在兵营里躺着，无法起身。像斯特勒那样，瓦克塞尔也敢于面对灾难，虽然形势严峻，他仍在想方设法鼓舞大家的士气。与斯特勒一样，他也看到了岸边营地中新的社会现实。"我认为最明智的做法是，"他写道："以尽可能温和且冷静的态度来执行（命令）。那不是作威作福的地方。疾言厉色毫无意义。"他虽坐在指挥官的位置上，但不再像海军中的高级军官那样发号施令。要么是形势比人强，要么是他自己身体虚弱，有气无力，总之，探险队不再实行集中领导，从前的规矩也没人再理会了，在船上的时候，他是绝不会允许出现这种状况的。

只不过，在那些绝望和快要死的人当中，这种普遍的涣散状态也造成了问题。营地里有五组共同生活的小屋，它们或被称为坑，或坟墓，或蒙古包，或棚屋，其中有四组连成一串，彼此挨得很近，它们的位置是斯特勒和普莱尼斯纳刚上岸时就选好了的，剩下那一组离得较远，在小河的上游，挨着一个沙坝，很是显眼。这组小屋里住了十二个人，大多是普通船员。他们都服从德米特里·奥夫辛，听他的话，他是一名上尉，在出航前就被降职，成了普通船员，因为他在西伯利亚探险期间与一位政治流放犯交好。白令认可奥夫辛的能力，让他担任自己的副官，施展所长，但白令去世后，瓦克塞尔不想让他继续当副官，这样的话，至少是根据海军的规定，他再次被降为普通船员。不用说，奥夫辛怀恨在心，瓦克塞尔也担心他们那拨人会蔑视他的领导地位。奥夫辛心怀不满，笼络了自己的小圈子，他在等待一个机会，利用大家身体虚弱或军心涣散的状况，为自己谋取一些权力，或提升自己的地位。虽然瓦克塞尔是指挥官，但他仍然很虚弱，需要别人护理，使他恢复健康，并执行他下达的几条命令。瓦克塞尔的指挥权并不稳固，他甚至不相信自己还能活下去。

瓦克塞尔放宽了几条规则，其中一条是海军对于打牌和赌博的统一规定。营地里逐渐开始有人赌博，玩得也不大。斯特勒受过良好教育，十分虔诚，对任何形式的赌博都看不下去。他向瓦克塞尔抱怨这个情况，瓦克塞尔却为这种行为辩护，说他权力没那么大，不能就此发号施令，而且他还赞成赌博。"禁止打牌的规定或法令在制定时并未考虑到流落荒岛这种情况，"他回答说："因为那时没人知道有这个岛。如果他们当时预见到了那么一点点，想到我们的人会沦落至此，打打牌，我敢肯定，他们就会制

225

定一个特别条款，允许我们开展所有适当的消遣活动。"瓦克塞尔不仅不反对，实际上，他的个人行李中还带了很多副牌，或送或卖，提供给大家。12 月的时候，大多数人因为身患坏血病或非常虚弱仍然动弹不得。瓦克塞尔认为，这是他们打发时间的好办法。如果念念不忘自己的悲惨处境，他们可能会垂头丧气。他希望打牌能分散他们的注意力，帮助他们"排解忧愁"，也免得他们发泄情绪，要揪出一个人来承担责任。他把自己的想法和理由告诉了斯特勒，他说，"只要我还在指挥这支探险队"，他就会坚持自己的决定。但是，如果他死了，他说，"我的继任者可以按照他们的意志来处理这些事，我也不在乎了"。

但斯特勒性格倔强，当他认为自己是对的时候，并不容易善罢甘休。他向瓦克塞尔指出，他目睹的严重问题就是因"邪恶的打牌赌博"引起的。尽管大家希望他以更加客气的方式描述这件事，而不是像他在日记中写的那样不留情面，但这是不可能的。斯特勒那双爱挑剔的眼睛扫过乱糟糟的营地，大为恼火，"在那些屋子里，整日整夜的，除了打牌，什么事也不做……早上过去检查，就听不到别的话题，说的都是赌博的事，这个人赢了一百卢布或更多，那个人输了这么多或更多"。瓦克塞尔和斯特勒的考虑都有合理之处。大部分人几乎无法动弹，打牌是他们还能做的几件事之一，要不就只能是盯着帐篷的墙板看，它们被风吹得颤动着，还有就是听雪花或冰雹落下或风呼啸而过的声音，或是更糟糕的，喃喃自语的祈祷声，或病号和濒死之人痛苦呻吟发出的声音。不用干活或没有消遣，他们就会感到极度无聊。不过，随着时间的推移，赌博非但没有解决问题，反而制造了更多的问题。斯特勒声称，军官们因为牌技好，从船员手里把他们所有的钱和毛皮都赢过去了。他特别指出了西托罗夫，并认为，瓦克塞尔和其他军官之所以允许赌博，是因为他们自己就喜欢赌博，而且还能赢钱。有些人输了个底朝天，还欠了钱，他们就去偷别人的海獭皮用来还债，很快地，"所有的小屋中就充满了仇恨、争吵和冲突"。

12 月过后，有些人恢复了体力，而赌博之风日盛，已盖过了坏血病的折磨。赌博造成了队伍不和，而不是团结。那个时候，瓦克塞尔、西托罗夫和其他军官因为十分害怕那些船员，至少是他们中的一些人，也不敢下令禁止赌博。因为这可能引起哗变。船员们有任何不满，都有可能聚集在奥夫辛周围，而他本人就是一个从前的军官，已经是心怀不满了。

还在瓦克塞尔甚至拒绝承认这些担忧有其合理之处的时候，斯特勒就开始悄悄地买下所有的纸牌，将它们藏起来。瓦克塞尔后来发现，他卖给或送给船员们的大部分纸牌都到了斯特勒的手里。想要阻止赌博，这可是一个危险的方法。斯特勒是个有信念、有原则的人。但是，我们将看到，因为他这般倔强，他是如何得不谙世事。他以为他这样做，这些人就会认识到他们的错误，并承认这一切都是为了他们好，就好像父母拿走玩具、惩罚不听话的孩子。相比之下，瓦克塞尔似乎就很明白，这样做可能会招人忌恨，而他能行使的缓解这种忌恨的权力也有限。这种老于世故可能源于他在海军中接受的训练和积累的经验。一旦放任大家赌博，他可能就不会动用权力加以制止。为什么要冒这个险，搞得自己下不来台？他希望，这种事情就让它自然消亡好了。

赌博带来的另一个问题是过度捕猎，而这种遭到过度捕猎的资源需要用来维系他们在岛上的艰苦生活。这种资源就是海獭。斯特勒写道，赌博"一开始是掏钱"，但后来，钱"就不算什么了，等到钱都输光了，他们就盯上了这些美丽的海獭，因为海獭皮很值钱"。他们都知道，海獭皮在市场上价格不菲，特别是拿去卖给中国人。上岸后的头几个星期里，许多海獭皮被随手扔给了蓝狐。但当船员们的健康稍有起色时，营地里赌博之风开始盛行，他们发现，这些皮可以派上新的用场，拿来赌博。斯特勒皱起了眉头，他看见有个人"把自己全毁了，想要拿可怜的海獭来翻本。他们大量捕杀海獭，既无必要，也没有其他考虑，只是为了要得到它们的皮，然后把它们的肉扔掉"。

为了得到海獭皮，一些人"在动物的栖息地横冲直撞，无人管束，常常只是为了互相逗乐"。很快地，就把附近所有地方的动物都赶走了，这儿本来是它们的栖息地。由于缺少火药，捕猎已经很困难了，所以就只能使用棍棒。这些人偷偷靠近正在睡觉或毫无戒心的动物，猛扑过去，用棍棒击打它们。有时是两人一组，一个负责把动物赶到一起，另一个负责用棍棒击打。海獭很快就意识到了人类这种新的捕食者，开始对人类接近它们保持警惕。斯特勒甚至觉得，当它们在海滩上群聚时，会安排一只海獭放哨，发现有入侵者过来，就唤醒其他同伴。海獭上岸时，它们会扭动鼻子，嗅一嗅，探查空气中是否有危险的新气味。斯特勒甚至说，捕猎队伍行进时，他看见蓝狐会偷偷溜到他们前面去，沿着海滩奔跑，并大声叫唤，要唤醒那些睡觉的海獭，免得它们被捕杀。在他看来，由于赌博的罪恶，大自然也在惩罚他们。刚上岸时，捕猎很容易，但很快就变得十分困难。为了靠近上岸的海獭并捕杀它们，他们不得不在夜间组织搜寻队，甚至要冒着猛烈的暴风雪出门，吉凶难料。到年底时，他们必须走四到六英里才能获得足够的食物；到1742年2月，他们不得不沿着海滩走到二十英里远的地方。

在营地周围，资源枯竭的问题还包括柴火。大量的木头要用 228 来维持营地中央的篝火，至于各个小屋生火做饭需要的木头，他们只得沿着海滩步行数英里去捡拾，眯着眼在地上寻找。暴风雪过后，地面铺了一层雪，有凸起的地方就可能有木头，把木头挖出来，绑在背上，带回营地。对于身体虚弱的船员来说，在恶劣的天气里走一整天是件痛苦的事。幸运的是，为了捕猎动物和捡拾柴火，走的路越来越长，但同时，他们的体力也得到了恢复。

然而，时间一天天过去，食物却越来越少。有些日子里，吃饭时，"饭菜的量有时很少，内脏甚至下水也舍不得扔掉，而是煮给病号吃，他们吃了个精光，津津有味"。对于一些快要死的人或被坏血病折磨得最严重的人来说，他们嘴里都是伤口，难以张嘴吞咽一块块煮熟了的海獭肉。瓦克塞尔描述了他们的日常饮食："即便你或许能忍受海獭肉的味道，但它非常硬，像鞋底的皮革一样，都是腱子肉，所以，你怎么嚼也嚼不烂，只能大块大块地吞下去。"海獭肉虽然难吃，总比狐狸肉要好。

　　1月初的某个时候，具体日期不详，一头大鲸鱼的尸体被冲上了岸，离营地只有几英里远。虽然这头鲸鱼的脂肪"稍微有些次"，尸体"肯定是在海里漂了很长一段时间"，但在春天到来之前的这段时间里，食物匮乏，他们很快就需要依赖这天赐之物。他们称它为"食品库"，没有被完全切完的尸体就留在海滩上，如果抓不到其他动物当食物，它还能用得上。一群人跑过去，剥下大块的脂肪，打包码好，运回营地。回到营地后，他们再把大块脂肪切成小块，放到锅里煮，把里边的油榨出来，这样就可以把这些难吃的"火车机油"去掉。经过这样的处理，剩下的就是神经和肌腱，再切成碎片，直接吞吃，无需咀嚼。"把那些碎片吞下去很容易，"瓦克塞尔回忆说："因为我们不可能把里边所有的油都榨出来。"捕猎其他动物也增加了肉类供应。他们杀死了一头海狮，就在海滩上切割它那个硕大的身体，然后把大块的肉拖回营地，那些肉很松软，一路抖动着。前面只能吃到海獭肉，偶尔有海豹肉，非常单调，现在吃食丰富了，大家兴高采烈。他们在火上烤海狮肉。斯特勒满意地说："我们发现这肉的质量和味道都非常好，我们真希望不久以后还能捕到更多海狮。它的脂肪像牛骨髓，肉儿乎像小牛肉。"这当然比去"食品库"拿来发臭的鲸脂要好。

所有这些肉都含有维生素 C，而且，它们都很新鲜，并按照斯特勒的建议，放在汤里稍微煮了一下。因此，可以肯定的是，虽然过程比较慢，但坏血病的蔓延得到了遏止。动物的肉和肉汤远不及特定的新鲜植物有效，却也足以让人慢慢地恢复健康。虽然地面有积雪，斯特勒还是派出几拨人在雪下翻寻并采集岩高兰，将它们煮成茶喝。12 月死了六个人，但 1 月只有两人死亡。1742 年 1 月 8 日，伊凡·拉古诺夫（Ivan Lagunov）死了，他是探险队中最后一个死于坏血病的人。他就像数十个死在白令岛上的人那样，在历史上只留下了他的姓名、岗位、身份（船员）和死亡日期。他与别人的区别仅仅在于，他可能是最后一个以这种方式死去的人。在斯特勒的草药汤和海獭肉汤发挥作用之前，"圣彼得"号探险船上的七十七人中，有三十一人死于坏血病。只有十四人的尸体在白令岛上得到了妥善安葬，他们的坟墓排成一行，邻近营地和小河。其他人的尸体被扔进海里或被冲走了，许多人的尸体被蓝狐咬过。营地里有四十六名幸存者，到 1 月中旬，大多数幸存者咬咬牙，都能一瘸一拐地走起来。

230　　　斯特勒和瓦克塞尔定期组织庆祝活动，让每个人的生活更有条理，让这些人有盼头，让他们想起过去的生活，也许就可以帮助他们保持斗志，度过冬天最黑暗的日子。他们每个星期天和国家法定假日都有庆祝活动，包括"圣洁的圣诞节"，就好像我们"各得其所，身在家中"。只不过，圣诞节颇为惨淡，大家在黑暗和寒冷中度过。斯特勒把军官们请过来，大家坐在一起"高谈阔论"，心情愉悦，以茶代酒，相互致意，"因为也没有别的可喝"。奇怪的是，他们倒是有很多烟草。不知是什么原因，这些烟草居然没有被海水浸泡。斯特勒用黑色信天翁的翼骨做了根烟管。于是，在这个荒凉而又脏乱的新社区，他们吞云吐雾，暂且偷欢。

　　登上白令岛的第一个月，他们几乎没有什么值得庆祝的事情。但到了12月底，死亡人数逐渐减少，营地已经建成，而且，还在无形中形成了一个基本的组织架构。这是一个建立在平等之上的体系，由军官和斯特勒下达命令，有点首位平等的意思，即大家都是平等的，而他们排在第一，权力和责任略大一些。他们所有的礼服，如制服和"周日礼服"等，都被改装成工作服，并根据需要分发。他们都知道自己该干什么，"因此，不管在什么时候，每个人都知道自己的工作和责任，不需要别人提醒，这让我们没有了焦虑，欢声笑语，感觉良好，日子就一天天过去了"。不管是什么会议，每个人都可以发表意见，至于这些意见好不好，不是看这人以前是什么级别，而是看意见本身。

1742 年让大家看到了新的希望。白天慢慢地变长了，虽然天气仍然多雨、寒冷，捕猎动物也越来越困难，但大家都觉得，如果他们能走到这一步，就能捱过冬天，等到春天。坏血病不再发作，差不多所有的人都能动弹了，至少能一瘸一拐地走路。于是，对于生命如何继续，大家的认识又一次发生了改变。这些人慢慢康复，头脑也清醒了，可以思考其他问题，而不再仅限于眼下的生存。如何处理这艘船以及如何离开这座小岛成了每天的话题。每当他们来到屋外，眺望远处，首先映入眼帘的就是"圣彼得"号探险船，她斜躺着，陷在沙土中，海浪拍打着船身朝海的那一面。这幅景象总在提醒他们身处困境。新的一年开始了，在考虑其他问题之前，这成了必须首先要解决的问题：这艘船是个什么状况，她还能再浮起来吗？几乎可以肯定的是，他们困在一座荒岛上，他们逃离的唯一希望就寄托在"圣彼得"号探险船的残骸上。

1742 年 1 月 18 日，瓦克塞尔在这个破烂不堪的村庄里转了一圈。他告诉船员和军官，他正在召集一个正式的船舶委员会，要过去检查一下船的残骸，然后决定该怎么办。如果不算上允许大家打牌赌博的事，这是他作为指挥官着手的第一个重要工作。因为这艘船看上去状况不佳，瓦克塞尔和西托罗夫之前也已经宣布她不适合航行了，所以，有些人认为，检查不过是一种形式而已。但"圣彼得"号探险船是一艘政府的船只，任何有意将其拆毁的决定都会受到圣彼得堡那些帝国官员的仔细审查。稍有不慎，自己的饭碗甚至性命都可能面临危险。另外，这也是一艘海军的船只，军官们仍是俄国海军的现役人员，瓦克塞尔明白，当前在海滩营地中建立的新社会秩序并不是一种纯粹的海军秩序。应该征求每个人的意见，自去年11月以来，一直都是这么做的。迄今为止，这种做法也避免了内部的异议。这可能仍然是最好的办法，让每个人保持乐观，专心于回家的事。至于海军的等级制度和惯例，等到了海上再说吧。

232　瓦克塞尔也知道，对他来说，从策略上讲，达成共识是最好的办法，以免自己事后被问责，受到惩罚。把所有决定都落在纸上，后面就不怕有人翻旧账。如果谁对现在的最佳行动方案有任何异议，他可以在必要时准备一份书面意见予以反驳。当然，死了这么多人，连队里的指挥官都死了，女沙皇陛下的船也毁了，将来得有一个解释，并接受官方调查。瓦克塞尔将被仔细审查，如果遭到指控，说他在工作或个人方面有不当行为，他希望所有这些书面材料能更好地为自己辩护。于是，所有的人都出了营地，走过海滩，来到船的残骸这边。一些较强壮的人爬上船，进入船舱察看，另一些人则检查桅杆和索具。瓦克塞尔把他们召集到一起，明确表示，他们必须一致作出决定，每个人都有权提出自己的问题和想法，他会尽可能多地吸收他们的意见。然后他宣布："上帝会赐福给我们的，因为自助者天助之。"他们讨论了很多建议，例如，挖一条壕沟，让船滑回到水中去，或在船身下放置滚木，把船推入海湾。但说到最后，很明显的是，岛上没有其他的木材，不管要造什么东西，材料只能是从船上拆下来。

在接下来的几天里，瓦克塞尔撰写了一份正式文件，对这艘船做了总体评估。他称之为《关于船况的意见》，这是一份关于船的损坏程度和问题的清单，情况很糟糕——船上没有锚了，也不太可能再找到一个；船舵已损坏，被冲到海里去了；船身、龙骨和艉柱全都损坏了；索具、横桁索和缆绳也已腐烂、断裂，没法再用；而最大的问题是，这艘船深陷在海水和沙土里，有八英尺深，因此，无法动弹。瓦克塞尔的结论是，"圣彼得"号探险船"不适合继续航行"。这份意见写好后，瓦克塞尔就大声念给大家听，并要求所有人在上面签名。只有德米特里·奥夫辛不肯签。233瓦克塞尔就让他提交书面的反对意见，五天后他交给了瓦克塞尔。奥夫辛可能是在表达他对军官们的不满，因为他被排挤出了那个圈子；或者是想拉帮结派，另立山头，以便针锋相对；也可能只是担心他的前途，对于拆船这事，想要让他的反对意见有案可查。

1月27日，奥夫辛提交了他的《船员德米特里·奥夫辛的反对意见》，这份反对意见的抬头写道，"致瓦克塞尔殿下"，可能是嘲讽的意思。其内容针对瓦克塞尔前面那份关于船的损坏程度和问题的清单分别做出奥夫辛自己对船况的评估，简短，但非常乐观。他说，索具可以修好，等到了春天，船就有可能重新浮起来，他们还可以去挖沙，寻找丢失的船锚，此外，修复船身和船舵所需的木材"也可能会找得到"。尽管言之凿凿，但他心里很清楚，派去岛上探查的小分队和所有出去捕猎的队员没有看到过一棵树，根本就没有可能去砍树修船。奥夫辛的结论是，"目前很难说船底的损坏程度有多大，即使损坏了，也可以修复"。他声称，现在仍然是冰天雪地，决定这艘船的命运还为时过早。

瓦克塞尔和西托罗夫看了他的意见，并与全体船员、军官和斯特勒商议。他们一致反对他的意见。然后他们在 1 月 29 日写了一份正式的"反驳"，"在听取了他的意见和理由之后，所有在场人员均不同意，因为在 1 月 18 日，他们已经对这艘船做了检查，确认她不适合航行"。他们重申，他们没有木材，岛上也未发现任何木材，这么大的一艘船，他们没有材料来修理风帆和索具，即使修好了，他们也没有足够的人手来驾驶。瓦克塞尔和西托罗夫同意，等到了春天或退潮时把水从船舱里排干后，再对船做最后一次检查，以确证他们的推断，但是，除非有任何新的情况，"圣彼得"号探险船理应被拆除，"用拆下来的材料造一艘小一点的船，应该就能把我们带回堪察加半岛"。这是一个艰难的决定，含有很多感情因素在里面。他们在"圣彼得"号探险船上生活了数月，船如同是他们的家，即使她变成了残骸，从海滩上望过去，在薄雾中若隐若现，也仍是他们的定心丸，是他们逃离这个地方的唯一希望。

"圣彼得"号探险船用铁箍和铁钉打造而成，十分牢固，要把她拆开来造新船，还不敢肯定一定能成功。瓦克塞尔写道："我可不想自己来承担所有的罪责。""有多少个人就有多少个主意"，如果出了差错，他担心，事后诸葛亮就会说，"如果我们这样做或那样做，或者试试其他四十条建议中的任何一条，就不会有问题了"。瓦克塞尔也担心性命不保，不仅仅可能被圣彼得堡发来的那些指令害死，因为它们不可捉摸，还有身边这些人，如果事情进展不顺，他们可能就会责怪他，把矛头指向他。他仍然相信，拆掉这艘船是他们逃离和幸存的最大希望。

决定切割和拆卸这艘船让每个人都感到心情沉重，虽然他们也知道，这是唯一的办法。不过，2月的第一天，这个决定倒更容易被人接受了。据斯特勒说，这一天"刮起了猛烈的西北风，潮水高涨"。在狂风暴雨中，巨浪和潮水拍打着"圣彼得"号探险船，将她从水中托起，冲到了沙滩上。船的残骸现在远远高出正常的涨潮线。大家刚爬上船的时候，很是兴奋，因为他们看到船舱里都是水，这说明，船身可能并未损坏。但也只高兴了一会儿。船舱里不仅灌满了水，还几乎填满了沙子，船身上也有裂缝。这艘船不可能重新再用了。

2月初仍是隆冬季节。狂风呼啸，白雪皑皑，天色灰暗，几乎每天都是阴沉沉的。现在开始拆卸"圣彼得"号探险船为时尚 235

早。他们得等春天到来，天气暖和了，也需要大家的身体更强壮些。病号正在康复，这个过程漫长而痛苦。日子过得很慢，营地生活按部就班，不睡觉的时候，捕猎、拾柴火等活动耗费了他们的大部分时间和精力。2月7日是一个值得铭记的日子，这天天气晴朗，阳光明媚，令人愉快，这是他们记忆中的第一个好日子，也预示着天气将回暖。下午的时候，西边刮来一阵大风，紧接着，是"非常响的嘶嘶声和轰鸣声，离我们越来越近，越来越响"。这是地震的前震，这个岛被震得晃了六分钟。地震推倒了他们屋里的墙壁，沙子灌了进来，落在人身上。他们正在休息，有些还在病痛的康复中。斯特勒立刻冲出去，查看海面的情况，还好，海水并没有涌起，否则就预示着海啸将要来临。天空仍然晴朗，阳光普照。现在新增了修复营地的工作，大家非但没有感到灰心丧气，或被狂风和隆隆作响的声音吓着，地震反而使他们振奋起来。因为在堪察加半岛，地震和火山爆发很常见。因此，他们推断，他们一定是在离家不远的地方。他们现在只需要有一艘船，就能回家。

第 12 章　一艘新的"圣彼得"号探险船

　　直到 3 月的时候，看见第一批娇嫩的绿芽一点点破土而
出，瓦克塞尔和斯特勒才确信，他们能活下来。虽然 1 月时已经
不再有人死亡，这些人也恢复了起床、行动和自食其力的能
力，但正是这些早春的"草药和植物"确保他们能活下来。斯特
勒从海滩向内陆搜寻，挖开被积雪覆盖的沙丘，找到了一些他认
为可以治疗坏血病的植物，并帮助其他人在山坡上也找到了一
些，那儿的雪正在逐渐融化。瓦克塞尔赞扬斯特勒提供了"极大
的帮助，因为他是一位优秀的植物学家。他采集了许多绿色的草
药，拿给我们看，有些是用来喝的，有些是用来吃的，服用这些
草药后，我们发现健康状况明显改善了。根据我自己的经验，我
敢肯定，在我们开始吃绿色食物之前，没有谁是健康的或完全恢
复了体力"。

　　随着春天的到来，白天更亮了，气温升高了，雨水也少
了，只是时常还有暴风雪和乌云。所有的东西都很潮湿，衣服和
皮革经受不住冬天的风霜，褪了色。但坏血病不再肆虐了，大家
逐渐康复，四肢又恢复了活力。瓦克塞尔急切地想获得更多信
息，搞清楚他们到底在什么地方。他们相信，自己是在堪察加半

岛以东的一个岛上，但这个岛有多大？在岛上远一点的地方，还有其他资源吗？瓦克塞尔知道，如果没有准确的位置信息，就无法为将来的安排作出正确决定。捕猎动物越来越困难了，因为它们变得更加小心，极力躲避人类。很难一下子抓到一大堆动物来养活四十六个饥饿的人。只要看到远处有个人，海獭就会像疯了一样，迅速跳进水里。

2月24日，助理领航员哈尔拉姆·乌辛带了四个人向岛的北部摸索，"要仔细察看一下这个地方"。他们花了一个星期在巨崖底部的融雪中艰难跋涉，这个巨崖一直延伸入海。然后天气变糟了，他们不得不停止前进。从营地出发，他们只走了六十俄里（约三十七英里），穿过这个独特的地形，然后只能折返。乌辛回来报告说，他们看见东边有一个岛。这个观察并不准确，可能只是远处的一个云堤。其他人一直在很远的地方捕猎海獭，但关于这个岛，他们也没带回任何新的发现。3月10日，瓦克塞尔召集大家开会，提议派几个人向岛的南部摸索，走一条不同的路线。这次由水手长阿列克谢·伊万诺夫带队，他的能力被大家普遍认可。伊万诺夫带了四个人于3月15日出发，经过几天的艰苦爬山后返回。他们报告说，在西海岸看见了大海。他们还带回了一艘小船的碎片，是被冲到岸上的。队中有个叫伊万诺夫·阿库洛夫（Ivanov Akulov）的人，他非常肯定地说，这些碎片来自他本人去年在堪察加半岛建造的一艘船。最重要的是，伊万诺夫兴奋地描述了新发现的一种动物，生活在西海岸的海滩上，数量很多。他称这种动物为"海熊"，但斯特勒认为，这是一种海狗。

他们发现了一种新的食物来源，这个消息太令人振奋了。伊万诺夫和他带领的人很快就再次出发，同行的还有斯特勒和其他三个人。给他们的命令是，要走到"某个大陆或岛的尽头"。如果他们看见了大陆，就派两个人继续前进，也许是沿着一个与陆地相连的天然码头，走到阿瓦查湾去报告，其他人折返，把好消息带回来。尽管根本就没有可能，瓦克塞尔仍然不肯放弃，希望他们位于某个陆地的角落，这个陆地与堪察加半岛是相连的。不过，这一趟还是有收获，证实确有一种新的食物来源。现在天气暖和了，这条新的路线成了捕猎队伍的常规路线，要走十二英里。走这条路不仅很累，而且很危险，因为暴风雪来得很快，如果没地方躲，人就可能会被困住。4月1日，一场猛烈的暴风雪困住了四个人，他们是斯特勒带领的这个小组的成员。他回忆说："看不见脚，也看不到脚步。"入夜时分，短短几个小时内就下了厚达六英尺的雪，他们被迫在野外睡觉。第二天早上，他们身上全都是雪，只得逃离，蹒跚着回到了营地，回来时"不省人事，说不出话，身体被冻僵了，像动不了的机器，连走路都走不了"。东部海滩上的大本营经历了同一场春雪，下得很大，也是刚刚重见天日。他们冲过去，把斯特勒和同伴们身上的湿衣服脱下来，煮了茶。他们裹着毯子，瑟瑟发抖，几乎出现了体温过低的症状。小组中有一个人得了雪盲症，还有一个人不见了。他们派人去找，一个小时后找到了他，人已经神志不清，"十分可怜"。他掉进了一条小溪里，身上的衣服被冻得结结实实，手脚都冻伤了。他们担心他会死，但斯特勒把他救活了。斯特勒不愿邀功，宣称"然而，是上帝让他安然无恙，渡过了难关"。

239　　　尽管需要进一步确保大家的食物供应，瓦克塞尔还是决定，在再次穿越该岛中部的山区之前，先等这场摧毁力极强的暴风雪过去，等天气稳定下来再说。但在东部的海滩上，再也抓不到动物了，食品眼看就要吃光了。4月5日是一个晴朗舒适的春日，虽然面临危险，另一支捕猎的小队伍还是出发了，沿着同样的路线到岛的西部去，他们是斯特勒、普莱尼斯纳、列皮奥欣和另外一个人。一路无事，他们在西部的海滩上捕杀了许多海豹，将它们拖回到巨崖底部。天色已晚，他们燃起篝火，四个人围着篝火坐下来休息，准备在这儿过夜，第二天早上再回营地。午夜时刮起了暴风雪，雪花很快就堆在他们身上，湿漉漉的。风很大，他们几乎无法站立。为了不睡过去，他们绕圈跑了好几个小时。斯特勒"不停地吸烟，想要让自己暖和，消除死亡的痛苦"。黎明时分，天还是很黑，他们知道，必须要找到一个躲藏的地方，否则就没命了。列皮奥欣躺下来睡着了，被埋在雪里，他们急忙把他挖出来，再把他拖起来。之后，他们倾尽全力，想在山间找到一个裂缝或洞穴。他们花了数小时在周围寻找却徒劳无功，于是"陷入绝望，已是半死不活"。

　　终于，列皮奥欣发现了一个大裂缝，通往巨崖的内部。他们急忙跑进去，躲避暴风雪。后来，他们又把木头和一些肉块拖进去。这个洞穴很宽敞，里边还有一个单独的空间可作储藏室，确保"食物不会被蓝狐偷吃，它们贼性难改，非常恶毒"。蓝狐已经尾随他到了西部捕猎的地方，伺机偷嘴。洞穴里甚至有一个天然的烟囱，排烟不是问题，这样他们就可以在里边做饭，不会发生窒息。这场暴风雪刮了三天才停下来。在这期间，因为他们抓来的海豹都扔在海滩上，蓝狐就从山上跑下来，吃光了所有的尸体。4月8日，他们只得再次去捕猎，然后带着肉食回去，告诉大家发现了这个洞穴。这个洞穴的好处太大了，入夏后的几个月里，他们把这儿作为捕猎基地，并将其命名为斯特勒洞穴。在接下来的两个月里，他们频繁前往西部的海滩和斯特勒洞穴，而海豹肉成了他们的主要食物来源。但这些海豹肉不是什么美味佳肴。瓦克塞尔报告说，它们的"肉令人作呕，因为味道很重，很难闻，或多或少有点像老山羊的味道。脂肪是黄色的，肉很硬，嚼不动"。他们都"厌恶"吃这种肉，但不得不吃，总不能饿着肚子。

240

　　与此同时，乌辛带领的另一支捕猎队伍已到达岛的北部，在那儿被困了七天，也是因为碰上了这样的暴风雪。他们被涨潮的海水困在一个裂缝里，既没有吃的，也生不了火。留守营地里的人认为，他们"不是被山上猛吹下来的大雪掩埋了，就是被压死了"，看到他们拖着沉重的步伐从海滩那边走回来时，大家都非常高兴。乌辛确认，他们的确在一个岛上。伊万诺夫也带人出去了，差不多是在同一时间回到营地。他们在岛的"另一侧绕着北部的海角走"，因此，不同的队伍几乎绕岛走了一圈。他们仍不清楚这个岛的确切位置，乌辛和伊万诺夫都说看见东边有陆地。斯特勒也说，他"非常清楚地"看见东北边有陆地。大家一致认为，他们是在美洲大陆的最西端。事实上，无论哪个方向，在白令岛上也不可能看见陆地。斯特勒相信，他们被困的地方离美洲更近，而不是靠近堪察加半岛。对于堪察加半岛和阿拉斯加之间有多远的问题，瓦克塞尔与斯特勒意见不一。斯特勒认为，从阿瓦查湾起航，三到四天就能到达，但瓦克塞尔坚持认为，在海上航行需要八天。两人的估计都错得离谱。去年春天，他们花了六周的时间横渡太平洋，到达阿拉斯加，将来的船只沿着最安全、最快速的航线行进，也需要大约三周的时间。

4月9日，瓦克塞尔召集所有人开会，告之新确认的位置信息，并商讨针对"圣彼得"号探险船的方案。乌辛和伊万诺夫报告了他们的发现，然后瓦克塞尔站起来作为指挥官发言。他宣布："现在是时候了，该考虑我们（将）如何逃离这个鬼地方。"他要求每个人都把话说清楚，自己是怎么想的，因为"我们得齐心协力"。他写道，"最低级的船员也像大副一样渴望获救，因此，我们应该团结一心"。在这次会上，对于如何逃离，大家提出了三个主要的想法。

第一个想法由奥夫辛再次提出，这位从前的上尉早在 2 月时就曾反对最初的提议，即拆除"圣彼得"号探险船。他认为应尽全力修船，让她再浮起来，即使这需要投入所有的人手，要用上大半个夏天，希望在暴风雪季节到来之前能成功下水。瓦克塞尔早就放弃了这个方案。但为了安抚少数几个支持这一想法的人，他再次解释了为什么这是一个糟糕的选择。船身出现了一个大裂缝，后果非常严重，导致舱内的水位总是和外面海湾里的水位完全相同。他们没有人手或设备来完成这种类型或规模的维修。挖条运河把船拖离海滩进入到深水中也是不可能的，因为人手不够。挖不了多长多深，海浪和潮水很快就能往里边填满沙子。他宣称："我们就只能不停地挖，直到累死，也不会有任何结果。"要反对这个想法，最有说服力的理由是，如果他们整个夏天就是干这件事，然后失败了，考虑到船的现状，这很有可能，那么，他们将被困在岛上，还得再熬一个冬天。这光是想想就让人害怕。他们需要一个不同的方案，唯一可行的选择就是拆除"圣彼得"号探险船，造一艘小一点的船。但一时半会还无法确定新船的形状、样式和大小。她必须要小很多，这样就不需要很多的船员，但她在海上又必须能承受可能出现的惊涛骇浪。

在奥夫辛之后，另一个想法是立即改造大艇，将一些帆布绑在上面，当作一个简单的"甲板"，她就有可能横渡大洋，安全到达堪察加半岛。可以挑选大概六个人驾艇过去，向彼得罗巴甫洛夫斯克的驻军报告这个岛的位置，希望救援船只在夏末前能赶过来。瓦克塞尔没有立即否定这个方案，但他表示，自己非常怀疑这个方案能行得通，并举出了几条理由——他们不知道这儿离堪察加半岛有多远，路上天气多变，这条小"船将无法抵御坏天气，哪怕是最轻程度的风浪，毫无疑问她将倾覆，上面的人都将送命"；而其他大部分人将留在岛上自谋生路，生活在"焦虑和疑惑"中，只能眼巴巴地张望，看看是否有人来救他们，或者，他们还得再熬一个冬天，而捕猎动物越来越困难，猎物数量急剧减少，怎么活下去都是个问题。瓦克塞尔说，这个方案"不合理，有危险"。不过，如果找不到别的办法，还可以重新考虑这个方案，毕竟它需要的投入很少，只需挑选少数几个胆子极大的人，剩下那四十个人须保持极大的耐心，当然还得承受一大堆的焦虑。瓦克塞尔最后说道："经历了这么多的苦难，如果我们能活下去，紧紧相依，那将是极大的解脱和安慰。"同样，如果他们还能回到家中，他们将使整支队伍"获救"。

最终，瓦克塞尔说服了所有的人，甚至包括奥夫辛，决定实施第三个方案——拆除"圣彼得"号探险船，用剩余的木头和材料造一艘新船，只有旧船的一半大。会议结束后，所有的人在一份文件上签了字，文件名为《关于确定此地是一个岛屿的决定》，内容也包括"圣彼得"号探险船应予拆除的决定，因为他们只能通过海路返回，而"圣彼得"号探险船已不能浮起或修复。这份文件还提供了一些细节，列明谁将负责拆船的工作，谁将负责去捕猎，解决整支队伍的吃饭问题。他们决定，剩下那些被海水浸泡过的燕麦和黑麦粉留到返航时再吃，返航时间将在夏天的晚些时候。5月2日，瓦克塞尔、西托罗夫和几名军官去寻找一个合适的地方，开始为新船打基础。他们一致认为，最好的地方"就在海滩上，船的正前方"。

4月过去，进入5月，天气变暖了，岛上生机勃勃，鸟语花香。他们花了三个星期把所有的东西从船上卸下来，撬开骨架上的木板，将它们搬到海滩上，按顺序堆放起来。所有的工具都准备好了，按顺序摆放整齐，还打造了一个小的锻铁炉，用来制造新的专用工具，如铁锤和撬棍等。烧炉用的柴火是新漂来的浮木，烧完后就变成了木炭。冬天的时候，这些浮木被冲上岸，现在雪已经化了，在沙滩上都能找到。"磨石都打磨好了，放在水槽里，工具也都去了锈，磨得很锋利，还搭建了一个铁匠铺，锻造出了撬棍、铁楔和大铁锤"。这项工作乏味累人，并不让人十分兴奋，因为这只是准备工作，主体工程还在后面。

他们中有十二个人擅用斧子，换句话说，就是具有造船和木匠工作的经验。这些人的工作就是抓紧干活，拆掉旧船，造新船。除了瓦克塞尔、西托罗夫和斯特勒，所有其他人按照一张三天一个循环的轮值表干活：第一天捕猎（包括在岛上徒步数小时）；第二天在营地里值守；第三天帮助木匠干活，听其使唤。每天早上，所有的肉要送到营地，然后由一名士官把肉分给五组小屋指定的厨子。整个春天和夏天，除了偶尔几次的例外，像这样按部就班的工作持续了好几个月。剩下的面粉严格分配，要匀出返程的量。每人每月的配给减少到了二十磅，这样的话，根据斯特勒的计算，每个人在返程时就可以分到二十磅的面粉。幸存的人中

244 只有一个熟练的造船工人，是一个来自西伯利亚的哥萨克人，名叫萨瓦·斯塔罗杜布斯托夫（Sava Starodubstov）。在鄂霍次克时，他曾与斯潘贝格在好几艘船上工作过，包括"圣彼得"号探险船。斯塔罗杜布斯托夫对瓦克塞尔说，如果告诉他"这艘船的比例，他会把她造得非常坚固，愿上帝开恩，我们应该能够把她安全地推到海上去"。他做得非常出色，瓦克塞尔也承认，如果没有他，他们永远也造不出新船。他们回来后，瓦克塞尔请求叶尼塞斯克的省府大臣将他晋升为西伯利亚的低阶贵族。

这支幸存下来的队伍看起来越发潦倒，但这项工作使他们全神贯注，让他们心往一处想，避免了绝望和内讧。瓦克塞尔作为指挥官，地位日渐提高，而斯特勒赢得了大家的尊重。作为一名科学家和医生，他发挥了作用，救了大家的命，而且他悉心照料病号，给予他们精神上的抚慰。不过，把这些人从岛上救出去，这是瓦克塞尔要操心的事。像斯特勒一样，瓦克塞尔生性乐

观，相信上帝，保持着一种热情开朗的性格，永不言败。他从不大声抱怨，而是努力往好的方面看，哪怕是看到伙食有点改善，或为天气暖和感到高兴。瓦克塞尔与斯特勒一样，成为了生存和希望的指路人。在艰难的岁月里，他们战胜了坏血病，赶走了蓝狐，减轻了赌博的祸害，大部分的派系斗争也都消弭在一种和谐的气氛中，这在船上不曾有过。等级和特权都没有了，大家平等地分担工作，毫无怨言。他们都知道，这关系到他们的生命。少数几个不愿工作的"不满分子"偷懒怠工，遭到了同伴的白眼。作为一名海军的指挥官，瓦克塞尔重新获得了他的大部分权力。在上岸的头几个月里，由于生存的需求盖过了社会等级，他失去了自己的权力。现在已经有了一个明确的目标，就可以管束那些不守规矩的人。当瓦克塞尔看到那些懒骨头不肯出力时，他就会祭出军令。他写道："我行使我的权力，迫使他们干活。"

5月6日，"船尾和艉柱竖起来了"，新船的实际建造工作开 245 始了。她将有三十六英尺长，十二英尺宽，五英尺三英寸深。大家在旧船上拣选多余的木料，那些被认为不适合或不需要用来造新船的木头和板子很快就有了用处，被拿来在地面上搭建更好的住处，因为春天雪化了以后，总是有雨水灌入沙坑中。新船的骨架在海滩上成形的第一天充满了欢乐和希望。这天晚上，除了那些出去捕猎的人，瓦克塞尔邀请营地里所有其他人和他一起举杯庆祝。他们都带了自己的大杯小杯和碗，"或者有什么拿什么"。

作为特殊的款待，瓦克塞尔在一口大锅里煮了一种西伯利亚的饮品，叫作萨图南。传统做法是用新鲜的黄油煎小麦，然后放入泡好的热茶中搅拌，直到"变得像煮熟的巧克力一样浓"。但瓦克塞尔"没有这些用料"，只好凑合一下，用"火车机油（海豹或鲸鱼的脂肪）代替黄油，用发霉的黑麦粉代替小麦粉，用岩高兰代替茶"。不过，这种饮品还是达到了效果。大家都"很快活，高兴，没有人疯癫"，斯特勒写道，"我们玩得很开心"。

那天过后，由于工人们吃不饱饭，造新船的工作进展缓慢。食物刚够大家都能吃上一口，就别想吃饱饭了。去捕猎动物，手里却没枪，即使抓到了，还得费劲把肉块从岛的另一边拖回来。在这种情况下，食品是肯定不会充足的。这时，大多数人都穿着破烂的衬衫，也没有鞋。他们赤脚翻山越岭，回来时将大块的肉绑在前胸后背上，还得再翻过山口，脚上伤痕累累。现在吃的都是"海熊"或海狗，令人厌恶。不过，至少在每年的这个季节，在海滩上，雌兽和幼崽的数量猛增，而不仅仅是他们最初赖以为生的成年雄兽，吃下去都会吐出来。据西托罗夫说，甚至雌兽和幼崽也是"相当暴躁的，会攻击人类"。斯特勒的描述总是很精确，写下了猎杀行动是如何残忍。"这些野兽的生命力非常顽强，两三个人用棍棒敲击它们的脑袋，打两百下也不能把它们杀死，而且他们时常还得休息两到三次，以便恢复体力……即使头盖骨被打裂，碎成小块，几乎所有的脑浆都进出来了，所有的牙

246

齿都被打掉了，这些野兽仍在用鳍反击他们，战斗不止。"

5月底，一具长一百英尺的鲸鱼尸体被冲上了岸，离营地大约有四英里。它"相当新鲜"，给他们提供了可吃好几个月的脂肪，储存在木桶里，供大家食用。虽然味道不好，但有了鲸脂，他们就不会挨饿了。在离岸不远的地方，有一种巨大的鲸类哺乳动物经常在海水中上下浮沉，很笨重，优哉游哉地，吃着海草，看起来就像是睡意朦胧的海怪。他们从未见过这种动物。他们知道，只要抓到一只这种神秘的野兽，就能解决他们好几个星期的吃饭问题，因为这种动物的体形非常庞大。5月一天天过去，他们筹划着去抓一只，但这将是一次危险的行动。

坏血病之前带来的梦魇渐渐散去，船员和军官们各自忙着拆除旧的"圣彼得"号探险船，要造一艘小一点的船。斯特勒不用再忙前忙后地照顾大家了，终于有时间投入到他热衷的事业——研究自然世界，这也是当初他为什么横跨俄国来到西伯利亚，又乘船来到阿拉斯加的原因。他死后声名远播，很多都来自于这次远行所做的这些观察，尽管以现代标准来看，这些观察可能并不科学。斯特勒花了数月的时间观察白令岛、阿留申群岛和阿拉斯加海岸特有的几种最著名、最独特的生物，了解它们的习性、迁徙方式、饮食结构、生命周期和生活史。虽然海獭是他的个人最爱，但他也详细描述了海狮（后来被称为北海狮）和海狗，它们

247

"遍布整个海滩，以至于从它们身边经过时，甚至会危及生命和肢体"。就连蓝狐也没有漏掉，他也做了观察。春天到来后，蓝狐都退回到山里交配去了，这让所有人大大松了一口气。他还编写了一份植物目录，这些植物都是在岛上发现的。

斯特勒记下并研究了三种在欧洲和亚洲都未发现的鸟类，"一种白色的海鸦……无法就近观察，因为它们都是单个飞落在临海的悬崖上"，之前从未有博物学家见过这种鸟类；"一种特殊的海雕，头尾呈白色"，今天，这种鸟被称为虎头海雕，美洲有三种属于鹰科的鸟类，这是其中之一，现在被认为已经灭绝了；还有"一种特殊的大个海鸦，眼部周围有一圈乳白色的环，喙部周围有红色皮肤"，今天，这种鸟被称为白令鸬鹚，是一种像企鹅的鸟类，不会飞，体型与鹅差不多大。虽然斯特勒说，1741 年至 1742 年的冬天，这种鸟数量很多，但此后的数年里，由于很容易抓到它们，终被捕猎至灭绝。他说，一只鸟"就足够三个人吃，还是饿得不行的人"。在这些鸟类消失之前，斯特勒是第一个也是唯一一个见过它们的博物学家。他还记下了不计其数的其他候鸟，它们只在岛上作短暂停留。

斯特勒研究最多的生物是海獭，这是一种喜欢群居的动物，在整个航行中，每当船靠近陆地，他都会做观察。它们爱玩爱闹，让所有船员都忍俊不禁。等到冬天赌博之风盛行时，忽然有人想起，它们的皮是极其珍贵的。这种动物的皮可以在中国卖高价。冬去春来，数百只海獭，也可能有上千只，被杀死并剥皮。斯特勒对这种肆无忌惮的屠杀感到愤怒。但这些人在堪察加半岛吃了多年的苦，去年冬天又遭逢大难，心肠早已变硬。对他们来说，海獭是将来过上安逸生活的敲门砖。他们凶狠地扑向这些动物，用棍棒击打它们，将它们溺死，开膛破肚，迫使大批海獭逃离了岛的东部。到了春末，这种聪明的生物学会了安排哨兵，一有人来就发出警告，留下的少数几只就很难再抓到了。许多人开始收集和囤积海獭皮，希望回去后可以卖个大价钱。在堪察加半岛，一张上等的海獭皮卖价为二十卢布，到了西伯利亚的西部，价格就翻了两到三倍，在与中国接壤的边境，则高达一百卢布。

斯特勒花了几周的时间为他的论文打腹稿，描述海獭的习性，然后在营地里拿出他那本已经受了潮的笔记本，在上面涂改重写。他观察到：

> 如果幸运地逃脱了，一到了水中，它们就会开始嘲弄后面追赶的人，那个样子，除非你心情特别好，否则看不下去。现在，它们像人一样，直立在水中，并随着波浪上下跳跃，有时还把前爪举过眼睛，好像要在阳光下仔细地看看你……如果一只海獭被追上了，眼看无法逃脱，它就会像一只愤怒的猫那样发出嘶嘶的叫声。当被击中时，它会侧身，准备迎接死亡，并收拢后爪，用前爪遮住眼睛。死

后，它像人一样躺着，前爪交叉放在胸前。

斯特勒花了无数个小时做观察，包括花了六天时间跑到岛的南部对它们进行研究，除了其他特征，记录了它们喜欢的食物、爱玩的游戏、体形大小和骨骼结构、交配方式，以及如何悉心照料幼崽。

他认为，与航行中看见的其他任何动物相比，海獭最值得尊敬，尽管他也认为它们很懒。他写道：

> 总而言之，整个一生中，它们都是一种美丽和讨人喜欢的动物，它们的喜好可爱又有趣……当它们奔跑时，其毛发的光泽比最黑的天鹅绒还漂亮。它们喜欢以家庭为单位群居在一起，一只雄海獭与数只雌海獭，半大的小海獭，刚生下来还在吃奶的幼崽，都生活在一起。雄性用前爪当手，抚摸雌性，以示爱意，并趴在她身上，而她常常把他推开，既是好玩，也是假装害羞。她也与幼崽玩耍，像是最慈爱的母亲。它们十分疼爱幼崽，面对最明显的死亡危险，宁可牺牲自己。当有人夺走它们的孩子，它们会像个小孩那样痛哭，极其悲伤。我有几次看到，过了十到十四天，它们就会瘦得像个骨架，病弱不堪，却不肯离开岸边。

不过，斯特勒最伟大的科学贡献可能是他对北极海牛的经典描述，亦即大海牛。他的描述是关于这种神奇生物的唯一记录，它看起来介于鲸鱼和海豹之间。就像白令鸬鹚，斯特勒是唯一一个见过大海牛并做过研究的博物学家。这种像鲸鱼的大型动物身长三十多英尺，成群结队地行进，在岛屿周围那些隐蔽的海湾里吃着大片的海草，狼吞虎咽。它们从不离开水中，但在进食时，它们的背部却暴露在水面上。在旧船上辛苦干活的人吃不饱饭，总是饿得不行，他们免不了要盯着这种动物看，而且发现，它们懒洋洋地在附近游弋，距离海滩仅几步之遥。斯特勒估计，那些最大的海牛，每头的体重都超过七千磅，大约有四吨重。 250
对于饥饿的人来说，这可是很多的肉。

　　5 月 21 日，瓦克塞尔让船员们停下手中打铁和锯木的活，想要去捕捉海牛。前一天，他让铁匠打造了一个大铁钩，重达十五到十八磅，系在一根粗大的缆绳上。五个人拿着铁钩上了大艇，悄悄地靠向离得最近的一头海牛，它正把头埋在水中吃海草。力气最大的那个人弯下腰，用锋利的铁钩猛地钩住这头海牛的肋骨，然后岸上的四十几个人一起使劲拉缆绳。但海牛太强壮了。铁钩似乎奈何不了这头野兽，它慢慢地在离岸远去，眼看所有的人都要被它拖到海里去了，他们只好放手。这种办法他们试了好几次，次次落空。海牛一次又一次地躲过捕杀，而他们折断了缆绳，丢了铁钩，时间和精力也全白费了，个个闷闷不乐。

　　斯特勒想出了一个更好的办法，但需要用两艘艇，也就是说，要修好另一艘小艇，因为这次船被撞，小艇也损坏了。直到 6 月底，修复工作才完成。这时，他们正在新船的船壳上铺木板。

捕猎那天，两艘艇一起划到海牛吃海草的地方，一艘艇上的人手持长矛，另一艘艇上都是桨手，还有一个人拿了一把锋利的大鱼叉，鱼叉系在一根缆绳上，绳子的另一头攥在岸上的人手里。当他们靠近一头海牛时，拿鱼叉的人将鱼叉刺入它的皮肉，岸上的人开始拉缆绳。与此同时，持长矛的人划艇抢上来，用矛猛刺，插入它的后背，直到

251

它疲惫不堪，一动不动了。它遭到了刺刀、刀子和其他武器的攻击，被拉到了海滩上。他们从这头尚未死去的海牛身上切下大块的肉，它只能愤怒地摇晃尾巴，挥动前肢使劲地抵抗，以致大块的表皮被撕了下来。另外，它呼吸沉重，似在叹气。血液从它背上的伤口中喷涌而出，像喷泉一样。只要脑袋还在水里，就没有血流出来，但只要它一抬起头呼吸，血就又都涌出来了。

他们在岸上进行屠宰，然后把肉拖回住处，为自己碰到的好运"欢呼雀跃"。趁着新鲜，决定先吃一些脂肪。腌了几天后，脂肪看起来"黄灿灿的，可媲美最好的荷兰黄油"，煮过后，"比荷兰黄油还要甜，味道就像是最好的牛肉脂肪"。这是新鲜橄榄油的颜色。它的味道就像"甜甜的杏仁油"，很好吃，他们一口就吞下去了。总算可以告别单调的伙食，大家都很高兴。至于海牛的肉，虽然质地有点硬，但味道与牛肉没什么分别。特别值得一说的是，这么多的肉，由于营地里没有冷藏设备，就只能存放两周

的时间，"然后就没法吃了，因为苍蝇飞过来产卵，上面都是蛆虫"。现在他们知道该怎么做了。他们大约每两周就捕杀一头海牛，到7月31日的时候，他们共杀了八头海牛，然后把肉腌起来，返航时用得上。瓦克塞尔声称，"我们在岛上吃的所有食物中，海牛是最好吃的……吃了它，我们感觉好多了，变得很活跃"。如果没吃到海牛肉，他们在造新船的时候，永远也不可能吃饱。

虽然现在海牛很容易捉到了，也很好吃，是大家非常需要的营养来源，但斯特勒要做的不仅仅是吃它们。他尽力记下它们在不同季节的习性、它们的交配方式和如何抚育幼崽，以及其他的生活方式。他解剖了一个很大的标本，惊讶地发现，光是心脏就重达三十六磅半。它的胃有六英尺长，五英尺宽，里边全是海草，胀得鼓鼓的，他和三个助手费了死劲才用一根长绳子把这个胃从尸体里拖出来。他用熟练的拉丁文完整描述了这种动物的所有部位，包括眼睛、皮肤、脚和关节、肌肉、骨骼结构、胸部和嘴部。他还找了一位绘图员，可能是普莱尼斯纳，按比例绘制了六幅精确的素描，描绘他的解剖过程。可惜的是，所有这些素描后来在西伯利亚的某个地方丢失了。

斯特勒一个最精细的观察是，这种巨兽似乎实行一夫一妻制，可能是终生相伴。一只大的雌性海牛被拖上岸后，他被雄性海牛的行为吓了一跳。"这是一个最值得注意的证据，显示了它们之间的夫妻之情，"他写道："雄性海牛拼尽全力要把被钩住的雌性海牛解救出来，但徒劳无功，尽管我们拿棍棒打他，他还是会跟到岸上来，甚至在雌性海牛死了后，有好几次，他就像一支快箭那样扑到她的身边，让人没想到。第二天一早，我们过来切肉，要拿回营地，我们发现，雄性海牛又站在雌性海牛的身边。第三天，我自己过去时，看见他还是那样站在那儿。"在接下来的几年里，随着俄罗斯帝国东扩至阿拉斯加，大海牛被杀光了，成为人们的食物。

斯特勒有机会来到浓雾笼罩下的阿留申群岛，研究那里的海洋生物，这是前所未有的事，他也知道这一点。他关于白令岛的描述涵盖岛上几乎所有动物的习性和解剖结构，包括观察它们的季节性活动和行为。他还记下了数十种植物，包括花草、灌木和其他植物，这些植物生长在大部分的内陆低地，密集交织在一起，远离营地附近的沙丘。他的描写准确，还颇有见地。他商请他的朋友普莱尼斯纳画了数十张素描，作为记录的配图。他后来才想起来，给他下达的命令中还有其他任务，还得完成。斯特勒 253 向瓦克塞尔报告说，他在岛上探寻和调查期间，"曾在岛上勘探过金属和矿物，但一无所获"。

因为可以很容易地捉到大海牛，大家不用再怎么担心吃饭的问题，干活没有了后顾之忧，造新船的工作进展迅速。到 7 月中旬，船壳已完全铺好了木板。新船的设计证明了一个道理：需要乃发明之母。旧船上的木料有了新的用途。瓦克塞尔回忆说："我们把旧船的主桅拿来做新船的龙骨，从高出甲板三英尺的地方将它锯断……剩余部分拿去做新船的船头。艉柱是用旧船上的一个绞盘做的。"旧船上其他的桅杆可以转到新船上使用，虽然它们大多数都断裂了，但新船没有旧船那么大，桅杆和横杆也不用那么长。由于旧船的船壳损坏严重，超出了他们的估计，所以，新船的船壳用的是旧船甲板上的木板。"旧船船壳上到处都是钉子和螺栓孔，由于扭曲变形，许多地方都裂开了"。损坏最严重的部分被用来加固内部隔板，用大长钉将其固定。他们在船尾盖了一个小住舱，刚好能容纳探险队的主要领导，即瓦克塞尔和他的儿子、西托罗夫以及斯特勒。厨房盖在船头。船员的卧室在舱内，位于单层甲板下面。大家心里都清楚，对他们这些人来说，这将是一艘小船，很拥挤。

快到 8 月了，新船逐渐成形，大家的兴奋之情溢于言表。那些前面不愿干活或磨洋工的人，被瓦克塞尔说一说才动一动的人，现在都满怀希望，干劲十足，无需规劝或命令。有人划艇到海湾里去寻找铁锚，发现了那个小抓钩；有人把旧缆绳割断，点火烧，加热沥青，沥青化开后用来填补船壳的缝隙；更多的人在修补水桶，用来装淡水或腌制的海牛肉。8 月 1 日，瓦克塞尔再次召集所有人在海滩上开会，就在船的前面。他宣布："在上帝的帮

254

助下，我们的船很快就要造好了。"然后他开始讨论未来的安排。很显然，旧船上的所有设备、供应和物资无法全都转到新船上。如果大家要乘新船离开，许多东西就只能扔在岛上。虽然西托罗夫把所有的东西都列了清单，并说明其中的大部分"一文不值，已经腐烂"，但它们毕竟是政府的财产，是有价值的。有近两千磅的东西将要被扔在岛上，包括所有的火炮和相关设备，所有的斧头、撬棍、铁锤、锯子和其他工具，多余的航海用品如罗盘、灯笼、测深索，还有旗帜、煮饭的铜锅和炊具以及剩余的烟草等。他们上岸后就一直在抽烟，居然还没有抽完。

　　不管这些东西有多少价值，谁也不想被留下来守护它们。大家都认为，这将是"危险的"，因为除了可以捕猎到的动物，这里没有别的食物。"如果留下一人守护这些东西，我们明年就得回来接他。这个地方没有港口，只有礁石、暗礁和开阔水域，船过来很危险，弄不好就要被撞毁。"因此，"考虑到这些因素"，他们一致同意，不留人在岛上，大家都走。所有人再次在同意书上签名，如果将来有什么责任的话，大家一起分担。他们没真想留下谁，也很难想象他们真要这么做，把一位队友扔下，形同陌路，当其他人离开时，该怎么挥手告别这个人。但瓦克塞尔和西托罗夫想要一份书面文件，记录他们所有的决定，说明这是所有人的一致意见。岛上的雾气和雨水连绵不绝，他们计划用废弃的木头盖一个仓库，把这些东西放进去，以免受到侵袭，将来或许还有探险队在此遭遇海难，也可以用得上。新船上专门辟出一个房间存放将近九百张海獭皮，按级别分配给每个人。不知怎的，斯特勒分到了三百多张，也许是给他的谢礼，因为他既当牧师又当医生。

在出发前的最后几周里，每个人都在忙着准备食物，将它们堆在海滩上。"没有人想偷懒，因为每个人都极其渴望逃离这座荒岛。"他们先得让船下水，然后才能往船上装货。他们修建了木制沟渠或是一种可滑动的舱底垫块，从海滩通往水里。这是个浩大的工程，它需要长一百五十英尺（四十五米）才能让船离开沙滩。瓦克塞尔很紧张，因为船一旦下了水，到了开阔水域，就基本上没什么保护了，一场暴风雨或一阵猛烈的离岸风就可能会把船再次冲上岸，让他们失去"获救的最后希望"。8月8日，这是一个典型的阴天，间有风雨。根据瓦克塞尔的判断，时间正好，趁着涨潮，让船下水。他们简短地做了祈祷，喝了一口布尔达（用水和海豹油烹煮发酵或发酸的面糊制成的饮品），为新船干杯，然后开始用绞车拉船，借助舱底垫块滑行。但船太沉了。舱底垫块陷进了沙里，船被困住了。大家一阵恐慌。他们急忙跑过去，想要将船抬高些，用缆绳拖着走，但无济于事。潮水退去，船身倾斜，陷在沙子里。瓦克塞尔给大家鼓劲。整整一天，他们没歇着，找来一块块木板，插在舱底垫块的下面，将船顶起，越来越高。第二天，他们再用缆绳拖船，船慢慢地滑入水中，停在水深十八英尺的地方，从岸上用缆绳拴住。新船的船名不变，这是一艘新的"圣彼得"号探险船，只不过现在叫她"胡克"，专指一种较小的单桅船。这艘船后来还用了很多年，在鄂霍次克和堪察加半岛之间跑运输。

　　与时间的竞赛开始了。天气很好，微风习习，适合出航，但没人知道这样的好天气能持续多久。他们日夜不停地忙碌，用两艘小艇把所有的东西都装上船，累得不行了才歇会儿。他们不知道在海上还要航行多久，得备好大量的食物和水，还有船在海上的所有常规需求，包括压舱物。大家抓紧时间竖起桅杆，悬挂铁锚，摆放索具。没日没夜地干了几天，他们都快要累趴下了，终于收拾齐整，船可以出海了。最后上船的是大家的私人行李。这时，斯特勒与船员们争吵起来。船员们声称，船上没有那么大的地方，可以让他把从阿拉斯加、阿留申群岛和白令岛采集来的标本全都带上船，但他们自己却在舱内塞满了一捆捆晒干了的海獭皮。斯特勒只能带走他的笔记本和挑选出来的几个标本。他有大量经过处理的植物标本，却只能带走一些种子，他还费力地处理了许多哺乳动物的骨架和皮肤，包括一头小海牛和一只肚子里塞满了草的北海狮。但谁也不能享受特殊照顾，斯特勒满腹怨气，十分恼火，很不情愿地放弃了他的标本。

　　根据斯特勒的记述，1742年8月13日下午四点，这些人最后一次从他们的住处走出来，"心里五味杂陈"。他们站在附近的坟墓旁，悼念死者。他们在掩埋白令的沙土上竖了一个木制的十字架，低头追思。然后成群结队，纷纷上船。上了船后，他们才真正感受到船上的空间有多逼仄，他们得挤在行李和食物中间。他们驾船穿过大片礁石，趁着潮水来到了海上。回首望去，他们看见蓝狐已经涌进了空无一人的营地，"非常高兴"地争抢没吃完的肉块和脂肪，还有他们扔下的其他有趣的东西。

257

　　新的"圣彼得"号探险船吃水很浅，扬帆起航，绕着海角慢慢向南驶去，然后再折向西，对着他们认为是堪察加半岛的方向行进，希望不会太远。天气异乎寻常得"晴朗，朵朵白云飘过"。他们设好了航线，祈盼能避开早秋的暴风雨。船行平稳，大家最后一次向岸上望去，对于这个岛，"我们知道岛上的每一座山和每一个山谷，为了寻找食物，我们辛苦地爬了那么多次……我们还给它命名了"。斯特勒是他们非官方的精神领袖和顾问，写下了他们最后的沉思——当他们来到岛上时，这是个只有挣扎、痛苦和死亡的地方，然而，他赞叹道，"我们找到了吃的，这是多么得好啊，尽管辛苦万分，我们的身体却一天天好起来，更加硬朗和有力。当我们离它而去，对我们来说，越看就越清晰，就像看一面镜子，看到了上帝神妙而又慈爱的指引"。不久，这个岛就完全看不见了，他们再次面对未知的大海。

第 12 章　一艘新的"圣彼得"号探险船　293

第二天，风大了，海上波涛汹涌，他们不得不舍弃船后面拖着的小艇，因为顶风拖着太吃力。到了午夜，有人注意到，船走得似乎很慢。他们下去查看，心里顿时凉了半截，因为舱内灌满了水。海水灌进来得很快，他们来不及舀水或用泵抽水。瓦克塞尔命令把风帆放低一些，他们开始把不是必需的东西扔到海里，包括所有的炮弹和其他铅弹。大家惶惶不安，在甲板下跑来跑去，挪动木桶和捆包，寻找是哪儿出了问题。凌晨三点钟左右，船变轻了，浮起来了一些，木匠斯塔罗杜布斯托夫发现了漏水的洞，是船壳木板之间的缝隙，填缝的沥青脱落了。他们又填补缝隙，然后从船内在缝隙上钉了一块木板，这样就阻止了海水大量地灌进来。只要不停地抽水，他们就能控制舱内的水位不往上涨，而船仍可慢慢地向西航行。

两天后，也就是 8 月 17 日，透过薄雾和细雨，他们看见西边有高山，山顶覆盖着白雪，然后船向南航行，沿着海岸线驶往阿瓦查湾。按照他们的计算，向南再走大约三十英里就到了。结果他们花了八天的时间逆风而行，走走停停，其中有一段，他们是连续二十四个小时行船。直到 8 月 25 日，他们才进入海湾。他们经过海湾入口处那座简陋的灯塔时，一个堪察加人划着独木舟向他们驶来。他惊讶地发现，自己见到的是去美洲的那支探险队的幸存者，他们乘了一艘新船，是用白令那艘旧船的残骸造的。他说，他们都被当作已经死亡，按照一直以来的惯例，"我们留下的财产都落到了陌生人的手中，大部分也都被带走了"。幸存者们听到这个消息几乎是无动于衷，因为他们已经习惯了"痛苦和悲伤"。他们变得坚忍，也如释重负，"此情此景，恍若梦中"。

新的"圣彼得"号探险船继续向彼得罗巴甫洛夫斯克航行，于1742年8月26日下午两点到达。这是他们离开白令岛后的第十三天，是此次探险开始后的第十年。这群疲惫不堪的人上了岸，茫然不知所措，不过，倒也满心欢喜，又有些不敢相信。"从极度的痛苦和穷困，"瓦克塞尔回忆说："我们真的变成了极度富足。"在这里，仓库里什么都有，想拿就拿；在这里，房间多的是，而且又舒适，又干燥，又暖和。过去他们也曾这样生活过，对这些东西熟视无睹，但现在，他们就好像一辈子也没见过这些东西。虽说他们感到很高兴，远航十五个月后又回到了家，但他们很快就意识到，他们现在是一无所有，没有钱，没有财产，也没有他们从前生活中的任何东西。他们茫然地走来走去，不知道该怎么办。瓦克塞尔写道，"前后反差太大了，简直无法用语言来表达"。白令还活着的时候，曾对军官和船员们说，如果他们安全返回，无论是俄罗斯东正教还是路德宗的教徒，他们要一起做件事，给教堂捐钱，搞一个共同的祈祷仪式，并在教堂里竖立一块纪念牌，刻上使徒彼得和保罗的画像，再刻上铭文，感谢上帝让他们逃离荒岛。为了致敬他们的指挥官，他们这样做了。这是他们最后一次集体行动，然后大家各奔东西。

259

后记　俄属美洲

1742 年 4 月 25 日，白令岛上的幸存者们正从坏血病中康 261
复，开始讨论如何逃离的方案，一位新的女沙皇加冕登基了，她
就是伊丽莎白一世，女沙皇安娜的堂妹，彼得大帝的女儿。伊丽
莎白一世在位时间很长。虽然她统治期间从未处决任何人，而且
热情支持科学和艺术事业，但她是在一场政变中上台的，这场政
变清除了宫廷里的外国势力，特别是德国人。在她的统治下，只
有少数几个外国人得到了重用。幸存者们回来后的第二年，这支
探险队名义上还存在，但已经没人要拿它来夸耀俄国的先进。
1743 年 9 月 25 日，元老院听取了瓦克塞尔和奇里科夫的报告，也
获知白令已死，遂宣布解散探险队。所有队员最终都被召回，他
们的合同也终止了。雄心勃勃且耗资甚巨的大北方探险正式结束。

人们对"圣彼得"号探险船和"圣保罗"号探险船上许多船
员的命运知之甚少，只知道他们的姓名、岗位和死亡日期，以及
探险队中有几位军官表现突出，青史留名。但斯特勒和瓦克塞尔 262
撰写的回忆录让这次奇特的经历生动起来。

奇里科夫在彼得罗巴甫洛夫斯克等了一个冬天。从坏血病中

康复之后，他就想知道"圣彼得"号探险船上的队友身在何方。1742年6月，他修好了"圣保罗"号探险船，再次出发，展开了一次短暂的搜寻。6月22日，他来到了白令岛附近，将其命名为圣朱利安岛。他看见了海狗和山峰，还有山顶上的白雪，但他是从岛的南边过来的，未能看见船被撞坏后流落该岛的队友，或被他们看到。他们那时正在东部的海滩上造新船，一艘小一点的"圣彼得"号探险船。奇里科夫手下的船员身体状况仍然很差，船的状况也不是很好，所以，在发现阿图岛后，他们很快就回到了彼得罗巴甫洛夫斯克。7月中旬，"圣保罗"号探险船驶往鄂霍次克，等待圣彼得堡的后续命令。

白令被推定死亡和"圣彼得"号探险船失踪后，奇里科夫被任命为第二次堪察加探险队的新队长。他前往内陆，去叶尼塞斯克报告有关情况。他要继续完成探险队的任务，包括绘制最后的地图，公布俄国的发现。但美洲之行遭遇的厄运损害了他的健康。他过去常常迫不及待地要展开冒险，对白令的小心谨慎有点瞧不上眼，现在，自己也不敢贸然行事了。1746年，奇里科夫奉命回到圣彼得堡，晋升为上校指挥官，在海军部任职。他的身体一直不好，于1748年11月去世，留下了妻子和四个孩子。

263　　　1742年8月，瓦克塞尔从白令岛返回，众人皆惊。他没有在彼得罗巴甫洛夫斯克停留很久。有人告诉瓦克塞尔，奇里科夫去年10月就从美洲回来了，他的手下也有很多人死于坏血病，差不多一个月前，他驾船去了鄂霍次克。瓦克塞尔很想赶上他的新任指挥官，报告有关情况。于是他立即着手准备，重新填补新船木板中的缝隙，并使用彼得罗巴甫洛夫斯克的海军储备进行其他方面的修理。9月初，他又出海了，但走了没多久，船上就多处漏水，很快就没法航行了。他只好返回彼得罗巴甫洛夫斯克过冬。第二年春天，他驾船向西，往西伯利亚驶去。

瓦克塞尔继续在叶尼塞斯克服役数年，了结探险队的事务。在此期间，他为他的队员争取补偿。他争辩说，政府应该就他们在白令岛上度过的那些日子发放合同规定的定量配给品。这些物资是他们所得薪水的一部分，但显然从未送到他们手里。他向奇里科夫提交了一份报告，奇里科夫转给了海军将官委员会。瓦克塞尔描述了这些人在白令岛上的生活是如何"穷困，境况悲惨"。他现在向高层提出请求，为队员争取补偿，当然有莽撞失礼之嫌，他解释道："我只是在做我该为手下去做的事。"他在六页纸的申请中写道："如果我不为自己的手下争取，揭示他们那时是那样可怜，他们就可以向上帝诉说，恳求上帝惩罚我。"他希望这些人能得到金钱补偿，并详细解释了没有定量配给品如何迫使他们"靠吃各种不干净的野兽活下去"。然后，他描述了他们的惨况，给海军将官委员会中那些生活在城里的官员们刻画了一幅生动的情景。"也许你能忍受海獭肉的味道，但它非常硬，像鞋底的皮革一样，都是腱子肉，所以，你怎么嚼也嚼不烂，只能大块大块地吞下去"。海熊"的味道很重，令人作呕……当你不得不吃的时候，需要下很大的决心"。他还描述了他们"津津有味"吃动物内脏的事情，只为了能活下去，"而就是这些恶心的食物，我们还不能吃个饱，好让我们的身体有足够的营养"。另外，他继续说道，那个岛上十分寒冷，所有的人又都受到坏血病的折磨，困难重重。他就这些人被困在岛上所需的"面粉、燕麦和盐"计算出了一个钱数，然后就这个庞大的总数罗列了详细的理由。在他的日记中，附录了与委员会的书信往来，并自豪地宣称，他的请求，还有他描述的他们的可怕境遇，为每人争取到了另加的一百卢布，以及他们在航行中可能会获得晋升而应拿到的欠薪，因为他们经受了"闻所未闻的苦难和巨大的伤痛"。瓦克塞尔主动请命，体现了他长期以来为人处世的原则，虽然他确实犯了一些错误，但对他的手下来说，他仍是一位完全值得尊敬的军官。

瓦克塞尔最终于 1749 年回到圣彼得堡，于 1756 年完成了他用德语写的回忆录。他从未出版过自己的回忆录，这本回忆录直到 20 世纪才被广泛翻译。它连同斯特勒的日记，成为描述这次探险和航行的主要信息来源。瓦克塞尔于 1762 年去世，去世时荣升一级上校。他的三个儿子被授予贵族头衔，以表彰他的贡献。他的儿子劳伦茨·瓦克塞尔是这次航行中唯一的少年志愿者，后来在俄国海军中当上军官，事业有成。

最让人哭笑不得的是那个被降职的上尉奥夫辛，在白令岛上时，瓦克塞尔和斯特勒曾暗示，他有可能会挑头违抗瓦克塞尔的命令，回来后才知道，1741年春天"圣彼得"号探险船和"圣保罗"号探险船出发前，圣彼得堡已经让他官复原职。但通知白令和他本人的公文没能及时送达。由于他服役多年，在白令去世后，作为高级军官，实际上应该是他成为白令岛上的指挥官，而不是瓦克塞尔。如果那样的话，后面发生的事情就可能是另一种结果。回国后，奥夫辛官复原职，继续在海军服役，驻守波罗的海，并升任一级上校。他后来从事高级文书工作，直至退休。他在西伯利亚沿岸探险时绘制的详细地图一直被俄国政府视为机密，多年后才公布出来。

回到阿瓦查湾后不久，斯特勒选择留在堪察加半岛，开展更多的科学调查。他和列皮奥欣立即动身，徒步三十英里，穿过堪察加半岛，到达博利舍列茨克，普莱尼斯纳在那儿与他们会合。在没有收入的情况下（科学院认为他已经失踪，停发了他的薪水），斯特勒整个冬天都在教书、写报告。他修改和整理了他的现场笔记，向科学院提交了报告，并撰写了专著《海中野兽》（*Beasts of the Sea*）。他在书中详细描述了白令岛上的动物，包括北海狗、海獭、北海狮、大海牛、小绒鸭和白令鸬鹚。他还在博利舍列茨克开办了一所学校，招收的学生包括俄罗斯人及堪察加本地居民。第二年夏天，他在半岛的北部采集了植物标本，然后不情愿地踏上了西归之路，想要回到圣彼得堡，但不清楚前景如何。他已经听说了新沙皇登基，因为排外情绪高涨，他在科学院的许多德国同事遭到解雇或离开了这座城市。

斯特勒是一个笃信宗教的人。他给探险队中的植物学家格梅林写了一封信，说他感到悲哀。按照他的说法，就是未能在这次航行中"做一些有价值的事情"，都是"因为瓦克塞尔和西托罗夫这些军官们懒惰，自以为是"。他的事业停顿了，他还担心自己的详细报告得不到科学院的认可，他在白令岛上费力地准备了这份报告，又在接下来的一年里不断完善。他更担心这份报告没人理睬，无法出版，而他成为著名博物学家的梦想也将破灭。斯特勒最具预见性的担心是，在这次远航中，他最重要的贡献并不是开辟了一条去一个新大陆的路线，以便继续获得科学发现，而是打开了潘多拉魔盒，引来了一群贪婪的猎人，要去猎取动物毛皮。他们无法无天，疯狂掠夺，导致了一个伟大奇观的毁灭，那本来是他希望去研究和保护的。斯特勒对他在各地遇见的土著人常怀怜悯之心，尤其是堪察加人，他认为他们受到了俄国人不公正的虐待和袭扰。有一次在博利舍列茨克，在没把事情搞清楚的情况下，他释放了一些被俄国人抓捕并拘留的囚犯，然后被控煽动叛乱。关于他这次的事，俄国元老院接到了相互矛盾的证词，他被要求回到圣彼得堡。尽管他最终被证明无罪，但公文送达很慢。在回圣彼得堡的路上，他在托博尔斯克附近被捕，命令他掉头向东，横跨西伯利亚，去伊尔库茨克听审。还没走到那儿，另一名信使带来了消息，说他被宣布无罪。于是，他再次掉头，西返圣彼得堡。

横渡北太平洋前往阿拉斯加是一次苦难之旅。回来后的那段时间里，可能还要更长一些，大家都知道，斯特勒在酗酒。得知自己被无罪释放后，在回欧洲的路上，他在托博尔斯克稍事停留，看望他的朋友大主教安东尼奇·纳罗日涅茨基（Antonij Narozhniski）。托博尔斯克的人喝酒很凶，大主教安东尼奇又是个喜好欢饮达旦的人。欢聚狂饮持续了三个星期，结果斯特勒发烧病倒。在生着病的情况下，他居然还继续乘坐马拉的雪橇西返。1746 年 11 月，在一个寒冷的夜晚，驾雪橇的人在秋明以东的一家旅馆门前停下来，自己进屋烤火取暖，却把斯特勒扔在外面的雪橇上，害得他高烧不退，几乎失去知觉。当被发现时，他已经奄奄一息，身体再也不能复原了。他当时年仅三十七岁。

《海中野兽》于 1751 年出版，那时斯特勒已经去世了。1774 年的下半年，他的各个报告集也出版了，而他的远航日记直到 1793 年才被公之于众。虽然许多鸟类和海洋哺乳动物都以他的名字命名，但是，就像他担心的那样，有些已经被杀光了。

267

在女沙皇伊丽莎白一世统治的二十年间，对外国人的猜疑日益加深，白令取得的成就被打入冷宫。因为他是丹麦人，官方不愿宣传他作为指挥官所发挥的作用。另外，此次探险之所以秘而不宣，也是为了保护俄国在新大陆的利益，以及商业利益，因为与中国的海獭贸易利润可观。所以，不像其他的许多探险，官方并没有大肆宣扬这支探险队在西伯利亚和阿拉斯加取得的成就。民间流传着这次探险的故事，特别是他们在海上的多灾多难，但大多语焉不详，来源既不可靠，也不准确。这次探险的科学记录、地图和日志花了很多年才整理好，然后横跨欧亚大陆，被送到圣彼得堡。之后还要再等很多年，这些资料才能传到其他国家，成为科学界的话题。

　　由于俄国政府想要保密，早先关于这次探险的传闻和报道都是片面的，基本不准确。有人声称，白令没能横渡太平洋，他的探险船是在去程时失事的，而不是在回程，只有奇里科夫到达并看见了美洲。斯特勒的兄弟听闻他的死讯，却不被告知任何有关情况，于是用德语写了一份报告，怀疑俄国当局与哥哥的身亡脱不了干系。1748 年，俄国政府发布了一份关于这次探险的报告，驳斥了这些说法，但这份报告十分简短，而且含糊，省略了所有引人关注的发现，只提供了一个日期和事件的粗略大纲。这与彼得大帝的初衷正好相反，他想要广泛宣传科学和地理发

268

现，丰富世界知识，为俄国赢得声望和尊敬，而不是把它们全都锁在俄国的档案库里。

1752年，制图师和地理学家约瑟夫·尼古拉斯·德利尔回到法国后出版了这次探险航行的地图，这违反了他与俄国科学院订立的工作条款。他是路易斯·德利尔·德拉克罗伊尔的哥哥，德拉克罗伊尔死在"圣保罗"号探险船上。他赞扬了自家兄弟，称他弟弟应该与奇里科夫分享发现美洲的荣誉。他仍在散布虚假信息，说白令的探险船在横渡太平洋之前就失事了，并再次否定白令有任何功劳，尽管白令是这支探险队的指挥官。当然，对他的说法，有一个"俄罗斯"的回应，很可能是格哈德·弗里德里希·穆勒写的，用的是德语。这个回应依据了瓦克塞尔和斯特勒尚未公开的记录还有地图。关于这支探险队，这是18世纪出版的唯一一份官方记录。在这份记录中，白令只是一个次要人物，他的所作所为也并不是他自己想那样做，而是被动地同意那样做。白令是指挥官，这无可争辩，但他从未擅权专断，尤其是在大北方探险中生死攸关的时刻。他的伟大贡献在于为这次远航奠定了基础，以及在西伯利亚期间着手开展的准备工作，那些工作单调乏味却至关重要。他现在死了，无法为自己说话，他的故事留待后人去述说。

由于俄国秘而不宣，相关的确切信息只能一点一点地透露出来，致使白令作为指挥官发挥的作用被人轻视，而他又无法写下他自己的记录，或为自己辩护。因此，之后的一个多世纪里，没有多少人知道白令是谁，不知道他们遭遇了令人难以置信的海难，更不知道他们艰苦求生，而那正是大北方探险的高潮所在。在他生活的那个时代，白令从未大名鼎鼎，也从未声名鹊起，反倒是数百年间默默无闻，鲜为人知。那些与他同时代但比他更知名的探险家，如库克、温哥华、布干维尔、拉佩鲁兹、马拉斯皮纳等人，甚至还包括更早一些的探险家，如哥伦布、尚普兰、达·伽马或麦哲伦等人，与他们取得的成就相比，他成了某种陪衬。但是，正如各种报告指出的那样，作为一名领导者和探险家，白令及大北方探险应该荣列世界上最伟大的探险家和最伟大的一次探险。

1991 年 8 月，一支由丹麦和俄罗斯联合组织的考古队挖掘了白令和其他五名船员的坟墓。他们的坟墓沿小河和海滩排列，幸存者们在那里度过了 1741—1742 年的冬天。此次挖掘再现了幸存者经历的苦难，证实了那些故事的方方面面，都是记录在案的，还收获了一份惊喜。在莫斯科，法医对白令的遗体进行了面部复原。复原后我们可以看到，白令肌肉发达，身材瘦削。有一幅肖像画，画中是个肥胖且长着双下巴的人，这幅画与他有关，多年来被认为就是他，但肯定不是他，可能是他的外叔祖父维图斯·佩德森·白令，丹麦的一位诗人，皇家历史学家。奇怪的是，从白令的牙齿来看，他并没有得坏血病，他可能在死前就已经康复了。正如斯特勒推断的那样，可能是多种因素导致了白令的死亡。他最后或直接的死亡原因显然是心脏衰竭，但归根结底，可能是为各种问题和困难感到焦虑，急火攻心而死。他死的时候，他的妻子安娜和孩子们还在西返圣彼得堡的路上。她最终拿到了一笔抚恤金，他的遗物也卖了一些钱。

虽然白令被公认是第一个探索北太平洋地区的探险家，但事实上，是一个名叫谢苗·杰日尼奥夫（Semyon Dezhnev）的俄国哥萨克人于 1648 年首次穿过现在被称为白令海峡的地方。杰日尼奥夫的故事很长一段时间都无人知晓，甚至彼得大帝也不知道。而白令领导的航行更为人所知，他也开辟了一条横跨西伯利亚到达太平洋的漫长路线。许多地标都以白令的姓氏命名，包括白令海峡、白令海、白令岛、白令冰川、白令陆桥等。三十多年后，库克船长在他自己那次著名的第三次探险航行中，命名了白令海峡。

大北方探险对俄罗斯帝国和美洲的北太平洋地区产生了深远的影响。船员们回来后，添油加醋地讲述在阿留申群岛和阿拉斯加有大量海獭出没，这在彼得罗巴甫洛夫斯克引起了极大的轰动。消息很快就传到了鄂霍次克和西伯利亚的其他城镇。第二年，一艘挤满猎人的船带回来一千六百只海獭、两千只海狗和两千只蓝狐的皮。不久，每年都有上千人乘船穿过白令海，带着珠子、棉布、小刀和水壶去换海獭皮和狐狸皮。商人们一夜暴富,诱使更多的人前赴后继,连远在莫斯科的商人也进行投资。这些商业冒险家有大约一半是俄罗斯人,另一半是西伯利亚本地人,或两边通婚后的混血儿。在短短十四年的时间里,白令岛上的海獭、海狮、海狗和蓝狐被猎杀殆尽,猎人们于是就向更东的地方寻觅。在那里,他们有时会与阿留申人爆发血腥冲突。到了18世纪下半叶,贸易变得更加暴力,因为猎人们从一个岛转到另一个岛,沿着阿拉斯加半岛、科迪亚克岛、库克湾和威廉王子湾推进,劳动力不够的时候,他们就强迫阿留申人干活。1768年,一支探险队带回来四万张海狗皮和两千张海獭皮、重达一万五千磅的海象牙,还有大量鲸骨。后来,海獭贸易吸引了来自大西洋沿岸的英国和美国商人,因为利润太大了。①

俄国商人对海獭皮的贪求将俄罗斯帝国的触角伸到了太平洋,为俄国在美洲的统治打下了基础。这实现了彼得大帝最初的梦想,即扩大国土和势力范围,这也是他为什么要策划探索东西伯利亚和前往美洲的航行,目的就是要使俄国成为世界上的大国。随着探险队沿岛链和阿拉斯加内陆继续推进,俄国人建立了永久性的城堡和仓库来保护贸易。他们提出了领土主张,将小船改成

---

① 到1830年,海獭在阿拉斯加已经非常稀少,俄国政府遂禁止使用枪支捕杀海獭。然而,1867年,美国从俄国手里买下阿拉斯加,这条禁令被解除了。19世纪快要过去的时候,这种动物再次濒临灭绝。1925年,它们被宣布已灭绝。但仍有少数存活下来,它们的数量又开始恢复。

大船，合伙经营企业合并成了更大的企业。相互竞争的公司一边内斗，一边扩张，与土著人交战，企图奴役他们，毁灭他们的村庄。在法律和政治出现真空的地方，局面极度混乱。在俄国属于非法的行为，在俄国商人和猎人横行的地方却是司空见惯。1763年，女沙皇叶卡捷琳娜二世下旨，对俄国臣民的行为进行训诫，要求他们彼此之间保持克制和友好。但随着贸易公司的规模越来越大，资金越来越充足，局面却变得更加混乱和暴力。虽然从严格意义上说，依据法律，任何俄国公民伤害或虐待阿拉斯加的土著人都是非法的，是犯罪，应判死刑，但没有任何机关来监察这种暴力行为或执行该项法律。

最初下达给白令的命令中，有一个方面确实是实现了——鄂霍次克和彼得罗巴甫洛夫斯克的港口变得繁忙起来，船员、猎人、商人和他们的家人往来穿梭，还有造船业的兴起。从伊尔库茨克出发的那条驮马路线，是白令开辟的，为此付出了巨大的代价，承受了巨大的痛苦，现在已经发展得如火如荼了。商人们将大量毛皮打包并运抵中国的恰克图，一座位于蒙古边境的小城。中国商人再从那里将毛皮往南运，需穿过数千英里的戈壁沙漠。这个地区即使算不上富裕，却一直在成长，正在发展商业经济，这带来了人口的增长，并将俄国的文化和政治控制延伸到了西伯利亚。

相互竞争的俄国公司之间出现了混乱和内斗的情况，这催生了一个有殖民地特色的垄断公司，负责控制毛皮贸易，并管理当时被称作俄属美洲的所有定居点。1799 年 7 月 8 日，新沙皇保罗一世颁发了一道敕令，解散所有从事美洲毛皮贸易的俄国公司，以免他们相互竞争，给他们一年时间结算完各自的业务，然后合并成为俄美公司。该公司在规模和结构上与其他欧洲列强的公司相类似，如荷属东印度公司、英属东印度公司或哈德逊湾公司等，就是将企业责任与政府责任合为一体。新公司的总部设在圣彼得堡，以强调这个新的实体依附于政府，而不是一个独立企业，它有责任在新大陆上宣扬俄国文化，发展俄国东正教教会。在俄美公司管理期间，虽然俄属美洲的俄国常住人口从未超过七百人，但现在仍有两万多来自各地的土著居民皈依了俄国的东正教。俄国文化一直盛行到 19 世纪。在接下来的六十八年里，由俄美公司统治俄属美洲，并将领土一直延伸到加利福尼亚和夏威夷，建立了前哨基地。由于海獭的数量急剧减少，公司最终变得无利可图。1867 年，这块土地以七百二十万美元的价格卖给了美国，成为阿拉斯加州。

273

"他们进入一个无路可寻的地方，面对的是风暴、浓雾、薄雾、大雨、强劲却未知的洋流、荒岛、多山的海岸、深水和开敞锚地。"太平洋地理学会的主席乔治·戴维森（George Davidson）于 1901 年写道。他发现，即使在一个世纪以前，像"圣彼得"号探险船和"圣保罗"号探险船这样的船只也不会被允许离开港口。依照现代的标准，船上的食物几乎是不能吃的，而且船上又拥挤又肮脏，他们也没有什么东西可以抵御坏血病或其他疾病。他们盲目地航行到未知的地方，有时还要再去一次。他们的勇敢和决心，还有他们的冒险精神和好奇心，很难说轻轻一笔就带过了。即使是在最艰苦的条件下，他们中还有几个人在记录他们的航行和困境，这实在是令人动容。

尽管它是史上规模最大、范围最广的科学考察，历时近十年，跨越了三大洲，但大北方探险的故事，尤其是其中漫长而艰难的远航太平洋，并非只是狂妄帝国一次野心勃勃的尝试。它更是一个个人的故事，面对大自然的威力，苦苦挣扎，战胜灾难；虽身处逆境，却证明人类可以迸发出多少聪明才智；领导力量倒下又再起；遭遇可怕的折磨，仍不屈不挠，决不气馁，要咬牙坚持，活着回家。

致　谢

通常都是这样，几个人把他们的才华和天赋结合起来，将 307
一个想法转化为一份手稿，然后，一份手稿就变成了一本书。最
重要的是，我要感谢我的编辑梅洛伊德·劳伦斯（Merloyd
Lawrence），他帮助确立了这个项目，专门过问，还想出了一个很
棒的书名。我要感谢 Da Capo 出版社的丽萨·沃伦（Lissa
Warren）以及宣传和营销团队里的所有人，感谢他们的努力，他
们是安珀·莫里斯（Amber Morris）、安妮特·温达（Annette
Wenda）和特里什·威尔金森（Trish Wilkinson），还有封面设计
师凯莉·鲁宾斯坦（Kerry Rubenstein）。我要感谢道格拉斯和麦金
太尔（Douglas and McIntyre）出版公司的安娜·康弗·奥基夫
（Anna Comfort O'Keeffe）、霍华德·怀特（Howard White）和凯
西·范德林登（Kathy Vanderlinden）。同时，感谢彼得·舒勒德曼
（Peter Schledermann）阅读了早期的草稿并给了我很有启迪性的意
见，感谢制图师斯科特·曼克特洛（Scott Manktelow）再次绘制了
有趣的地图。感谢阿尔伯塔艺术基金会和加拿大艺术委员会给作
者提供的资助。最后，但并非是最不重要的，要感谢我的妻子尼
基·布林克（Nicky Brink），她听我喋喋不休地谈论最后几章的内

容，很有耐心，甚至在手稿汇编成书之前，她就阅读了第一章的草稿，那是很早了，除她之外，当时我还不敢给任何人看任何东西。愿你们永远都不会得坏血病！

注 释

第一部分：欧洲

第1章 大使团

I   **"such as is due only among private friends"**: Johann Georg Ko rb, *Diary of an Austrian Secretary of Legation at the Court of Tsar Peter the Great*, 155.

12   **"Confess, beast, confess!"**: Ibid., 243.

13   **"crimes that lead to the common ruin"**: Ibid., 180.

14   **"his character is exactly that of his country"**: Sophia Charlotte, quoted in Eugene Schuyler, *Peter the Great*, 1:285.

15   **"constructed and launched a new ship"**: Peter the Great, in Maritime Regulations, quoted in ibid., 265.

16   **"the Tsar wants to eat!"**: Korb, *Diary of . . . Peter the Great*, 157.

26   **"made many attempts along the American coast"**: Reports of Peter the Great, quoted in Frank Alfred Golder, *Russian Expansion on the Pacific, 1641–1850*, 133.

26   **"draw a chart and bring it here"**: Ibid., 134.

第2章 第一次堪察加探险

27   **He was a handsome man in good health:** See V. N. Zviagin, "A Reconstruction of Vitus Bering Based on Skeletal Remains,"

248–262. See also Svend E. Albrethsen, "Vitus Bering's Second Kamchatka Expedition: The Journey to America and Archaeological Excavations on Bering Island," in *Vitus Bering, 1741–1991: Bicentennial Remembrance Lectures*, edited by N. Kingo Jacobsen, 75–93.

28 **"everything had come his way":** Georg Wilhelm Steller, *Steller's Journal of the Sea Voyage from Kamchatka to America and Return on the Second Expedition, 1741–1742*, 157.

28 **"universally liked by the whole command":** Ibid., 155.

31 **"even if your people did not bring them":** Schuyler, *Peter the Great*, 2:458.

32 **"Bering has been in East India and knows the conditions":** Instructions from Czar Peter Alekseevich, in Basil Dmytryshyn, E. A. P. Crownhart-Vaughan, and Thomas Vaughan, eds. and trans., *Russian Penetration of the North Pacific, 1700–1799: A Documentary Record*, 66.

32 **"It is very necessary to have":** Ibid. See also Peter the Great's Orders, Papers of the Admiralty Council, 1724, in Frank Alfred Golder, *Bering's Voyages: An Account of the Efforts of the Russians to Determine the Relation of Asia and America*, 1:7.

36 **Wealth and status were the goals of this couple:** See Orcutt Frost, *Bering: The Russian Discovery of America*, 32; and Natasha Okhotina Lind, "The First Pianist in Okhotsk: New Information on Anna Christina Bering," in *Under Vitus Bering's Command: New Perspectives on the Russian Kamchatka Expeditions*, edited by Peter Ulf Møller and Natasha Okhotina Lind, 51–62.

37 **commanding the governor of Siberia:** Dmytryshyn, Crownhart-Vaughan, and Vaughan, *Russian Penetration of the North Pacific*, 68.

39 **"You are all swindlers and you should be hanged":** Evgenii G. Kushnarev, *Bering's Search for the Strait: The First Kamchatka Expedition, 1725–1730*, 35.

39 **"many were lame, blind, and ridden with disease":** Ibid., 36.

40 **"in order to keep warm during the night":** Bering's Report, in Dmytryshyn, Crownhart-Vaughan, and Vaughan, *Russian Penetration of the North Pacific*, 83.

41 **"I cannot put into words how difficult this route is"**: Kushnarev, *Bering's Search for the Strait*, 55.

43 **"we are going straight to town [Yakutsk] and you can't stop us"**: Ibid., 67.

45 **"penetrated even under our parkas and into our baggage"**: Peter Dobell, *Travels in Kamchatka and Siberia*, 102.

45 **"then he will be covered by snow and die"**: Bering's Report, in Dmytryshyn, Crownhart-Vaughan, and Vaughan, *Russian Penetration of the North Pacific*, 84.

46 **"and are quite devoid of any good habits"**: Ibid.

46 **"out into the forest with only enough food for a week"**: Ibid.

48 **"variable winds blew from the ravines between the mountains"**: Piotr Chaplin, *The Journal of Midshipman Chaplin: A Record of Bering's First Kamchatka Expedition*, 131.

48 **"if one moves not far from here to the east"**: Ibid., 133.

49 **"covered in snow even in winter"**: Bering's Report, in Golder, *Bering's Voyages*, 1:19.

49 **"a harbor on Kamchatka where we will stay through the winter"**: Kushnarev, *Bering's Search for the Strait*, 107; Chaplin, *Journal of Midshipman Chaplin*, 142, 303.

第3章 完美计划

53 **"Let me see everything"**: Jacob von Staehlin, *Original Anecdotes of Peter the Great*, 140.

55 **"with no considerable future"**: Mini Curtiss, *A Forgotten Empress: Anna Ivanovna and Her Era*, 232.

57 **"since these regions are under Russian jurisdiction"**: Bering's Proposal, in Golder, *Bering's Voyages*, 1:25. See also "A Statement from the Admiralty College to the Senate Concerning the Purpose of the Bering Expedition," in Dmytryshyn, Crownhart-Vaughan, and Vaughan, *Russian Penetration of the North Pacific*, 97–99.

58 **"genuine benefit to Your Majesty and to the glory of the Russian Empire"**: Instructions from the empress, in ibid., 108.

59 **officially signed the order authorizing the Second Kamchatka Expedition:** See Golder, *Bering's Voyages*, 1:28–29; and Dmytryshyn, Crownhart-Vaughan, and Vaughan, *Russian Penetration of the North Pacific*, 96–125.

59 **"act in mutual agreement with Captain-Lieutenant Chirikov":** Instructions from the Admiralty College, in Dmytryshyn, Crownhart-Vaughan, and Vaughan, *Russian Penetration of the North Pacific*, 102.

62 **infrastructure to accommodate him and his entourage:** See James R. Gibson, "Supplying the Kamchatka Expedition, 1725–30 and 1742," 101.

62 **"noteworthy in the manner of plants, animals and minerals":** Gerhard Friedrich Müller, *Bering's Voyages: The Reports from Russia*, 79.

63 **"considerably more prudence and thought":** Sven Waxell, *The American Expedition*, 65.

63 **"the story of the journey":** Müller, *Bering's Voyages*, 79.

66 **Golovin proposed something radical to the empress:** See "A Proposal from Count Nikolai Golovin to Empress Anna Ivanovna," in *Russian Penetration of the North Pacific*, edited and translated by Dmytryshyn, Crownhart-Vaughan, and Vaughan, 90–95.

67 **"everything will be ready for him":** "A Statement from the Admiralty College to the Senate," in ibid., 100.

第二部分：亚洲

第4章　圣彼得堡至西伯利亚

74 **"deported persons who were to work on board our vessels":** Waxell, *The American Expedition*, 50.

76 **"for after that had been done we had only very few run aways":** Ibid., 51.

77 **they were above the local Siberian hierarchy:** See Peter Ulf Møller and Natasha Okhotina Lind, *Until Death Do Us Part: The Letters and Travel of Anna and Vitus Bering*, 109–123.

79 the ultimate objective of the entire expedition: See T. E. Arm-
strong, "Siberian and Arctic Exploration," in *Bering and Chirikov*,
edited by Frost, 117.

79 Such were the arbitrary decrees: See ibid., 117–126.

80 "fallen to death's sickle": Waxell, *The American Expedition*, 55.

80 "it must be anticipated that most of them will succumb":
Ibid., 59.

81 "Yudoma Cross and Okhotsk is a complete wilderness": Ibid.,
66.

81 "If a packhorse becomes mired there is no way to pull it out":
Stephen Petrovich Krasheninnikov, *Explorations of Kamchatka:
Report of a Journey Made to Explore Eastern Siberia in 1735–1741, by
Order of the Russian Imperial Government*, 351.

83 "when large quantities of fish come into the river from the sea":
Waxell, *The American Expedition*, 70.

83 "has a particularly pleasant taste": Ibid., 71.

83 "To put it briefly, this is an emergency harbour": Ibid., 74.

84 "a lying and malicious gossip": Leonhard Stejneger, *Georg Wil-
helm Steller: The Pioneer of Alaskan Natural History*, 207.

第5章 派系斗争

87 cut short by his desire to understand the world: See ibid., 39.

87 "an insatiable desire to visit foreign lands": Steller, *Steller's Jour-
nal*, 15.

88 "I have entirely forgotten her and fallen in love with Nature":
Stejneger, *Georg Wilhelm Steller*, 135.

89 "accomplish something advantageous to science": Ibid., 147.

89 Artists were to sketch buildings, landscapes, and peoples: See
"Instructions from Johann Georg Gmelin," in *Russian Penetra-
tion of the North Pacific*, edited and translated by Dmytryshyn,
Crownhart-Vaughan, and Vaughan, 104.

92 "we have had to learn all these things by experience": Stejneger,
Georg Wilhelm Steller, 110.

92 "and there was no way of stopping the madness": Ibid., 109.

94 **"He bears only malice toward me for them"**: Vasilli A. Divin, *The Great Russian Navigator, A. I. Chirikov*, 109.

94 **"Just what proportion of truth and falsehood these charges contain"**: Golder, *Russian Expansion on the Pacific*, 177.

95 **"and a delay in accomplishing the work assigned"**: Directive from the Admiralty College, quoted in ibid., 174.

96 **"they have to live on charity or by hiring themselves out"**: An eyewitness account of hardships, as reported by Heinrich Von Fuch, in Dmytryshyn, Crownhart-Vaughan, and Vaughan, *Russian Penetration of the North Pacific*, 168. Von Fuch's account runs to twenty-one pages and is an instructive window into the conditions in Siberia, specifically how the general corruption and hardships were exacerbated by the demands of the Great Northern Expedition.

97 **"burden the Iakuts in every possible way to enrich themselves"**: Ibid.

97 **"prevent them from completely ruining the local population"**: Ibid., 169.

97 **"22 men were very sick, and all became emaciated"**: Gibson, "Supplying the Kamchatka Expedition," 108–109.

97 **"It is very necessary to find a way of transporting provisions"**: Ibid., 114.

99 **"they could also have been used as projectiles"**: Waxell, *The American Expedition*, 79.

99 **"None were seen with trousers and all went barefoot"**: Ibid., 83.

100 **"Some of them had silver rings in their ears"**: Ibid., 87.

101 **"the treasury should not be emptied in vain"**: Golder, *Russian Expansion on the Pacific*, 178.

第6章 虚幻的岛屿

103 **"to assist in transporting our supplies from those two places"**: Waxell, *The American Expedition*, 91.

104 **"shot to pieces in the first flush of youth"**: Anna Bering to her son Jonas, in Møller and Lind, *Until Death Do Us Part*, 69.

104 **"I live like a nomad"**: Gibson, "Supplying the Kamchatka Expedition," 111–112.

106 **"have I ever been exposed to such great danger as then"**: Waxell, *The American Expedition*, 94.

107 **"among those waves there would have been no saving us"**: Ibid.

109 **"Who believes Cossacks?"**: Steller, *Steller's Journal*, 100.

110 **"no idea what money was"**: Waxell, *The American Expedition*, 98.

110 **"given a good dose of the knout to find out the guilty ones"**: Ibid., 99.

111 **"if I should consent to go along with him"**: Steller, *Steller's Journal*, 16.

111 **"a miserable and dangerous sea voyage"**: Ibid.

113 **"a just dispensation exposed their unfortunately too naked vanity"**: Ibid., 17.

114 **"take counsel concerning various routes to America"**: Instructions from Empress Anna Ivanovna, in Dmytryshyn, Crownhart-Vaughan, and Vaughan, *Russian Penetration of the North Pacific*, 114.

115 **"it certainly would have been discovered"**: Waxell, *The American Expedition*, 89.

115 **"on the map of Professor Delisle de la Croyere"**: Chirikov's Report, in Golder, *Bering's Voyages*, 1:312.

115 **"the scandalous deception of which we were the victims"**: Waxell, *The American Expedition*, 89, 103.

116 **gunpowder, firewood, iron, spare sails, rope, tar, and more**: See "The Log of the *St. Peter*," in *Bering's Voyages*, by Golder, 1:48.

117 **"the winds veered back and forth between S and E"**: Ibid.

118 **"navigate in waters which are completely blank"**: Waxell, *The American Expedition*, 104.

118 **"we had sailed over the region where it was supposed to be"**: Chirikov's Report, in Golder, *Bering's Voyages*, 1:313.

118 **"the tide carries them back towards the land"**: Steller, *Steller's Journal*, 22.

119 **"they had also acquired all other science and logic"**: Ibid., 23.

119 **"might have been decisive for the whole enterprise"**: Ibid.

120 **"a bucket of vodka and gave it to Adjunct Steller"**: "Log of the *St. Peter*," in *Bering's Voyages*, by Golder, 1:41.

第三部分：美洲

第7章　伟大的土地

124 **"separated by a narrow channel from America"**: Steller, *Steller's Journal*, 26.

125 **"know more than was considered advisable"**: Ibid., 24.

125 **"'you have not been in God's council chamber!'"**: Steller, quoting ship's officers, likely Khitrov, ibid., 26.

126 **"when anyone mentioned anything of which they were ignorant"**: Ibid., 27.

126 **"and thus afford them the most abundant food supply"**: Ibid., 32.

127 **"the whole sea was overgrown with weeds"**: Ibid., 29.

127 **"achievements which pay interest on the outlay a thousand fold"**: Ibid., 26.

128 **"the announcement was regarded as one of my peculiarities"**: Ibid., 33.

129 **"among them a high volcano"**: "Log of the *St. Peter*," in *Bering's Voyages*, by Golder, 1:93.

129 **"higher mountains anywhere in Siberia and Kamchatka"**: Steller, *Steller's Journal*, 33.

129 **"huge, high, snow-covered mountains"**: Waxell, *The American Expedition*, 105.

130 **"nor are we provided with supplies for a wintering"**: Steller, quoting Bering, *Steller's Journal*, 34.

131 **"than for no reason at all and only trusting to good luck"**: Ibid., 36.

131 **"flat, level, and as far as we could observe, sandy"**: Ibid., 35.

131 **"a submerged reef of rocks may be seen in low water"**: "Khitrov's Journal," in *Bering's Voyages*, by Golder, 1:99.

133 **"bringing American water to Asia"**: Steller, *Steller's Journal*, 37.

133 "my principal work, my calling, and my duty": Ibid.

133 "all respect aside and prayed a particular prayer": Ibid., 40.

134 "cooked their meat by means of red-hot stones": Ibid., 44.

134 ethnographers associate with a summer camp: See editorial note in Georg Wilhelm Steller, *Journal of a Voyage with Bering, 1741–1742*, 194.

135 "the three kingdoms of nature": Steller, *Steller's Journal*, 49.

135 or the Tlingit from the east in Yakutat Bay: See editorial note in Steller, *Journal of a Voyage with Bering*, 194.

135 "the direction of such important matters": Steller, *Steller's Journal*, 50.

136 "was delighted to be able to test out the excellent water for tea": Ibid.

136 "distinguished from the European and Siberian species": Ibid., 59.

136 "they would leave me ashore without waiting for me": Ibid., 51.

136 "returning at sunset with various observations and collections": Ibid.

137 "The island is sheltered from many winds": "Log of the *St. Peter*," in *Bering's Voyages*, by Golder, 1:97.

137 "in summer to catch fish and other sea animals": Khitrov's Journal, in ibid.

137 "left in the cabin for the natives": Waxell, *The American Expedition*, 106.

138 "conclude that we had intended to poison them!": Steller, *Steller's Journal*, 52.

138 "glass beads, tobacco leaves, an iron kettle and something else": Martin Sauer, *Account of a Geographical and Astronomical Expedition . . . by Commodore Joseph Billings in the Years 1785 to 1794*, 194.

139 "nothing but a detached head or a detached nose": Steller, *Steller's Journal*, 36.

139 "satisfied for this year with the discovery already made": Steller, quoting Bering, ibid., 61.

139 "it was our intention to follow the land as it went": Waxell, *The American Voyage*, 107.

140 **"ten hours were devoted to the work itself"**: Steller, *Steller's Journal*, 54.

140 **"Stormy, squally, rainy"**: "Log of the *St. Peter*," in *Bering's Voyages*, by Golder, 1:100.

141 **"continuous stormy and wet weather"**: Steller, *Steller's Journal*, 61.

141 **"is notably better than that of the extreme northeastern part of Asia"**: Ibid., 54.

141 **"densely covered to the highest peaks with the finest trees"**: Ibid., 55.

142 **"as a protester I myself took up too much space already"**: Ibid., 57.

142 **"proved to me that we were really in America"**: Ibid., 60.

143 **"to produce anything outside of marcasites and pyrites"**: Ibid., 57.

143 **"sail N and W in order to observe the American coast"**: "Log of the *St. Peter*," in *Bering's Voyages*, by Golder, 1:103.

143 **"we eventually came out into deep water"**: Waxell, *The American Voyage*, 107.

144 **"got into a slight altercation on the subject"**: Steller, *Steller's Journal* 62.

144 **"to let it go at that"**: Ibid.

第8章 奇 遇

147 **"a sea nettle which is washed ashore in large quantities"**: "Journal of the *St. Paul*," in *Bering's Voyages*, by Golder, 1:289.

147 **"parts of America that are well known"**: "Report of the Voyage of the *St. Paul*," in ibid., 314.

147 **"a fine growth of timber and in places were covered with snow"**: Ibid.

148 **"mountains extending to the northward"**: "Journal of the *St. Paul*," in ibid., 293.

148 **"the misfortune of July 18th"**: "Report of the Voyage of the *St. Paul*," in ibid., 314.

148 **now called Takanis Bay**: See Frost, *Bering*, 143.

149 **"a true and good servant of Her Imperial Majesty"**: "Report on the Voyage of the *St. Paul*," in *Bering's Voyages*, by Golder, 1:316.

149 **"owing to the heavy fog we could not identify the landmarks"**: Ibid.

149 **"therefore supposed that the country was uninhabited"**: Ibid.

150 **"the men did not row as we do but paddled"**: Ibid.

150 **"under and above water on which the surf was playing"**: "Journal of the *St. Paul*," in ibid., 295.

150 **"some misfortune had happened to our men"**: "Report on the Voyage of the *St. Paul*," in ibid., 317.

151 **"made us suspect that they had either killed our men or held them"**: Ibid.

151 **"That is how it must have been"**: Waxell, *The American Voyage*, 162.

151 **"perhaps even the intention of taking the ship"**: Ibid., 161.

153 **"scarcely able to manage the ship"**: Waxell, *The American Voyage*, 107.

153 **"now utilized fruitlessly tacking up and down"**: Steller, *Steller's Journal*, 63.

153 **"the more furious was the subsequent gale"**: Ibid., 64.

153 **"in the water, however, the whole animal appeared red, like a cow"**: Ibid.

154 **a full-grown bachelor fur seal or a young northern fur seal**: See Dean Littlepage, *Steller's Island: Adventures of a Pioneer Naturalist in Alaska*.

155 **"by the shortest road but in the longest way"**: Steller, *Steller's Journal*, 68.

156 **"drizzly," "wet," "heavy," "rainy," "foggy," and "thick"**: "Log of the *St. Peter*," in *Bering's Voyages*, by Golder, 1:121–127.

156 **"no one should say anything about having seen land"**: Steller, *Steller's Journal*, 69.

156 **"the quantities of kelp floating from that direction"**: Ibid.

157 **"a depth of 90 fathoms at the most"**: Ibid., 75.

157 **"they could see no farther than nature and experience permitted them"**: Ibid., 74.

157 **"in case of head winds we should not suffer extremely"**: "Log of the *St. Peter*," in *Bering's Voyages*, by Golder, 1:138.

158 **"the honor of the expected discovery"**: Steller, *Steller's Journal*, 77.

159 **"finally through standing become salt water"**: Ibid.

159 **"The water is good, fill up with it!"**: Ibid., 78.

160 **"could at any rate use it for cooking"**: Waxell, *The American Expedition*, 109.

160 **"so that we might sail out back into the open sea"**: Ibid.

161 **"answerable in the future for not investigating it"**: Waxell, *The American Expedition*, 110; Müller, *Bering's Voyages*, 106.

161 **"I had been kept away from his company"**: Steller, *Steller's Journal*, 87.

162 **"had gone wrong and had brought misfortune"**: Ibid., 88.

163 **"Americans received with great pleasure"**: "Log of the *St. Peter*," in *Bering's Voyages*, by Golder, 1:148.

163 **"a sacrifice or a sign of good friendship"**: Steller, *Steller's Journal*, 92.

163 **"strong and stocky yet fairly well proportioned"**: Ibid., 96.

164 **"and I am sure the most eminent of them all"**: Waxell, *The American Expedition*, 113.

164 **"Kamchadals, however, consider such delicacies"**: Steller, *Steller's Journal*, 94.

165 **"where it would have been wrecked on the rocks"**: Ibid.

165 **"letting go of everything in their hands"**: Ibid., 95.

166 **"ordered not to use force against them in any way whatever"**: Waxell, *The American Expedition*, 119.

166 **"the nostalgia of the naval men would not permit"**: Steller, *Steller's Journal*, 99.

第9章 海之虐

167 **"drifted on the rocks and been wrecked"**: Steller, *Steller's Journal*, 87.

168 **"serviceable against scurvy and asthma, our commonest cases"**: Ibid., 85.

168 "such quantity of antiscorbutic herbs as would be enough for all": Ibid.

168 "the preservation of my own self without wasting another word": Ibid., 86.

170 "as to draw their limbs close to their Thyghs, and some rotted away": George Anson, *A Voyage Round the World in the Years 1740–1744*, 91.

170 "restoring us to our wonted strength": See ibid., 76–83.

171 "vegetables and fruit his only physic": Heaps, *Log of the Centurion*, 132.

172 "putrid gums, the spots and lassitude, with weakness of their knees": James Lind, *A Treatise of the Scurvy*, 191. The discussion of his experiment is contained on pages 191–193.

174 "do not know whether they are going too quickly or too slowly": Waxell, *The American Expedition*, 120.

174 "any moment something might come to finish us off": Ibid.

174 "altogether exhausted from scurvy": See "Log of the *St. Peter*," in *Bering's Voyages*, by Golder, 1:167–194.

174 "expecting every moment the last stroke and death": Steller, *Steller's Journal*, 115.

175 "very many were heard to complain of hitherto unwonted disorders": Ibid., 106.

175 "unable to move either their hands or their feet, let alone use them": Waxell, *The American Expedition*, 121.

175 "that it could be greater or that we should be able to stand it out": Steller, *Steller's Journal*, 115.

176 "often from opposite directions": Ibid., 116.

176 "the curses piled up during ten years in Siberia prevented any response": Ibid.

176 "always in danger and uncertainty": Waxell, *The American Voyage*, 120.

176 "kept the men in fairly good fettle": Ibid., 121.

177 "rather die than let life drag on in that wretched fashion": Ibid., 123.

177 "died of scurvy the grenadier Andrei Tretyakov": "Log of the *St. Peter*," in *Bering's Voyages*, by Golder, 1:167.

177 "the cold, dampness, nakedness, vermin, fright, and terror": Steller, *Steller's Journal*, 121.

178 "which we may have sailed past at night and in foggy weather": Ibid., 124.

178 "would assuredly all together have found our graves in the waves": Ibid., 125.

178 "hither and thither at the whim of the winds and waves": Waxell, *The American Expedition*, 123.

179 "he had to be replaced by another in no better case than he": Ibid., 122.

179 "always been scorned before the disaster": Steller, *Steller's Journal*, 125.

179 "find the means to continue our voyage": Waxell, *The American Voyage*, 123.

179 "we were utterly wretched": Ibid.

180 "the tar bitterness cured them of scurvy": "Report on the Voyage of the *St. Paul*," in *Bering's Voyages*, by Golder, 1:319.

180 "the crew should have daily two cups of wine": Ibid.

181 "so much noise that we could not make out what was said": Ibid., 320.

181 "no harm might come to them from us": "Journal of the *St. Paul*," in ibid., 303.

181 "they were afraid we might attack them": Ibid., 304.

182 "holding them up, I invited them to come near": Ibid.

182 "the third man, who equally insisted on a knife": Ibid., 305.

183 "proves that their conscience is not highly developed": Ibid.

183 "we attempted to get away from where we stood": "Report on the Voyage of the *St. Paul*," in ibid., 320.

183 "It was a narrow escape": Ibid.

183 "the color of the water was green": "Journal of the *St. Paul*," in ibid., 306.

183 "my mind did not leave me": "Report on the Voyage of the *St. Paul*," in ibid., 322.

184 "For that purpose a larger crew is necessary": Ibid., 326.

185 "as the officers are dead": Ibid., 323.

185 **"my teeth are loose in my gums":** Ibid.

185 **no means to replace or repair any of the deficiencies:** See ibid.

第四部分：与世隔绝

第10章　蓝狐岛

193 **"scarcely possible to manage the ship":** Steller, *Steller's Journal*, 129.

193 **Siberian soldier Ivan Davidov perished:** See "Log of the *St. Peter*," in *Bering's Voyages*, by Golder, 1:208.

193 **"we think this land is Kamchatka":** Ibid.

193 **"all thanked God heartily for this great mercy":** Steller, *Steller's Journal*, 129.

194 **"they were going to care for their health and take a rest":** Ibid.

194 **"we are not half a mile off":** Ibid., 230.

194 **"while Avacha is two degrees farther south":** Ibid., 131.

194 **"[W]e have little fresh water":** "Log of the *St. Peter*," in *Bering's Voyages*, by Golder, 1:209.

194 **"our provisions and water were gone":** Ibid., 210.

195 **"he would let his head be cut off":** Steller, *Steller's Journal*, 133.

195 **"therefore I would rather not say anything":** Ibid., 134.

195 **"in order to save the ship and men":** "Log of the *St. Peter*," in *Bering's Voyages*, by Golder, 1:210.

196 **"Perhaps God would also help us to keep the ship":** Waxell, *The American Expedition*, 125.

196 **"not knowing whither their fumbling will lead them":** Ibid., 124.

197 **"threatened to strike against the bottom":** Steller, *Steller's Journal*, 135.

197 **"[T]wice the ship bumped on rocks":** Waxell, *The American Expedition*, 125.

197 **"seized with the fear of death":** Steller, *Steller's Journal*, 135.

197 **"A disaster has befallen our ship!":** Ibid., 136.

197 **"without ceremony, neck and heels into the sea":** Ibid., 137.

198 **"as if death in fresh water would be more delightful!":** Ibid., 135.

198 **"all at once quiet and delivered from all fear of stranding"**: Ibid., 137.

198 **"he himself was as pale as a corpse"**: Ibid., 136.

199 **"God's miraculous, merciful assistance"**: Waxell, *The American Expedition*, 126.

200 **"most important thing now is to save the men"**: Steller, *Steller's Journal*, 137.

201 **"even do something to help our own recovery"**: Waxell, *The American Expedition*, 200.

202 **"we were on an island surrounded by the sea"**: Steller, *Steller's Journal*, 140.

202 **"the unjust conduct of various persons"**: Ibid., 141.

202 **"not one of us would have escaped"**: Waxell, *The American Expedition*, 126.

203 **"they were not shy astonished me exceedingly"**: Steller, *Steller's Journal*, 139.

203 **"lairs up in the mountains or on the edges of the mountains"**: Ibid., 213.

204 **"because they wanted to tear the meat from our hands"**: Ibid., 210.

204 **"and they immediately ate up the excrement as eagerly as pigs"**: Ibid., 211.

204 **"ate the hands and feet of the corpses"**: Waxell, *The American Expedition*, 127.

204 **"Some were singed, others flogged to death"**: Steller, *Steller's Journal*, 212.

205 **"Copulation itself takes place amid much caterwauling like cats"**: Ibid., 213.

205 **"necessity of eating the stinking, disgusting, and hated foxes"**: Ibid., 148.

206 **"a tower of strength when we were in trouble"**: "Report of the Voyage of the *St. Peter*," in *Bering's Voyages*, by Golder, 1:281.

206 **"I will divide with you equally until God helps"**: Steller, *Steller's Journal*, 141.

206 **"You do not know what might have happened to you at home"**: Ibid., 142.

207 **"so as not to be laughed at afterward or wait until we were ordered"**: Ibid., 148.

207 **"miserable existence"**: Ibid., 149.

208 **"God's judgement for revenge on the authors of their misfortune"**: Ibid., 151.

208 **"reproaches and threats for past doings"**: Ibid.

209 **"may God at least spare our longboat"**: Ibid., 144.

209 **crashing over the deck and pouring into the hold**: See "Log of the *St. Peter*," in *Bering's Voyages*, by Golder, 1:220–221.

210 **"died like mice as soon as their heads had topped the hatch"**: Waxell, *The American Expedition*, 128.

210 **"attending to the needs of nature where they lay"**: Ibid., 129.

210 **"we abandoned all hope for his life"**: Steller, *Steller's Journal*, 153.

211 **"the enterprises necessary for our deliverance"**: Ibid., 152.

211 **"the ship would be driven out to sea"**: "Log of the *St. Peter*," in *Bering's Voyages*, by Golder, 1:228.

212 **"on the spot where we had planned to lay her up"**: Ibid., 230.

212 **"might ever have been done by human effort"**: Steller, *Steller's Journal*, 152.

213 **"our bodies became distended like drums from flatulence"**: Ibid., 160.

213 **"alike in both regard to standing and work, food and clothing"**: Waxell, *The American Expedition*, 207.

第11章　死亡和打牌

215 **"brown-black, grown over the teeth and covering them"**: Steller, *Steller's Journal*, 146.

215 **"moving away from the dead"**: Waxell, *The American Expedition*, 134.

215 **"but becomes so depressed that he would far rather die than live"**: Ibid., 200.

215 **"even the bravest might lose courage"**: Steller, *Steller's Journal*, 151.

216 **"men scarcely half his age and one-third his skill"**: Ibid., 155.

217 **"his lively and agreeable company"**: Müller, *Bering's Voyages*, 115.

218 **"where there was no sign of fuel"**: Waxell, *The American Expedition*, 131.

218 **"I wonder at your taste"**: Steller, *Steller's Journal*, 150.

219 **"out of his hands and put into those of a young and active man"**: Ibid., 156.

220 **"suffers from the cold"**: Waxell, *The American Expedition*, 135.

220 **"an earnest preparation for death"**: Steller, *Steller's Journal*, 156.

220 **"died miserably under the open sky"**: Steller letter to Gmelin, in Golder, *Bering's Voyages*, 1:243.

220 **"He died like a rich man"**: Steller, *Steller's Journal*, 157.

221 **"they leaned so heavily on him that he himself must sink"**: Ibid.

221 **"by their too impetuous and often thoughtless action"**: Ibid., 156.

221 **"after Bering's death his greatest accuser"**: Ibid., 157.

222 **"universally liked by the whole command"**: Ibid., 155.

222 **"leaving us lying under the open sky"**: Waxell, *The American Expedition*, 139.

223 **"clung to a stone or anything else that they were able to seize"**: Ibid., 140.

223 **"were the daily guests"**: Steller, *Steller's Journal*, 153.

223 **"Severity would have been quite pointless"**: Waxell, *The American Expedition*, 135.

225 **"a special paragraph giving permission for all suitable pastimes"**: Ibid., 136.

225 **"my successors could deal with matters as they liked"**: Ibid.

225 **"that one has lost so and so much"**: Steller, *Steller's Journal*, 161.

226 **"hate, quarrels and strife were disseminated through all the quarters"**: Ibid.

227 **"the fine sea otters had to offer up their costly skins"**: Ibid.

227 **"their skins, their meat being thrown away"**: Ibid.

227 **"raging among the animals, without discipline and order"**: Ibid.

228 **"cooked for the sick to eat"**: Waxell, *The American Expedition*, 137.

228 **"you have to swallow it in large lumps"**: Ibid., 205.

229 **"as we were never able to get all the oil out of them"**: Ibid., 137.

229 **"the meat almost like veal"**: Steller, *Steller's Journal*, 168.

230 **"were in the proper place and home"**: Ibid., 167.

230 **"resulted in cheerfulness and good feeling among us"**: Ibid.

232 **"for He helps all who help themselves"**: Waxell, *The American Expedition*, 143.

232 **"was not fit for a continuation of our voyage"**: "Log of the St. Peter," in *Bering's Voyages*, by Golder, 1:231.

233 **"To His Highness Lieutenant Waxell"**: Ibid.

233 **"it is difficult to say how badly damaged the bottom is"**: Ibid., 232.

233 **"they had examined the ship and found it unseaworthy"**: Ibid.

234 **"small vessel should be made to take us to Kamchatka"**: Ibid.

234 **"if only we had acted upon this or that"**: Waxell, *The American Expedition*, 146.

234 **"violent northwest gale and a very high tide"**: Steller, *Steller's Journal*, 168.

235 **"ever stronger the closer it came to us"**: Ibid., 205.

第12章 一艘新的"圣彼得"号探险船

236 **"none of us became well or recovered his strength completely"**: Waxell, *The American Expedition*, 142.

237 **"to make a careful observation of the country"**: "Log of the St. Peter," in *Bering's Voyages*, by Golder, 1:232.

238 **"some mainland or the end of the island"**: Steller, *Steller's Journal*, 169.

238 **"like immovable machines, they could hardly move their feet"**: Ibid., 171.

238 **"God, however, pulled him through without harm"**: Ibid.

239 **"tried to keep myself warm and banish the bitterness of death"**: Ibid., 172.

239 **"safe from the thievish and malicious foxes"**: Ibid.

240 **"The fat is yellow, the flesh hard and sinewy"**: Waxell, *The American Expedition*, 141.

240 **"snow dashing down from the mountains"**: Steller, *Steller's Journal*, 173.

240 "doubled the northern cape on the other side": "Log of the *St. Peter*," in *Bering's Voyages*, by Golder, 1:233.

241 "escape from this wretched spot": Waxell, *The American Expedition*, 142.

241 "therefore we should all stand together as one man": Ibid., 143.

241 "digging for all eternity without making any progress": Ibid., 145.

242 "all aboard her would be lost": Ibid., 143.

242 "should find consolation together": Ibid., 145.

242 "Decision Made on Determination That Land Is an Island": "Log of the *St. Peter*," in *Bering's Voyages*, by Golder, 1:233.

243 "on the beach directly in front of the ship": Ibid.

243 "crowbars, iron wedges and large hammers": Steller, *Steller's Journal*, 176.

244 "we should be able to put to sea in her without risk": Waxell, *The American Expedition*, 148.

244 "I used my authority to force them to work": Ibid., 147.

245 "erecting of the stern and the sternpost": "Log of the *St. Peter*," in *Bering's Voyages*, by Golder, 1:234.

245 "crakeberry plants instead of tea": Waxell, *The American Expedition*, 148.

245 "We enjoyed ourselves pretty well": Steller, *Steller's Journal*, 180.

246 "quite savage and attack people": "Log of the *St. Peter*," in *Bering's Voyages*, by Golder, 1:238.

246 "attacks the men with his flippers and keeps on fighting": Georg Wilhelm Steller, *De Bestiis Marinis; or, The Beasts of the Sea*, 60.

247 "without danger to life and limb": Steller, *Steller's Journal*, 225.

247 "white ring around the eyes and red skin about the beak": Ibid., 237.

247 "was sufficient for three starving men": Stejneger, *Georg Wilhelm Steller*, 351.

248 "among the animals without discipline or order": Steller, *Steller's Journal*, 161.

248 "it lies like a person, with the front feet crossed over the breast": Ibid., 221.

249 "become sick and feeble, and will not leave the shore": Ibid., 220.

251 "the blood gushed forth anew": Ibid., 228.

251 "surpasses in sweetness and taste the best beef fat": Ibid., 234.

251 "defiled by the blowflies as to be covered with worms all over": Ibid., 235.

251 "we felt considerably better and became quite active": Waxell, *The American Expedition*, 151.

252 "when I went there myself": Steller, *Steller's Journal*, 233.

253 "prospected the island for metals and minerals and had found none": Ibid., 196.

253 "a capstan we had had on the old ship": Waxell, *The American Expedition*, 152.

253 "much splintered and cracked from being wrenched loose": Ibid.

254 "Our ship with God's help will be soon finished": "Log of the *St. Peter*," in *Bering's Voyages*, by Golder, 1:236.

254 "and there is great danger in wrecking the vessel": Ibid.

255 "deliverance from this desert island": Steller, *Steller's Journal*, 181.

256 "much inner emotion": Ibid., 182.

257 "clear with passing clouds": "Log of the Hooker *St. Peter*," in *Bering's Voyages*, by Golder, 1:242.

257 "God's wonderful and loving guidance": Steller, *Steller's Journal*, 184.

258 "fallen into the hands of strangers": Ibid., 186.

258 "regarded the present circumstances as in a dream": Ibid., 187.

258 "plunged into veritable superabundance": Waxell, *The American Expedition*, 158.

259 "it just cannot be expressed in words": Ibid.

后记 俄属美洲

263 "reveal the pitiable state in which they then were": Ibid., 203.

263 "[W]hen you have to eat them it requires a great effort": Ibid., 205.

265 **"lazy and pompous conduct of the officers":** Steller, letter to Gmelin, in Golder, *Bering's Voyages*, 1:243.

268 **Bering was never celebrated in his time:** See Müller, *Bering's Voyages: The Reports from Russia*, 3–68, for a detailed background and discussion, written by scholar Carol Urness, of the long list of leaked publications about the voyage and a discussion of the sources, possible authors, and their impact. Further academic study of the historiography of the Bering expedition should begin here.

269 **Their work helped to tell the tale of the survivors:** An account of the excavations is contained in Albrethsen, "Bering's Second Kamchatka Expedition," in *Vitus Bering*, edited by Jacobsen.

271 **observe such violence or to enforce such a law:** See Lydia Black, *Russians in Alaska, 1732–1867*, for a good overview of the history of the early Russian colonial period and the era of the Russian American Company.

273 **"deep waters and exposed anchorages":** George Davidson, *The Tracks and Landfalls of Bering and Chirikov on the Northwest Coast of America*, 42.

参考文献

Andreyev, A. I., ed. *Russian Discoveries in the Pacific and in North America in the Eighteenth and Nineteenth Centuries: A Collection of Materials.* Translated from the Russian by Carl Ginsburg, U.S. Department of State. Ann Arbor, MI: American Council of Learned Societies, 1952.

Anson, George. *A Voyage Round the World in the Years 1740–1744.* London: Ingram, Cooke, 1853.

Black, Lydia. *Russians in Alaska, 1732–1867.* Fairbanks: University of Alaska Press, 2004.

Bown, Stephen R. *Scurvy: How a Surgeon, a Mariner, and a Gentleman Solved the Greatest Medical Mystery of the Age of Sail.* New York: Thomas Dunne Books, 2004.

Chaplin, Piotr. *The Journal of Midshipman Chaplin: A Record of Bering's First Kamchatka Expedition.* Edited by Carol L. Urness et al. Aarhus, Denmark: Aarhus University Press, 2010.

Coxe, William. *Account of the Russian Discoveries Between Asia and America.* Ann Arbor, MI: Ann Arbor University Microfilms, 1966.

Curtiss, Mini. *A Forgotten Empress: Anna Ivanovna and Her Era.* New York: Frederick Unga, 1974.

Davidson, George. *The Tracks and Landfalls of Bering and Chirikof on the Northwest Coast of America.* San Francisco: Geographical Society of the Pacific, 1901.

Divin, Vasilli A. *The Great Russian Navigator, A. I. Chirikov.* Translated by Raymond H. Fisher. Fairbanks: University of Alaska Press, 1993.

Dmytryshyn, Basil, E. A. P. Crownhart-Vaughan, and Thomas Vaughan, eds. and trans. *Russian Penetration of the North Pacific Ocean, 1700–1799: A Documentary Record.* Vol. 2, *To Siberia and Russian America: Three Centuries of Russian Eastward Expansion.* Portland: Oregon Historical Society Press, 1988.

Dobell, Peter. *Travels in Kamchatka and Siberia.* London: Henry Colburn and Richard Bentley, 1830.

Fisher, Raymond H. *Bering's Voyages: Whither and Why.* Seattle: University of Washington Press, 1977.

Frost, Orcutt. *Bering: The Russian Discovery of America.* New Haven, CT: Yale University Press, 2003.

——, ed. *Bering and Chirikov: The American Voyages and Their Impact.* Anchorage: Alaska Historical Society, 1992.

Gibson, James R. "Supplying the Kamchatka Expedition, 1725–30 and 1742." In *Bering and Chirikov: The American Voyages and Their Impact,* edited by Orcutt Frost. Anchorage: Alaska Historical Society, 1992.

Golder, Frank Alfred. *Bering's Voyages: An Account of the Efforts of the Russians to Determine the Relation of Asia and America.* Vol. 1, *The Log Books and Official Reports of the First and Second Expeditions, 1725–1730 and 1733–1742.* 1922. Reprint, New York: American Geographical Society, 2015.

——. *Bering's Voyages: An Account of the Efforts of the Russians to Determine the Relation of Asia and America.* Vol. 2, *Steller's Journal of the Sea Voyage from Kamchatka to America and Return on the Second Expedition, 1741–1742.* Translated and edited by Leonhard Stejneger. 1922. Reprint, New York: American Geographical Society, 1968.

——. *Russian Expansion on the Pacific, 1641–1850.* New York: Paragon Book, 1971.

Heaps, Leo, ed. *Log of the* Centurion: *Based on the Original Papers of Captain Philip Saumarez on Board HMS* Centurion, *Lord Anson's Flagship During His Circumnavigation, 1740–1744.* London: Macmillan, 1973.

Hingley, Ronald. *The Tsars: Russian Autocrats, 1533–1917*. London: Weidenfeld and Nicolson, 1968.

Hughes, Lindsey. *Peter the Great: A Biography*. New Haven, CT: Yale University Press, 2002.

Jacobsen, N. Kingo, ed. *Vitus Bering, 1741–1991: Bicentennial Remembrance Lectures*. Translated by Richard Barnes. Copenhagen: C. A. Reitzels Forlag, 1993.

Korb, Johann Georg. *Diary of an Austrian Secretary of Legation at the Court of Tsar Peter the Great*. Translated and edited by Count MacDonnel. London: Frank Cass, 1968.

Krasheninnikov, Stephen Petrovich. *Explorations of Kamchatka: Report of a Journey Made to Explore Eastern Siberia in 1735–1741, by Order of the Russian Imperial Government*. Translated by E. A. P. Crownhart-Vaughan. Portland: Oregon Historical Society Press, 1972.

Kushnarev, Evgenii G. *Bering's Search for the Strait: The First Kamchatka Expedition, 1725–1730*. Edited and translated by E. A. P. Crownhart-Vaughan. Portland: Oregon Historical Society Press, 1990.

Lauridsen, Peter. *Vitus Bering: The Discoverer of Bering Strait*. Translated by Julius E. Olsen. Chicago: S. C. Griggs, 1889.

Lincoln, Bruce. *The Conquest of a Continent: Siberia and the Russians*. New York: Random House, 1993.

Lind, James. *A Treatise of the Scurvy*. 1753. Reprint, Birmingham, AL: Classics of Medicine Library, 1980.

Littlepage, Dean. *Steller's Island: Adventures of a Pioneer Naturalist in Alaska*. Seattle: Mountaineers Books, 2006.

Longworth, Philip. *The Three Empresses: Catherine I, Anne & Elizabeth of Russia*. New York: Holt, Reinhart, and Winston, 1973.

Massie, Robert, K. *Peter the Great: His Life and World*. New York: Alfred A. Knopf, 1980.

Møller, Peter Ulf, and Natasha Okhotina Lind, eds. *Under Vitus Bering's Command: New Perspectives on the Russian Kamchatka Expeditions*. Aarhus, Denmark: Aarhus University Press, 2003.

———, eds. *Until Death Do Us Part: The Letters and Travels of Anna and Vitus Bering*. Translated by Anna Halager. Fairbanks: University of Alaska Press, 2008.

Montefiore, Simon Sebag. *The Romanovs, 1613–1918*. New York: Alfred A. Knopf, 2016.

Müller, Gerhard Friedrich. *Bering's Voyages: The Reports from Russia.* Translated by Carol Urness. Fairbanks: University of Alaska Press, 1986.

Sauer, Martin. *Account of a Geographical and Astronomical Expedition . . . by Commodore Joseph Billings in the Years 1785 to 1794.* London: A. Strahan, 1806.

Schuyler, Eugene. *Peter the Great.* 2 vols. New York: Charles Scribner's Sons, 1884.

Smeeton, Miles. *Once Is Enough.* 1959. Reprint, New York: International Marine, 2003.

Stejneger, Leonhard. *Georg Wilhelm Steller: The Pioneer of Alaskan Natural History.* Cambridge, MA: Harvard University Press, 1936.

Steller, Georg Wilhelm. *De Bestiis Marinis; or, The Beasts of the Sea* [1751]. Translated by Walter Miller and Jennie Emerson Miller. Transcribed and edited by Paul Royster. Faculty Publications, University of Nebraska–Lincoln Libraries. Paper 17.

———. *Journal of a Voyage with Bering, 1741–1742.* Edited by O. W. Frost. Translated by Margritt A. Engel and O. W. Frost. Stanford, CA: Stanford University Press, 1988.

———. *Steller's History of Kamchatka: Collected Information Concerning the History of Kamchatka, Its Peoples, Their Manners, Names, Lifestyle, and Various Customary Practices.* Edited by Marvin W. Falk. Translated by Margritt Engel and Karen Willmore. Fairbanks: University of Alaska Press, 2003.

———. *Steller's Journal of the Sea Voyage from Kamchatka to America and Return on the Second Expedition, 1741–1742.* Translated and edited by Leonhard Stejneger. New York: Octagon Books, 1968. Vol. 2 of *Bering's Voyages: An Account of the Efforts of the Russians to Determine the Relation of Asia and America,* by F. A. Golder. New York: American Geographical Society, 1922.

von Staehlin, Jacob. *Original Anecdotes of Peter the Great.* London: J. Murray, 1788.

Waxell, Sven. *The American Expedition.* London: William Hodge, 1952.

Williams, Glyndwr. *Naturalists at Sea*. New Haven, CT: Yale University Press, 2013.

——. *The Prize of All the Oceans: Commodore Anson's Daring Voyage and Triumphant Capture of the Spanish Treasure Galleon*. New York: Penguin Viking, 1999.

Zviagin, V. N. "A Reconstruction of Vitus Bering Based on Skeletal Remains." In *Bering and Chirikov: The American Voyages and Their Impact*, edited by Orcutt Frost. Anchorage: Alaska Historical Society, 1992.

延伸阅读

There were several publications that were invaluable in creating the narrative account of Russia's great expeditions.

Russian Penetration of the North Pacific Ocean: A Documentary Record, edited and translated by Basil Dmytryshyn, E. A. P. Crownhart-Vaughan, and Thomas Vaughan, is a collection of instructions, orders, journals, and reports of the expedition, select letters mostly to do with the Siberian part of the expedition, and the overall government directive of the enterprise. It is an invaluable source for primary documents relating to the official Russian activities in Siberia and Alaska.

Volume 1 of F. A. Golder's *Bering's Voyages* is a collection of the logbooks of the *St. Peter* and *St. Paul*, official reports, and letters relating to the Pacific voyage. Anyone who wants to know the exact compass or wind directions or precise location of the ship on each day should consult the logs, which provide the exact hourly log entries for each ship and separate supplementary information such as additional letters signed by the officers or journal entries by the officers. It is a wealth of precise information on pragmatic actions of the crew, weather, location, and passing thoughts or suppositions.

Volume 2 of *Bering's Voyages* is an edited, annotated, and translated edition of *Steller's Journal*. I quoted extensively from this translation because I preferred the older archaic English and the less perfected turn of phrase for no other reason than it suited the style of how I felt Steller must have been writing while onboard ship or shipwrecked. For anyone wanting to read Steller's journal for themselves, I would recommend *Journal of a Voyage with Bering, 1741–1742*, edited by O. W. Frost. This translation is more smooth, modern, and fluid and contains numerous interesting annotations and asides.

Sven Waxell's journal manuscript of the expedition, including the crossing of Siberia, was published posthumously as *The American Voyage* and represents, along with *Steller's Journal*, the bulk of the firsthand accounts of the voyage. It is unvarnished and entertaining rather than precise or technical, a window into how things actually were.

Only a small portion of the available documentary material related to the Great Northern Expedition in Russian archives, or published in Russian, is available in English translation. However, in recent years, Peter Ulf Møller and Natasha Okhotina Lind have published *Under Vitus Bering's Command: New Perspectives on the Russian Kamchatka Expeditions*, essays by prominent specialists on various topics deriving from the latest documentary evidence relating to the First and Second Kamchatka Expeditions. This would be the place to start for further reading, with essays on cartography, navigation, surveying, and natural history. These essays are focused on the more academic information collected by the scientific component of the expeditions.

Perhaps the most interesting recent publication on Bering and the Second Kamchatka Expedition is *Until Death Do Us Part: The Letters and Travels of Anna and Vitus Bering* by Møller and Lind, a collection of the personal correspondence of the Berings that sheds previously unknown light on their relationship and personalities that is distinct from official correspondence and reports. It also contains a detailed accounting of the extensive possessions they brought with them to Siberia.

Bering and Chirikov: The American Voyages and Their Impact, edited by O. W. Frost, is a collection of essays by Bering scholars. Particularly useful to me in creating a narrative account of this remarkable expedition was James Gibson's "Supplying the Kamchatka Expedition, 1725–30 and 1742," which included some translations of Russian documents not otherwise available in English.

The only full biography of Steller is *Georg Wilhelm Steller*, by Leonhard Stejneger. Published in 1936 it is thorough and balanced. *Steller's Island*, by Dean Littlepage, is a good more recent account of Steller's explorations in Alaska and on Bering Island.

Vasilli Divin's *The Great Russian Navigator, A. I. Chirikov*, while nearly a hagiography of the Russian mariner, contains a wealth of information about the First and Second Kamchatka Expeditions.

See also *The Journal of Midshipman Chaplin*, the annotated journal of a junior officer who accompanied Bering and Chirikov on the first expedition. It also has some interesting articles on navigation, surveying, and mapmaking in the period that would be of interest to anyone furthering their study of those topics.

Much detail of the work of the scientific component of the expedition in Siberia (weather, flora, fauna and observations of customs, languages, and culture of native peoples) has not been properly published in English. Recently, much more information, correspondence, reports, and the like is being translated and published by scholars associated with the Carlsberg Foundation. See http://www.carlsbergfondet.dk/en/Research-Activities/Research-Projects/Postdoctoral-Fellowships/Peter-Ulf-Moeller_Vitus-Berings-Kamchatka-Expeditions.

For further reading on the history of the Russian conquest and government of Alaska, consult Lydia Black's *Russians in Alaska, 1732–1867*.

索 引

blubber
  sea cow, 251
  whale, 163, 228–229, 246
blue foxes. *See* foxes
Bolshaya River, 105–106, 206
Bolshaya Zemlya, 55, 130, 184
Bolshaya Zemlya, 130
Bolsheretsk, 44, 98, 105, 113, 265–266
Bougainville, Louis Antoine de, 3
boyars, 10–11
burda, 255

Cape Elias, 139
Cape Suckling, 131
Catesby, Mark, 142
Catherine I (Empress of Russia), 23
  Academy of Sciences and, 54
  death, 55
  First Kamchatka Expedition, 26,
    36–37
  personal appearance, 8 (fig.)
Catherine the Great (Empress of
    Russia), 271
Centurion, 169
Chaplin, Peter, 41
Chentsov, Osip, 193
Chikhachev, Lieutenant, 116, 183
China
  Amur River annexation from, 98
  trade with, 31, 267, 272
Chirikov, Aleksei
  addition to First Kamchatka
    Expedition, 36–37
  charting of Pacific coastline, 48
  command of *St. Paul*, 107, 116,
    120, 146
  contact with Americans, 150–151
  credit given for discovering
    America, 267, 268
  death, 262

dissatisfaction with Bering, 94, 96
Golovin's note to, 95
Great Northern Expedition, 4, 56,
  58, 64
on halting the First Kamchatka
  Expedition, 49
loss of shore excursion boats and
  men (July 1741), 148–152
Pacific voyage to America, 146–156
on phantom islands, 115, 118
promotions, 51, 59, 262
relationship with Bering, 113
relationship with Spangberg,
  93–95
report of Pacific voyage by,
  184–185
return to Yakutsk for supplies, 44
scurvy, 183–185, 262
search for the *St. Peter*, 262
from St. Petersburg to Siberia on
  Great Northern Expedition, 74
from Tobolsk to Yakutsk on Great
  Northern Expedition, 75, 78
trading with Aleuts, 181–183
in Yakutsk on First Kamchatka
  Expedition, 41
in Yakutsk on Great Northern
  Expedition, 81
from Yakutsk to Okhotsk on
  Great Northern Expedition, 78
Chirikov Island, 144, 146, 153
chronometers, 191
Chugach, 134
Chukchi Inuit, 48, 50, 60, 161
Clark, William, 3
classification system, of Linnaeus, 90
clavichord, 77–78
clothing, Peter the Great reforms
  and, 12
Cook, James, 3, 25, 48, 66, 191

warming houses, 81–82

water

   Archangel Gabriel search and trade for, 47, 50

   provisions for Pacific voyage, 102, 116

   retrieval from Nagai Island, 158–160

   sea council on water supply situation, 157

   shortage or tainted on *St. Paul,* 179–184

   shortage or tainted on *St. Peter,* 124, 127–128, 131–137, 139, 145, 157–160, 167–169, 175, 177

   Spangberg's voyages to Japan and, 99–100

water sky, 202

Waxell, Laurentz, 76, 116, 211, 264

Waxell, Sven

   Alaska coast and islands, 139, 143–144, 152–161

   America sighting, 129

   assessment of *St. Peter* (Jan 1742), 231–233

   authority/leadership on Bering Island, 223–224, 244–245

   Bering Island (spring 1742), 236–238, 240–245, 250

   Bering Island (winter 1741–1742), 214–217, 220–226, 228–234

   Bering Island arrival, 199–200, 202–206, 208, 210, 213

   Bering's death, 220–221

   blue foxes and, 204

   contact with Americans, 163–166

   on crew condition on Bering Island, 213

   on dangerous sea conditions, 106–107

   on dead whale sighting, 117–118

   death, 264

   on discipline on Great Northern Expedition, 76

   dismantling of the *St. Peter,* 234–235

   eating fur seals, 240

   on exploration of Arctic Coast, 80

   family on Great Northern Expedition, 64, 76, 116, 211, 264

   gambling and, 224–226

   at Kayak Island, 137–138

   Khitrov shore party and, 160–162

   on laborers in Great Northern Expedition, 74, 92

   landing in America, 130

   launch of new *St. Peter,* 255

   on living conditions on Bering Island, 263–264

   on meals on Bering Island, 228

   memoirs, 264

   at Nagai Island, 158–160

   on Okhotsk, 83

   Ovtsin and, 224, 232–233

   Pacific voyage to America, 116, 120, 124

   petition for compensation for his men, 263–264

   on phantom islands, 114–115

   plans for *St. Peter,* April 1742 meeting on, 240–242

   quoting Bering, 63

   on return to Petropavlovsk, 258–259

   return voyage, 174–179, 192–199

   scurvy, 210–211, 216

   sea cow hunts, 250–251

   sketch of Aleuts of Shumagin Island, 122 (fig.)

著作权合同登记号　图字：01-2018-5975

图书在版编目（CIP）数据

蓝狐岛：彼得大帝、白令探险队与大北方探险/（加）斯蒂芬·鲍恩著；龙威译. —北京：北京大学出版社，2020.6

ISBN 978-7-301-23923-0

I. ①蓝… II. ①斯… ②龙… III. ①北极—科学考察—史料—俄罗斯—18世纪 IV. ①N816.62

中国版本图书馆CIP数据核字（2020）第058142号

书　　　名	蓝狐岛：彼得大帝、白令探险队与大北方探险 LAN HU DAO: BIDE DADI、BAILING TANXIAN DUI YU DA BEIFANG TANXIAN
著作责任者	〔加〕斯蒂芬·鲍恩 著　龙威 译
责任编辑	柯　恒　王欣彤
标准书号	ISBN 978-7-301-23923-0
出版发行	北京大学出版社
地　　　址	北京市海淀区成府路205号　100871
网　　　址	http://www.pup.cn　http://www.yandayuanzhao.com
电子信箱	yandayuanzhao@163.com
新浪微博	@北京大学出版社　@北大出版社燕大元照法律图书
电　　　话	邮购部010-62752015　发行部010-62750672 编辑部010-62117788
印　刷　者	北京中科印刷有限公司
经　销　者	新华书店
	880毫米×1230毫米　32开本　12.375印张　230千字 2020年6月第1版　2020年6月第1次印刷
定　　　价	68.00元